"十二五"职业教育国家规划教材
经全国职业教育教材审定委员会审定
修订版
国家职业教育计算机应用技术专业教学资源库配套教材

网络互联技术

第2版

主编　史宝会
参编　刘　易　郭　丽

机械工业出版社

本书是在“十二五”职业教育国家规划教材基础上修订而成，全面、翔实地介绍了网络互联体系结构及网络互联设备、交换技术、虚拟局域网技术、路由技术及广域网技术，内容的编排以实际工程项目技术为主线，具体内容包括网络互联体系结构及网络互联设备、局域网及无线网络、路由器基础、交换技术、虚拟局域网技术、生成树协议、路由技术及动态路由协议、IP 通信量管理、广域网接入及安全管理。

本书遵循循序渐进的原则，教学内容的设计由简单到复杂，注重理论与实践相结合，每一章都设计了相关习题，部分章配有实训，通过实训加强对理论知识的阐述。全书内容丰富、结构清晰、实践性强。

本书可以作为高等职业院校计算机网络及相关专业的教材，对于从事网络设备安装与调试、网络管理和维护的技术人员来说是一本实用的技术参考书。

为方便教学，本书有电子课件、习题答案、模拟试卷及答案等教学资源，凡选用本书作为授课教材的老师，均可通过电话（010-88379564）或 QQ（3045474130）索取。

图书在版编目（CIP）数据

网络互联技术／史宝会主编．—2 版．—北京：机械工业出版社，2021.3（2024.7 重印）

“十二五”职业教育国家规划教材：修订版

ISBN 978-7-111-69137-2

Ⅰ.①网…　Ⅱ.①史…　Ⅲ.①互联网络-高等职业教育-教材
Ⅳ.①TP393.4

中国版本图书馆 CIP 数据核字（2021）第 184766 号

机械工业出版社（北京市百万庄大街 22 号　邮政编码 100037）
策划编辑：曲世海　责任编辑：曲世海
责任校对：刘宏艳　封面设计：马精明
责任印制：郜　敏
北京富资园科技发展有限公司印刷
2024 年 7 月第 2 版第 5 次印刷
184mm×260mm · 16 印张 · 396 千字
标准书号：ISBN 978-7-111-69137-2
定价：49.80 元

电话服务	网络服务
客服电话：010-88361066	机　工　官　网：www.cmpbook.com
010-88379833	机　工　官　博：weibo.com/cmp1952
010-68326294	金　　书　　网：www.golden-book.com
封底无防伪标均为盗版	机工教育服务网：www.cmpedu.com

前言

“网络互联技术”是计算机网络技术及相关专业的核心课程，本书是以计算机网络技术及相关专业高技能应用型专门人才的培养为目标。对于从事网络规划、设计、配置与管理的技术人员来说，必须掌握路由器和交换机的基本配置技术。本书可以帮助读者系统地学习互联网基础、路由和交换技术及应用。本书注意理论知识与实践技能培养相结合，内容设计注重技术的先进性和实用性，全面贯彻党的二十大精神关于提升职业教育人才培养质量的要求，教学组织实施按照“教、学、做、训”一体化的思想，将基于岗位的职业素质内容融入教学中，充分体现了落实立德树人根本任务。本书的主要特色体现在：

1. 本书从实用的角度介绍相关专业理论知识，体现教学内容的先进性和前瞻性，突出本专业领域的新知识和新技术的应用。

2. 本书基于高等职业教育教学改革的思想，以企业网络组建实际技术需求为导向，通过典型实例分析，将网络组建涉及的交换与路由技术等内容逐一介绍，并通过实训项目注重培养学生精益求精的工作态度、严谨规范的工作作风、吃苦耐劳的敬业精神、团队协作精神以及创新创业等综合职业能力的培养。

3. 本书共10章，在内容的安排上尽可能选取最新、最实用的技术，充分体现技术的先进性、科学性和实用性，教学内容的设计遵循网络组建规模由简单到复杂的原则，全书围绕与网络互联相关的交换技术、路由技术、广域网接入技术三大体系构建教材内容。每章都配有习题，部分章包含实训内容，能够使读者快速掌握网络组建所涉及的网络设备的配置与管理方法。

4. 本书能很好地体现职业教育“以学生为中心”，内容的设计注重理论联系实际并融入课程思政的内容，融知识学习和能力培养为一体，注重学生信息安全与爱国主义思想的教育，全面培养学生的专业技能和综合职业能力。

本书应以实践考核为主，辅以理论考核。建议教学时数为64学时，其中实践学时不少于60%。

“网络互联技术”是北京信息职业技术学院主持的“国家职业教育计算机应用技术专业教学资源库”项目重点建设的课程之一，已建设了900多个课程资源放在北信在线平台上，并在智慧职教平台上搭建了网络课程。

智慧职教平台上的网络课程《计算机网络互联技术》可以在线学习：https：//www.icve.com.cn/portal_new/courseinfo/courseinfo.html?courseid=nawbal2naqhphv9tarhj3w。

“网络互联技术”国家资源库课程资源在北信在线平台的检索路径：素材中心→课程资源→课程域→网络互联技术，网址为 http：//bitcxy.zyk2.chaoxing.com/index?staid=5382。

本书由史宝会担任主编，刘易、郭丽参与了教材的编写，乐新、刘海燕、郑士芹对教材的编写提出了宝贵意见，在此表示感谢。

由于作者水平有限，书中难免存在疏漏和不足之处，恳请同行专家和广大读者提出宝贵意见。

编　者

二维码索引

序号	二维码	页码	序号	二维码	页码
1		1	10		110
2		9	11		111
3		11	12		111
4		82	13		114
5		89	14		127
6		90	15		134
7		97	16		146
8		98	17		150
9		99	18		155

（续）

序号	二维码	页码	序号	二维码	页码
19		168	23		192
20		170	24		197
21		188	25		199
22		191			

目　录

第1章

网络互联概述

计算机网络技术是计算机技术、通信技术和自动化技术相互渗透而形成的一门学科分支，是当今计算机科学与工程中正在迅速发展的新技术之一，它已广泛应用于政府机关、企业办公自动化、工厂管理、军事指挥系统及其他科学实验系统中，并引起了社会广泛的关注和极大的兴趣。随着新技术的发展，其理论、方法和实现手段仍处于不断发展和逐步完善之中。

1.1 计算机网络概述

1.1.1 计算机网络定义与功能

1. 计算机网络的定义

计算机网络是计算机技术与通信技术的结合，在计算机技术发展的不同时期，计算机网络的定义也有所不同。常规定义：计算机网络是指将地理位置不同的具有独立功能的多台计算机及其外部设备，通过通信线路连接起来，在网络操作系统、网络管理软件及网络通信协议的管理和协调下，实现资源共享和信息传递的计算机系统。从广义的角度看，也可以定义为：一个互联的、自主的计算机集合。互联表示计算机之间有交换信息的能力，可以使用任何一种传输介质实现计算机间的连接；自主的计算机表示网络中的任何一台计算机都是独立自主的，没有明显的从属关系。

2. 计算机网络的组成

计算机网络主要由网络硬件系统和网络软件系统组成。其中网络硬件系统主要包括网络服务器、工作站、网络适配器、传输介质等；网络软件系统主要包括：网络操作系统软件、网络通信协议、网络工具软件、网络应用软件等。

3. 计算机网络的功能

计算机技术与通信技术结合而产生的计算机网络，不仅使计算机的作用范围超越了地理位置的限制，而且也增大了计算机本身的能力，拓宽了服务。计算机网络的主要功能包括数据通信、资源共享、高可用性和分布式处理等。

（1）数据通信　数据通信是计算机网络最基本功能之一，用以实现不同地理位置的计算机与终端、计算机与计算机之间数据的传输。

（2）资源共享　资源共享是组建计算机网络的目的之一，它包括网络中软件、硬件和数据资源的共享，是计算机网络最主要和最有吸引力的功能。

（3）高可用性　提高计算机可用性是指当网络中某台计算机负担过重时，网络可将新的任务转交给网络中较空闲的计算机完成，这样就能均衡网络中各计算机的负载，提高了每台计算机的可用性。

（4）分布式处理　计算机网络中，各用户可根据情况合理选择网络内的资源，从而可以就近、快速地处理信息。对于较大型的综合性问题，可通过一定的算法将任务交给不同的计算机，达到均衡使用网络资源，实现分布式处理的目的。此外，利用网络技术，能将多台计算机连成具有高性能的计算机系统，对解决大型复杂问题，要比用高性能的大、中型计算机费用要低得多。

1.1.2　计算机网络分类

计算机网络的种类繁多、性能各异，根据不同的分类原则，可以划分为不同类型的计算机网络。为了使读者对各种类型的计算机网络有一个清楚的认识，下面从几个不同的角度对计算机网络的类型做一个简单的介绍。

1. 按覆盖范围分类

计算机网络按网络覆盖范围和计算机之间互联的距离划分，可分为局域网（LAN）、城域网（MAN）、广域网（WAN）3 种。

（1）局域网　局域网（Local Area Network，LAN）是指在一个较小的地理范围内把各种计算机和其他网络设备互联在一起，并受网络操作系统管理的计算机网络，它可以包含一个或多个子网。局域网通常局限于几千米范围之内，一般指一个实验室、一个办公室、一栋大楼或一个单位的计算机组成的网络。由于局域网具有较小的地理范围，一般使用数字传输系统，误码率低，其数据传输率为 10～1000Mbit/s，比广域网传输速率快很多。

局域网组建方便，使用灵活，是目前计算机网络发展中最活跃的分支，局域网若采用与 Internet 相同的协议，即构成 Intranet。局域网具有如下几个特点：

1）地理范围有限，参与组网的计算机通常处在 10km 范围内。

2）信道的带宽大，数据传输率高，一般为 10～1000Mbit/s。

3）数据传输可靠，误码率低。

4）局域网大多采用总线型、星形或环形拓扑，结构简单，实现容易。

5）网络控制一般趋向于分布式，从而减少了对某个节点的依赖性，避免或减少了一个节点故障对整个网络的影响。

6）网络归某个组织所拥有和使用，也不受任何公共网络的规定约束，容易进行设备更新和新技术的引用，不断增强网络功能。

最典型的局域网是以太网。最早的以太网以基带同轴电缆作为传输介质，采用总线拓扑，如图 1-1a 所示，数据传输速率一般为 10Mbit/s，目前以太网通常采用 100Mbit/s 或 1000Mbit/s 的星形以太网结构，如图 1-1b 所示。

另外一种典型的局域网就是令牌环网。令牌环网采用环形拓扑，速率一般为 4Mbit/s 或 16Mbit/s，令牌环网采用令牌传递机制来控制站点对环的访问。FDDI（Fiber Distributed Data Interface）光纤分布式数据接口网络是对令牌环网的发展，FDDI 采用光纤介质，数据传输速率为 100Mbit/s。

（2）城域网　城域网（Metropolitan Area Network，MAN）是介于广域网与局域网之间

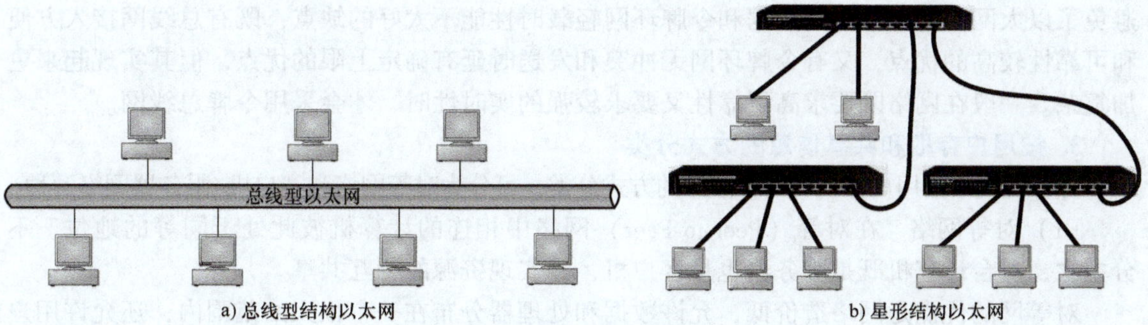

图 1-1 以太网

的一种高速网络，是指分布在一个城市范围内的几千米到几十千米，城域网的主要应用是互联城市范围内的许多局域网，今天城域网的应用范围已大大拓宽，能用来传输不同类型的业务，包括实时数据、语音和视频等，城域网能有效地工作于多种环境。其主要特点是如下：

1）地理覆盖范围可达 100km。

2）数据传输率为 45～150Mbit/s。

3）工作站数大于 500 个。

4）传输介质主要是光纤。

5）既可用于专用网，也可用于公共网。

（3）广域网 广域网（Wide Area Network，WAN）涉及范围较大，其最基本的特点是站点分布范围广，涉及的范围可以为一个城市、一个国家乃至全世界，其中最著名的就是因特网（Internet）。广域网采用统一的访问方式和网络协议。广域网内，用于通信的传输系统一般由电信部门提供，网络由多个部门或多个国家联合组建而成，网络规模大，能实现较大范围内的资源共享。但是，在广域网内部，由于传输距离远，又依靠传统的公共传输网，所以错误率较高。由于广域网布局不规则，使得网络的通信控制比较复杂，因此要求连接到网上的任何用户都必须严格遵守相应的标准和规程。

2. 按网络结构分类

计算机网络按网络结构分类，可分为以太网、令牌环网和令牌总线网 3 种。

（1）以太网 以太网（Ethernet）是目前使用最为广泛的局域网。以太网是由 Xerox 公司、DEC 公司和 Intel 公司开发的一种局域数据通信网。它使用同轴电缆或双绞线作为无源通信介质连接设置在本地业务现场的不同类型计算机、信息处理设备和办公设备。以太网站点之间的数据采用共享或交换方式进行通信，所有接入网络的设备使用 CSMA/CD（Carrier Sense Multiple Access with Collision Detection）协议，通常使用的局域网大多是以太网。以太网中的计算机多采用总线型或星形结构连接。

（2）令牌环网 令牌环网中的计算机逻辑上连接成一个环形，令牌环的每一个站点通过电缆与干线耦合器相连，主要用于大型局域网或广域网的主干部分。令牌环网中有一个令牌在网络上流动，获得令牌的计算机才有权发送数据，数据发送完成后，释放令牌以方便其他计算机发送数据。令牌环网使用的操作系统大多数为 UNIX 操作系统。令牌环网的组建和管理非常繁琐，只有专业人员才能胜任。令牌环网一个很大的优点就是在重载时可以高效地工作。

（3）令牌总线网 令牌总线网在物理上是一个总线网，在逻辑上是一个令牌环网，它避免了以太网不能实时传送数据和令牌环网轻载时性能不太好的缺点，既有总线网接入方便和可靠性较高的优点，又有令牌环网无冲突和发送时延有确定上限的优点，但其实现起来更加复杂。一般在网络既要求高可靠性又要求较强的实时性时，才会采用令牌总线网。

3. 按用户存取和共享信息的方式分类

计算机网络按用户存取和共享信息的方式分类，可分为对等网络和客户机/服务器网络两种。

（1）对等网络 在对等（Peer-to-Peer）网络中相连的计算机彼此处于同等的地位，不分主次，每台计算机既是服务器也是客户机，并实现资源的相互共享。

对等网的优点是网络造价低，允许数据和处理器分布在一个很大的范围内，还允许用户动态地安排计算机需求。对等网的缺点是难以确定文件的位置，因为这些文件一般分布于整个网络中许多不同的计算机上，因此网络管理比较困难。

（2）客户机/服务器网络 客户机/服务器（Client/Server）网络是一种基于服务器的网络，与对等网相比客户机/服务器网络提供了更好的运行性能。在客户机/服务器网络中，一台或数台服务器提供网络中所有共享的资源，并管理网络中的计算机和资源，所有共享的数据全部放在服务器上。客户机一般只访问网络中服务器提供的资源，而不提供共享资源。这种模式的网络管理方便，共享数据和设备集中管理，提供了更严密的安全保护功能，有助于数据的保存和恢复。

1.2 OSI 与 TCP/IP 参考模型

计算机网络是一个复杂的系统，采用结构化的分层设计方法，将网络的通信子网与资源子网分成相对独立的易于操作的层次，依靠各层之间的功能组合来提供网络的通信服务和资源共享，从而方便了网络系统的设计、修改和更新。计算机网络中相互通信的两个计算机系统必须遵循相同的约定或规则，称为协议。为了减小协议的复杂性，也为了清晰地描述各网络协议和便于以后的扩展，通常把计算机网络按照一定的功能与逻辑关系划分出层次结构，网络协议也分层进行描述，这种层次结构对用户是“透明”的，计算机网络体系结构就是这种层次结构与协议的集合。

1.2.1 网络的分层原则及特点

要实现不同实体之间的通信，可将网络设计为分层结构，上一层建立在下一层的基础上，每一相邻层之间有一个端口，各层之间通过端口传递信息或数据，各层内部的功能对外层加以屏蔽。在网络的层次结构中，各层有各层的协议。分层的原则如下：

1）根据功能的需要分层，每一层应当实现一个明确的功能。

2）每一层的选择应当有助于制定国际标准化协议。

3）各层界面的选择应尽量减少跨过端口的信息量。

4）层数应足够多，以免不同的功能混杂在同一层中，使实现变得复杂，同时层又不能太多，否则网络体系结构将过于庞大。

网络采用分层结构的优点如下：

1）各层之间相互独立。高层并不需要知道低层是如何实现的，只需要知道该层通过层间端口向上层提供的服务。

2）灵活性好。当任何一层发生变化时，只要端口层不变，就不会影响到其他层，而当某层提供的服务不再需要时，还可以取消该层。

3）各层都可以采用最合适的技术来实现，各层实现技术的改变不影响其他层。

4）易于实现和维护。因为整个系统已被分解为若干个易于处理的部分，这种结构使得庞大而又复杂的系统的实现和维护变得容易控制。

5）有利于促进标准化。因为每一层的功能和所提供的服务都有精确的说明。

1.2.2　OSI 参考模型

OSI 是 Open System Interconnect 的缩写，意为开放系统互连，一般称为 OSI 参考模型，是 ISO（国际标准化组织）在 1985 年研究的网络互联模型。该体系结构标准定义了网络互联的七层框架，即 OSI 开放系统互连参考模型。在这一框架下进一步详细规定了每一层的功能，以实现开放系统环境中的互联性、互操作性和应用的可移植性。

OSI 参考模型共分 7 层：物理层、数据链路层、网络层、传输层、会话层、表示层和应用层。OSI 参考模型的分层结构如图 1-2 所示。

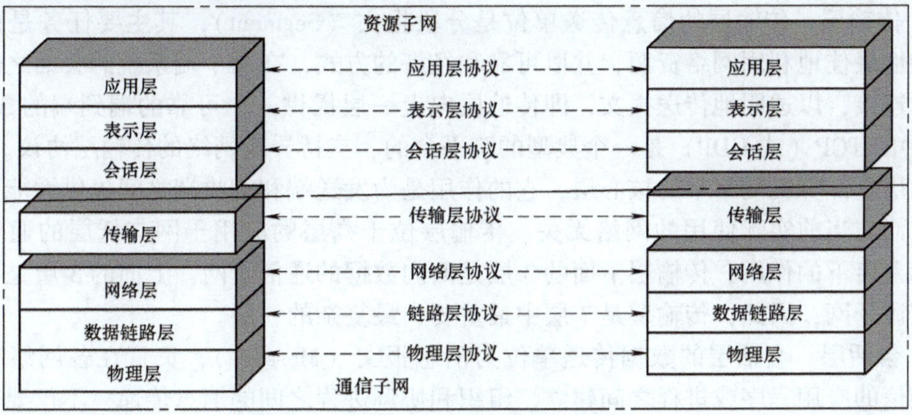

图 1-2　OSI 参考模型的分层结构

1. OSI 参考模型的分层原则

OSI 参考模型的分层原则如下：

1）层数不要划分太多，以简化系统设计工作。

2）边界划分应该在服务描述少且通过这个边界相互交往次数最少的地方。

3）对于那些执行过程或所涉及技术中明显不同的功能，应设置独立的层次来对其进行处理，并把类似的功能汇集在同一层中。

4）选择过去几年表明是成功的点作为边界。

5）为容易局部化的功能创建一层，使该层可以完全重新设计，以便吸收体系结构、硬件和软件成熟技术。

6）对端口标准化有用的点应设一边界。

7）在数据处理过程中需要不同程度的抽象（语法、词法）的地方，应设为一层。

8）层与层之间相互独立，各层之间的功能互相屏蔽。

9）每一层仅与其相邻的上层或下层建立边界关系。

2. OSI 参考模型各层的基本功能

（1）物理层　物理层位于 OSI 参考模型的最低层，该层是建立在物理介质上，定义了物理链路所要求的机械特性、电气功能等，包括电缆、端口、附属设备等。该层为上一层（即数据链路层）提供一个物理连接，以便透明地传输原始比特流。透明表示某一个实际存在的事物看起来却好像不存在一样。透明地传输比特流表示以实际电路传送后的比特流没有发生变化。因此，任意组合的比特流都可以在这个电路上传送。

物理层需要考虑的问题有：多大的电压代表“1”或“0”，接收端接收数据后如何区别“1”或“0”；确定连接电缆的插头应有多少个管脚等。物理层的数据传输单位为位（bit）。

（2）数据链路层 数据链路层负责在两个相邻节点之间的线路上无差错地传送以帧（Frame）为单位的数据，确保网络节点之间的数据帧可靠地传输，每一帧包含一定数量的数据和一些必要的控制信息。数据链路层负责建立、维护和释放数据链路的连接。

（3）网络层 在网络层中，数据的传输单位是分组或包（Packet），每一个数据包中都含有目的地址和源地址，网络层的任务是选择合适的路由，使发送站的传输层所传下来的分组能正确无误地按照地址找到目的站，并交付给目的站的传输层，即网络层具有寻址功能。TCP/IP 中的 IP 和 IPX/SPX 协议中的 IPX 都是典型的网络层协议。

（4）传输层 传输层的信息传送单位是分段报文（Segment），其主要任务是根据通信子网的特性最佳地利用网络资源，并以可靠和经济的方式，在两个端系统的会话之间，建立一条传输连接，以透明地传送报文，即传输层向上一层提供一个可靠的端到端的数据服务。TCP/IP 中的 TCP（或 UDP）是一个典型的跨平台的、支持异构网络的传输层协议。

传输层是计算机网络中的核心层，它的作用是为发送端和接收端之间提供性能可靠的数据传输，而与当前实际使用的网络无关。传输层位于高层的应用子网与低层的通信子网中间，起承上启下的作用，传输层下面的 3 层是面向数据的通信子网，上面的 3 层是面向信息处理的资源子网，因此，传输层是 7 层中最重要、最复杂的一层。

（5）会话层 会话层的数据传送单位为消息报文（Message），负责在各网络节点的两个互相通信的应用程序或进程之间建立、组织和协调进程之间的消息传递，不仅要建立合适的连接，还需要验证会话双方的身份。会话层的主要任务是对传送的数据进行管理，对会话层允许的信息进行传输（半工、半双工、全双工）。

（6）表示层 表示层的作用是解决用户信息的语法表示问题。表示层将欲交换的数据从适合某一用户的抽象语法，变换为适合 OSI 参考模型内部使用的传送语法。表示层的任务之一是为传送的信息加密和解密。

（7）应用层 应用层是 OSI 参考模型的最高层，直接面向用户，是用户访问网络的端口层。其主要任务是提供计算机网络与最终用户的界面，提供完成特定网络服务功能所需要的各种应用程序协议。其他 6 层解决了网络通信和表示问题，应用层则解决应用程序相互请求数据服务的问题，包括文件传输、数据库管理、网络管理等。应用层确定进程之间通信的性质以满足用户的需要，负责用户信息的语义表示，并在两个通信者之间进行语义匹配。应用层是 OSI 参考模型 7 层中最复杂的，所包含的应用层协议也最多。

OSI 参考模型定义了一个标准框架，只是一种分层结构，具体的实现则依赖于各种网络体系的具体标准，它们通常是一组可操作的协议集合，对应于网络分层，不同的层有不同的通信协议。OSI 参考模型中的低 4 层是面向通信的，也称为通信子网，高 3 层是面向信息处理的，也称为资源子网。

1.2.3　TCP/IP 参考模型

TCP/IP 参考模型（TCP/IP Reference Model）并非国际标准，是由美国军方实验室 ARPANET 发展而来，并由后继的因特网使用者继续开发的一种网络体系结构模型。目前，TCP/IP 参考模型已发展成为一个包含有上千个协议的分层模型，而且已在互联网上得到广泛使用，成为事实上的工业标准。

TCP/IP 是指一整套数据通信协议，其名字是用这些协议中的两个主要协议命名，这两个协议是传输控制协议（Transmission Control Protocol，TCP）和网际协议（Internet Protocol，IP）。TCP/IP 是多个独立定义协议的集合，简称为 TCP/IP 协议簇或协议集。

TCP/IP 参考模型包括 4 个功能层，4 层体系结构中将 OSI 参考模型中的会话层和表示层统一到应用层中，图 1-3 所示为 OSI 参考模型与 TCP/IP 参考模型的对应关系。

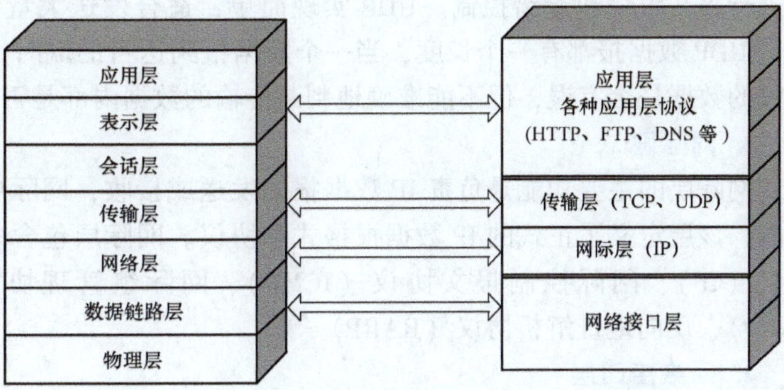

图 1-3　OSI 参考模型与 TCP/IP 参考模型的对应关系

1. 应用层

应用层协议是构筑在 TCP 和 IP 等低层协议基础上的最高层协议，直接为特定的应用提供服务。应用层向用户提供一组常用的应用程序，如电子邮件等，包含 TCP/IP 协议簇中的所有高层协议，如简单网络管理协议（SNMP）、简单邮件传输协议（SMTP）、域名系统服务（DNS）、文件传输协议（FTP）、远程登录协议（Telnet）、超文本传输协议（HTTP）等。

1）SNMP（Simple Network Management Protocol）：简单网络管理协议，支持网络管理员收集有关网络的信息。

2）SMTP（Simple Mail Transfer Protocol）：简单邮件传输协议，支持用户将电子邮件发送到邮件服务器上。

3）FTP（File Transfer Protocol）：文件传输协议，支持不同类型的计算机之间传送文件。FTP 建立在 TCP 的基础上，提供了可靠的传输路径，无论是基于 UNIX 操作系统的大型机还是基于 Windows 操作系统的 PC，只要双方都支持 FTP，就可以方便地交换文件。

4）Telnet：是 Internet 远程登录服务的标准协议和主要方式，是一种交互式远程访问终端协议，用户访问远程主机，就像自己的计算机与远程主机直接连接一样。

5）HTTP（Hypertext Transfer Protocol）：是一种超文本传输协议，是当今最为流行的 TCP/IP 应用，支持 Internet/Intranet 发展最为迅速的 Web 服务，广泛分布于 Internet/Intranet 上的大量信息资源，只要通过用户的浏览器就可访问。

6）DNS（Domain Name System 或 Domain Name Service）：是计算机域名系统或域名解析服务器的缩写，它是由解析器以及域名服务器组成的。域名服务器是指保存有该网络中所有主机的域名和对应 IP 地址，并具有将域名转换为 IP 地址功能的服务器。DNS 使用 TCP 与 UDP 的端口号都是 53，主要使用 UDP，服务器之间备份使用 TCP。

2. 传输层

传输层提供可靠的点到点的数据传输，确定源节点传送的数据能正确到达目标节点，传输层包含两个协议即 TCP 和 UDP。

TCP（传输控制协议：Transmission Control Protocol）是一个面向连接的、提供可靠服务的协议，通过逻辑通路，进行数据传送，传输完成后切断通路，即以三次握手的方式保证命令或数据能够正确无误地到达目的端。TCP 给每个包加上一个头部信息（源主机和目的主机的端口号、包的顺序号等），使用不同的端口号区别同一时刻不同用户通过网络发送的数据。

UDP（用户数据报协议：User Datagram Protocol）是一个无连接的、不可靠的、无流量控制、不排序的服务，它简单地与 IP 或其他协议进行连接，只进行数据报的发送和接收，不进行报文跟踪和差错控制。UDP 实现简单，适合发送大量的差错控制不太严格的数据，每个 UDP 数据报都有一个长度，当一个数据报到达目的端时，UDP 可以根据接收长度判断接收的数据是否有误，但不能准确地判断传输的数据内部是否有误。

3. 网际层

网际层的主要功能是负责 IP 数据报的发送或接收，网际层具有路由选择、拥塞控制的功能，该层定义了正式的 IP 数据报格式和协议。网际层包含多个协同工作的协议，如网际协议（IP）、网际控制报文协议（ICMP）、网际组管理协议（IGMP）、地址解析协议（ARP）、反向地址解析协议（RARP）等。

4. 网络接口层

网络接口层的主要功能是负责通过物理网络（物理层＋数据链路层）进行无差错的数据帧的发送与接收，并负责建立、维护和释放数据链路的连接。网络接口层实际上并不是因特网协议组中的一部分，但是它是数据包从一个设备的网络层传输到另外一个设备的网络层的方法。

1.3 网络互联结构模型

1.3.1 网络互联的基本概念

网络互联是指将分布在不同地理位置，或者采用不同低层协议的网络相连接，以构成更大规模的互联网络系统，实现互联网络资源的共享。要实现网络互联，需要满足的基本条件是：

1）在需要连接的网络之间提供至少一条物理链路，并使这条链路具有相应的控制规程，使之能建立数据交换的连接。

2）在不同网络之间具有合适的路由，以便能相互通信以及交换数据。

3）可以对网络的使用情况进行监视和统计，以方便网络的维护和管理。

1.3.2 网络互联的层次

1. 物理层互联

只对比特信号进行波形整形和放大后再发送。

主要作用：可扩大一个网络的作用范围，通常没有管理能力。

常用的设备：集线器、中继器。

2. 数据链路层互联

只在数据链路层对数据帧信息进行存储转发，对传输的数据帧具有较强的管理能力。

常用的设备：网桥，交换机。

网桥的主要作用：在网络互联中起到数据接收、地址过滤与数据转发的作用，可以用来实现多个网络系统之间的数据交换。

3. 网络层互联

在网络层对数据包进行存储转发，对传输的信息具有很强的管理能力。

常用的设备：路由器。

网络层互联主要功能：解决路由选择、拥塞控制、差错处理和分段技术问题。

4. 网络层以上的互联

网络层以上的设备是对传输层及传输层以上的协议进行转换的，实际上是一个协议转换器，通常叫作网关，又称为网间连接器、信关或联网机。

网关是中继系统中最复杂的一种设备，通过网关的互联又叫作高层互联。

1.3.3 网络互联的类型

计算机网络从覆盖地域类型上可以分为广域网、城域网与局域网，因此网络互联的类型主要有四种类型：

（1）LAN 与 LAN 互联　在 LAN 与 LAN 互联中，根据 LAN 的传输性质和通信协议不同，又分为同构网互联和异构网互联两种形式。

同构网互联：指具有相同传输性质和相同通信协议的局域网互联。

异构网互联：指两种完全不同传输性质和不同通信协议的局域网互联。

目前，不同类型的网络之间的互联大多是异构网互联。异构网的互联较复杂些，常用连接设备有网桥或路由器。

（2）LAN 与 WAN 互联　以太网经过 IP 路由器和 X.25 广域网相连就是一个局域网与一个广域网互联的实例。LAN 与 WAN 互联可以使不同单位或机构的 LAN 连入范围更大的网络体系中。

（3）WAN 与 WAN 互联　WAN 与 WAN 互联一般在政府的电信部门或国际组织间，将不同地区的网络互联，以构成更大规模的网络。WAN 与 WAN 的互联主要使用路由器或网关来实现。

（4）LAN 通过 WAN 与其他 LAN 互联　当两个局域网相距甚远，如分布在不同城市，它们需要通过广域网实现互联。局域网连接到广域网上要使用路由器或网关。

1.3.4 网络互联的结构

由于受到网络规模的限制，每个独立的网络所能提供的资源和管理的用户量都是有限的，网络互联允许在不同网络中的各系统之间进行网络间通信，来实现更大范围内的资源共享，一个单位或组织可以将内部的各个本地网络互联起来，以提高生产力和降低成本，而与外部网络的互联则能获得更加丰富的信息资源。

1. 网络互联的定义

所谓网络的互联是指将两个以上分布在不同地理位置的计算机网络，通过一定的方法，用一种或多种通信处理设备相互连接起来，构成更大的网络系统，以实现网络的数据资源共享。相互连接的网络可以是同种类型的网络，也可以是运行不同网络协议的异构系统，网络互联的形式有局域网与局域网、局域网与广域网、广域网与广域网的互联三种。将不同的网络连接起来并保证在不同的网络之间的主机能够相互通信的设备称为网关（Gateway）或互联网路由器（Router）。网际互联提供了异构网络互联的方法，并提供了使之互操作的一组通信约定，网络互联的根本目标是隐藏所有底层网络硬件技术，同时提供一般的通信服务。图 1-4 为使用路由器将多个网络互联的实例。

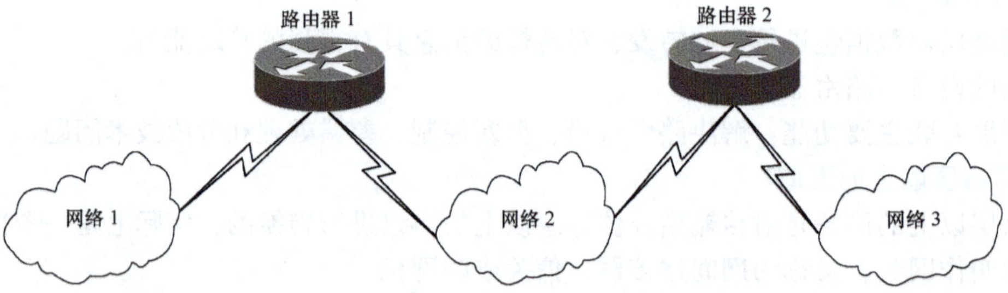

图 1-4　通过路由器连接不同网络

图中，路由器的作用是将与其直连的两个不同的网络连接在一起，在实际网络中，每台路由器都必须知道自己直连网络以外的互联网拓扑，即在互联网中，每台路由器都会维护一个路由表，也就是路由器通过路由表实现了解整个网络拓扑的目的。

2. 典型的网络互联案例分析

网络互联包括局域网之间、广域网之间、公司总部与分支机构之间的互联，图 1-5是一个典型的企业网络总部与分支机构之间的互联，随着企业规模的不断扩大和业务的不断增加，不仅企业局域网用户不断增加，而且在不同地区还建立了分支机构，因此，该网络通过交换机和接入层路由器将局域网内部的用户连接起来，并将处于异地的分支机构经过互联网通过路由器连接起来。

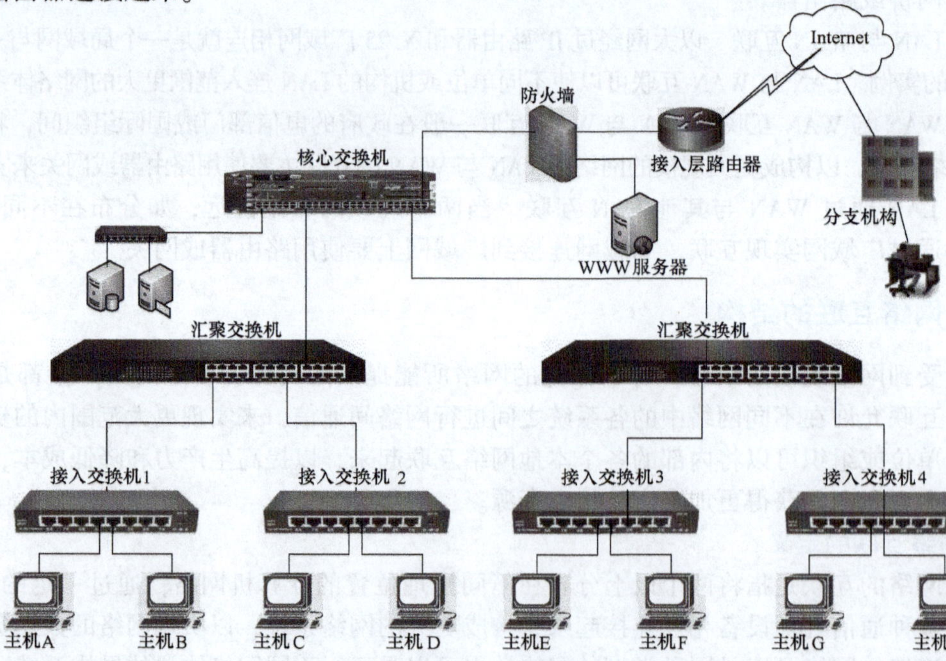

图 1-5　典型的企业网络互联拓扑

1.4 网络互联设备

网络互联可以在OSI参考模型的任何一层，因此，网络互联的层次有：物理层、数据链路层、网络层、传输层及其以上高层。

1.4.1 物理层互联设备

1. 中继器

中继器（Repeater）是最简单的网络互联设备，主要完成物理层的功能，负责在一个网段中的两个节点物理层上按位进行信息传输，其作用是放大信号以通过长距离的电缆，从而增加信号传输的距离。图1-6所示为中继器连接同一个网络的两个网段。中继器连接的是一个网络中的不同网段而不是子网，中继器工作在物理层，不提供网段隔离功能。

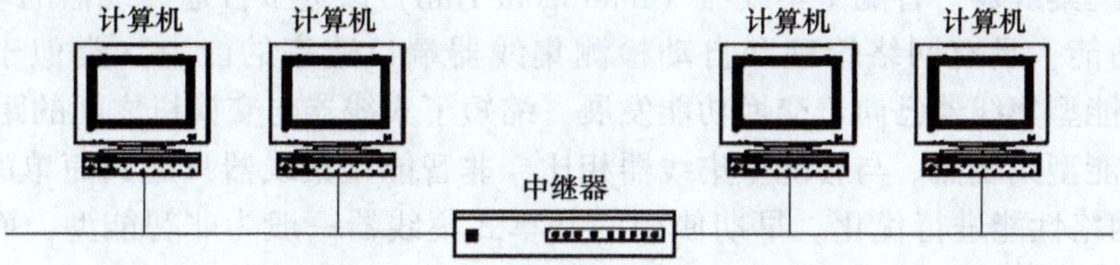

图1-6　中继器连接两个网段

中继器工作在OSI参考模型的物理层，对信号只进行简单的放大处理，因此，它不能隔离网络上的广播风暴，也不能把两个网络分支隔离开来，一个网络上出现故障，则整个网络将瘫痪。

中继器是一种简单的网络连接设备，在下面的场合可以考虑使用中继器来扩展网络。

1）需要再生信号，扩大网络的距离。

2）同一网络中连接不同的传输介质。

3）网络分支的数据流量不大的情况下要实现网络间的互联。

4）在组建网络的成本不能太高的情况下要实现网络互联，可以考虑利用中继器来实现网络的扩展。

5）各个网络分支的体系结构相同，并且访问方式或遵守的协议也相同，也可以使用中继器实现网络互联。

6）不需要对各个网络分支间的信息进行隔离。

2. 集线器

集线器（HUB）是一种能够改变网络传输信号，扩展网络规模，构建网络，连接PC、服务器和外设的最基本的网络连接设备。集线器是特殊的中继器，中继器的主要功能是对接收到的信号进行再生放大，以扩大网络的传输距离；而集线器还能够提供多端口服务，所以又称为多端口中继器。

（1）集线器的作用　集线器属于数据通信设备，是一种以星形拓扑将通信线路集中在一起的设备，相当于总线，主要用于OSI参考模型的物理层，因此，集线器又称为物理层设备。

（2）集线器的工作原理　当集线器的一个端口接收到信号后，由于信号在传输过程中已经有了衰减，所以集线器便将该信号再生到发送时的状态，然后广播到集线器所有处于工作状态的端口上。从集线器的工作方式可以看出，集线器在网络中只起到信号放大的作用，目的是扩展网络的传输范围，其只是一个标准共享式设备，不具备信号定向的能力。

（3）集线器的种类　集线器可以从以下几个方面进行分类。

● 按速率分类

根据速率的不同，目前市场上用于中小型局域网的集线器可分为 10Mbit/s、100Mbit/s、10/100Mbit/s 自适应三种类型。

● 按配置形式分类

根据配置形式的不同，集线器可分为独立型、模块化及堆叠式集线器三大类。

● 按管理方式分类

根据管理方式的不同集线器可分为智能型集线器和非智能型集线器两类。

1）智能型集线器。智能型集线器（Intelligent Hub）改进了普通集线器的缺点，增加了网络的交换功能，具有网络管理和自动检测集线器端口速率的能力（类似于交换机的功能）。目前智能型集线器已向着交换功能发展，缩短了集线器与交换机之间的距离。

2）非智能型集线器。与智能型集线器相比，非智能型集线器只起到简单的信号放大作用，无法对网络性能进行优化。早期使用的共享式集线器一般为非智能型，而现在流行的 100Mbit/s 集线器和 10/100Mbit/s 自适应集线器多为智能型集线器。

● 按端口数分类

每个集线器根据其端口数的多少可分为 8 口、12 口、16 口和 24 口等几种类型。图 1-7 所示为 8 口和 24 口集线器样品。

a) 8 口集线器

b) 24 口集线器

图 1-7　不同端口数的集线器

1.4.2　数据链路层互联设备

1. 网卡

网络适配器或端口卡（Network Interface Card，NIC）简称网卡，是将 PC 和 LAN 连接的网络适配器。网卡插在计算机主板插槽中，负责将用户要传递的数据转换为网络上其他设备能够识别的格式，通过网络介质传输。它的主要技术参数有带宽、总线类型、网络接口方式等。

网卡可以按不同形式进行分类。

● 按数据传输的速率分类

网卡按数据传输的速率可分为 10Mbit/s 网卡，适用于 10Mbit/s 的网络；100Mbit/s 网卡，适用于 100Mbit/s 的网络；10/100Mbit/s 自适应网卡，同时适用于两种网络。网卡可自动识别所连接的网络是哪一种传输速率而自动启动相应的传输速率。

● 按总线的类型分类

网卡根据总线类型的不同，主要分为 ISA 网卡、IEISA 网卡、PCI 网卡和 USB 网卡等，图 1-8 列出了 ISA 和 PCI 总线的两种网卡。

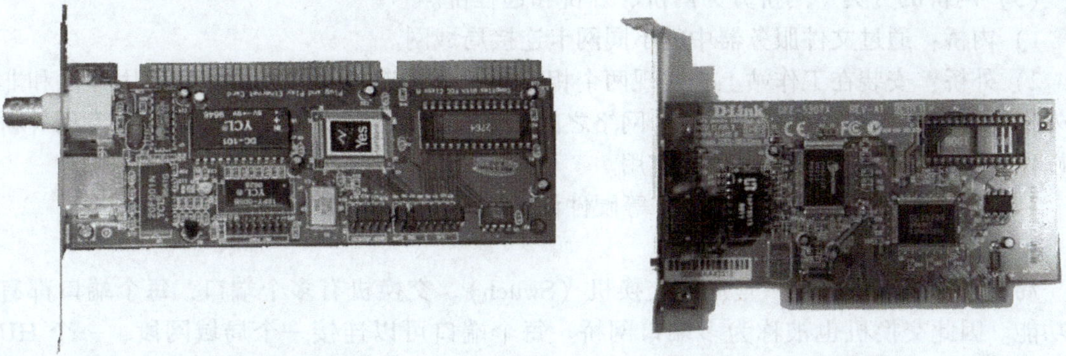

a) ISA 网卡　　b) PCI 网卡

图 1-8　两种类型的网卡

● 按传输介质分类

网卡按传输介质分类，可分为有线网卡和无线网卡。

2. 网桥

网桥可以是一个独立的设备，也可以以其他形式出现，如在网卡、计算机中安装网桥软件等。如果网络操作系统支持网桥的功能，服务器可以安装多个网卡来实现网桥的功能，这种网桥称为内置式网桥。

（1）网桥的工作原理　网桥工作在 OSI 参考模型的数据链路层，网桥可以将两个不同拓扑、不同网络操作系统、不同协议的局域网连接起来，扩展网络的物理距离和范围，并对数据流进行管理，以提高网络的性能。图 1-9 所示为网桥连接的两个不同拓扑的网络。

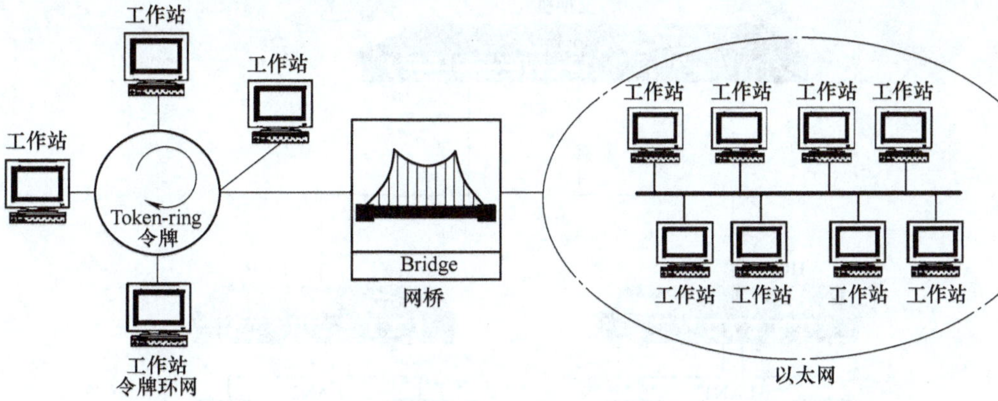

图 1-9　网桥连接的两个不同拓扑的网络

（2）网桥的主要功能

1）网桥在数据链路层上实现局域网互联。

2）网桥能够互联两个采用不同数据链路层协议、不同传输介质与不同传输速率的网络。

3）网桥以接收、存储、地址过滤与转发的方式实现互联的网络之间的通信。

4）网桥需要互联的网络在数据链路层以上采用相同的协议。

5）网桥可以分隔两个网络之间的通信量，有利于改善互联网络的性能与安全性。

（3）网桥的分类　网桥分为内桥、外桥和远程桥。

1）内桥：通过文件服务器中的不同网卡连接局域网。

2）外桥：安装在工作站上，实现两个相似局域网的连接，外桥可分为专用外桥和非专用外桥。专用外桥只能用来建立两个网络之间的连接，管理网络之间的通信；非专用外桥既可以作为网桥，也可以作为工作站使用。

3）远程桥：一般作用于 Modem 等硬件设备以实现两个远程局域网之间的连接。

3. 交换机

局域网的核心设备之一是局域交换机（Switch）。交换机有多个端口，每个端口都有桥接功能。因此交换机也被称为多端口网桥。每个端口可以连接一个局域网段、一个 HUB、一台高性能的服务器或单个工作站，交换机采用 MAC 帧直接交换技术，可以使接入的多个站点间同时建立多个并行的通信链路，站点间沿指定的路径转发报文，使争夺式“共享性”信道转变为“分享式”信道，最大限度地减少了网络帧的碰撞和转发延迟，使带宽和效率成倍增加。

（1）交换机的特点　交换机是以交换方式处理端口资料，将接收到的数据帧，直接转发给数据的目的端口或目的地址所有的默认网关，从而提高了网络的效率。传统的交换机只具有和多路网桥相似的功能，故称为二层交换机（L2）。新型的交换机引入了路由技术，已成为网桥和路由技术的综合产品，可以完成网络层的路由选择，因此称为第三层交换（L3）。

交换机采用交换技术通过局域网的分段来划分带宽，交换机每个端口独占带宽，消除各节点带宽的争用，为每一个节点提供尽可能大的带宽。图 1-10 所示为交换机连接的网络。

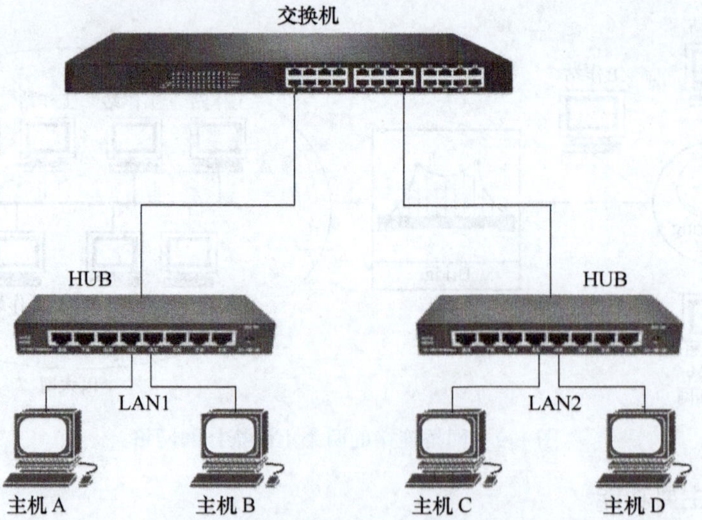

图 1-10　交换机连接的网络

（2）交换机的功能　交换机在源端口和目的端口之间提供点到点的连接，增加了网络吞吐量，可以在同样带宽的线路中传输更多的信息，而保证每个链路都独占网络带宽。交换机可以同时建立多个传输路径，所以在应用连接多台服务器的网段上可以收到明显的效果。交换机主要用于连接 HUB、Server 或分散式主干网。交换机的主要功能如下：

1）采用硬件实现，速度快，可以为每一个节点提供全部网络带宽。

2）交换机按 MAC 地址转发数据包，而不考虑数据包中的内容，延时少。

3）每个端口都提供专用的带宽，交换机提供的总带宽为每个端口带宽之和。

4）流量控制。交换机提供足够的缓冲区并通过流量控制来消除网络拥塞。

5）转发机制。交换机的每个端口都相当于一个桥，每个桥都具有各个网段的地址表，可以将发向该网段的数据包全部接收到之后再将数据包转发到目的端口。

6）网络管理。交换机大多连接一个网段或一个局域网，交换机与 SNMP 兼容，收集网络的流量和状态信息，提供排除故障和改变流量的依据。

7）子网划分功能。为了减少网络中信息的流量，可以使用交换机将信息流量较多的节点连接成为一个子网，每个子网成为一个冲突域，子网内可以使用集线器连接所有的节点，这样既可扩大网络的范围，也减少了网络中的信息流量，从而提高了网络的效率。

（3）交换机的分类

● 按采用技术分类

交换机按采用的技术分类可分为直通交换、存储转发、碎片隔离三种。

1）直通交换（Cut-Through）：这种交换方式对传输的信息帧只读目的地址不做校验，直接将收到的数据帧从源端口转发到目的端口，目的端口一旦收到信息包中的目标地址，在收到全帧之前便开始转发。直通交换方式速度快、延时少，但不负责对数据帧的校验，因此不管服务器连接交换机的哪一个端口，只要发现错误的数据帧，即将数据帧丢弃而要求源端重发，从而增加了服务器 CPU 的负荷，降低了网络效率。直通交换适用于同速率端口和碰撞误码率低的环境。

2）存储转发（Store-and-Forward）：这种交换方式把端口收到的全部信息帧放在交换机的缓存器中，并进行检测，对错误的数据包要求重发，无错的包转发到目的端口。这种方式可靠性高，无需文件服务器负责管理数据包，但交换机的延时会增加，这种交换方式适用于不同速率端口和碰撞误码率高的环境。

3）碎片隔离：这是介于直通交换和存储转发式之间的一种解决方案。它在转发前先检查数据包的长度是否够 64B（512bit），如果小于 64B，说明是假包（或称残帧），则丢弃该包；如果大于 64B，则发送该包。该方式的数据处理速度比存储转发方式快，比直通交换式慢，但由于能够避免残帧的转发，所以被广泛应用于低档交换机中。

使用这类技术的交换机一般是使用了一种特殊的缓存，这种缓存采用先进先出的 FIFO（First In First Out）算法，数据帧从一端进入然后再以同样的顺序从另一端出来。当帧被接收时，它被保存在 FIFO 中。如果帧以小于 512bit 的长度结束，那么 FIFO 中的内容（残帧）就会被丢弃。因此，不存在普通直通交换机存在的残帧转发问题，是一个非常好的解决方案。数据帧在转发之前将被缓存保存下来，从而确保碰撞碎片不通过网络传播，能够在很大程度上提高网络传输效率。

● 按使用的网络技术分类

交换机按使用的网络技术可分为以太网交换机、令牌环网交换机、FDDI 交换机、ATM 交换机、快速以太网交换机、光交换机、帧中继交换机等。

● 按速率分类

交换机根据其交换速率可分为 10Mbit/s、100Mbit/s、10/100Mbit/s 自适用、1000Mbit/s 及 10Gbit/s 等类型。

● 按端口数分类

交换机按端口数可分为 6 口、8 口、12 口、16 口、24 口、32 口、48 口等。图 1-11 所示为华为公司生产的两款不同端口数的交换机。

a) 华为 16 口交换机

b) 华为 24 口交换机

图 1-11 华为公司不同端口数的交换机

1.4.3 网络层互联设备

路由器工作在 OSI 参考模型的网络层，是对数据包进行操作，利用数据包头中的网络地址与它建立的路由表比较来进行寻址。路由器可以用于局域网与局域网互联、局域网与广域网互联以及局域网通过广域网与局域网互联。

如果互联的局域网高层采用不同的协议，则需要使用多协议路由器。

1. 路由器的主要功能

（1）实现网络互联 路由器的主要功能是实现真正意义上的网络互联，可以实现异构网络、多个子网和广域网的互联。在多网络互联的环境中，路由器只接收源站或其他路由器的信息，不关心网络中使用的硬件设备，只要求设备运行与网络层协议相一致的软件。

（2）进行复杂的路径控制和管理 每台路由器存放着一个路由表，在路由表中保存着网络的标识信息、网络中路由器的个数、下一个路由器的名字或 IP 地址等内容，路由器通过路由表为经过它的每个数据包寻找一条最佳传输路径，并将该数据的地址传送到目的站。

（3）流量控制和分组分段 路由器有较强的流量控制功能，可以采用优化的路由算法来均衡网络负载，有效地控制网络拥塞，提高网络的性能。路由器的流量控制是利用其缓存的功能，保证在网上发送数据的过程中，数据不会因为双方速度的不匹配而丢失。当网络中有接收方不能处理较大的数据包时，路由器就把大的数据包分组为小的数据包，以便接收方能够处理，防止数据重复发送。

（4）数据包转发的验证　路由器在进行数据转发之前，先检测数据包源地址和的目的地址是否存在，若检测不到合法的源地址和目的地址或检测到非法的广播或组播地址，则路由器将其丢弃。可以通过设置包过滤的访问控制列表，限制某些方向的数据包是否转发，以保证网络的安全性。例如一个企业内部的路由器，可以设置访问控制列表不转发某些网站或源地址不明的信息，以确保企业内部网络不被黑客攻击。

（5）防止网络风暴　由于路由器的每个端口连接的都是不同的子网，可以方便地将一个大的网络分割为多个子网络进行管理和维护，路由器可以根据网络地址、主机地址、数据包类型来监控、拦截和过滤信息。因此，路由器具有更强的网络隔离能力，不仅可以防止网络风暴，更重要的是提高了网络的安全和保密性，同时有的路由器还可以实现防火墙的作用。

（6）提供经济合理的广域网接入　由于路由器常用于较大的复杂网络，因此需要有经验的网络技术人员进行设置、安装和管理。可以认为使用路由器后，形形色色的通信子网融为一体，形成了一个更大范围的网络。从宏观的角度出发，可以认为通信子网实际上是由路由器组成的网络，路由器之间的通信则通过各种通信子网的通信能力予以实现。图 1-12 所示为路由器连接的不同网络。

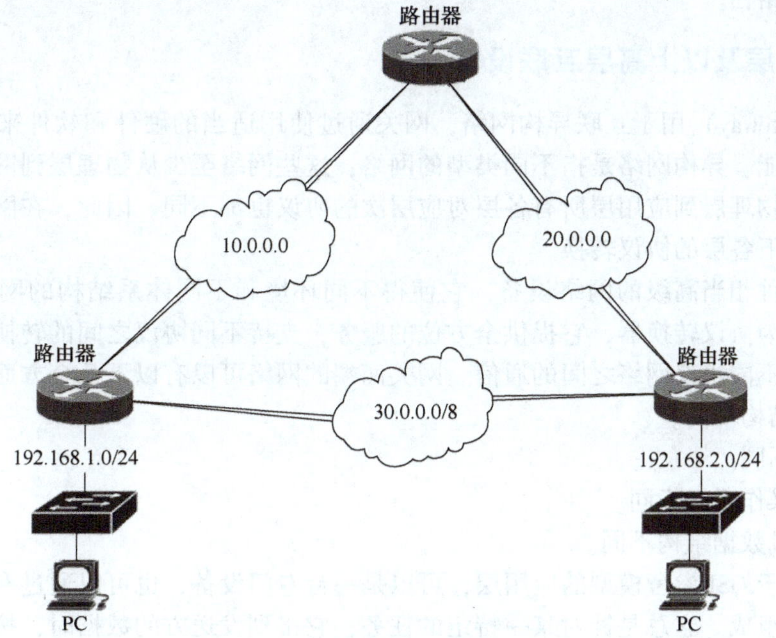

图 1-12　路由器连接的不同网络

2. 路由器的工作原理

路由器工作在 OSI 参考模型的网络层，因此，路由器访问的是对方的网络地址，可以在网络层上进行交换和路由数据包，能完成网桥不能完成的功能，路由器根据路由表转发数据包，路由表中包含的是数据包网络地址的转发路径。

当数据包到达路由器后，路由器查看数据包的目的地址，并在路由表中查看到达目的地址的路径，根据路由代价，选择一条最佳路径，将数据包沿路由表中的路径发送给目的地址。

3. 选择路由器

路由器是一种较昂贵的设备，在选择路由器时应考虑如下几个问题：

1）多种类型的网络间进行互联时选用。

2）网络比较大，多于15个子网，则应考虑使用支持大规模网络协议的路由器。

3）在需要均衡各个链路上的负载时，考虑使用支持负载均衡和流量控制的路由器。

4）对各个网络分支之间的数据传递有严格的路径控制的要求时，考虑使用支持访问控制的路由器。

5）对各个网络分支之间的数据传递有安全性要求时，考虑使用支持加密控制的路由器。

4. 路由器与网桥的区别

网桥与路由器的功能相似，但是两者是有区别的，具体如下：

1）网桥工作在数据链路层，而路由器工作在网络层。

2）网桥分析的是数据帧的物理地址，路由器分析的是数据包的网络地址。

3）路由器可以最大限度地阻止网络风暴，网桥不能。

4）路由器可以进行流量控制，并能对数据包进行重分组。

5）网桥只能经过单一的一条路径传输信息，路由器则可以有多条路径传递消息，并能选择一条最佳路径。

1.4.4 传输层及以上高层互联设备

网关（Gateway）用于互联异构网络，网关通过使用适当的硬件和软件来实现不同协议之间的转换功能。异构网络是指不同类型的网络，这些网络至少从物理层到网络层的协议都不同，甚至从物理层到应用层所有各层对应层次的协议也都不同。因此，在网关中至少要进行网络层及以下各层的协议转换。

网关是一种相当高级的网络设备，它使得不同环境和不同体系结构的网络通信成为可能。网关又称为协议转换器，它提供全方位的服务，支持不同协议之间的转换，数据重新进行分组，实现不同协议网络之间的通信。网关两端的网络可以有以下几个方面的不同：

1）体系结构不同。

2）协议不同。

3）网络操作系统不同。

4）计算机数据结构不同。

网关工作于OSI参考模型的应用层，可以是一台专门设备，也可以通过专门的端口部件和网关的软件组成。它总是针对某一特定的任务，它接到发送方的数据时，按照协议，把数据一层一层地拆开，对数据进行分析，然后按照接收方的协议对数据重新进行包装，最后将包装好的数据发送给接收方，由此可知，网关的工作量相当大，因其速度也往往很慢，故成为一个网络的潜在瓶颈。

1.5 IP地址与子网规划

IP是英文Internet Protocol的缩写，即互联网协议，是能使连接到网上的所有计算机网络实现相互通信的一套规则，规定了计算机在因特网上进行通信时应当遵守的规则。IP地址是Internet

上计算机的一个编号。互联网中，每台计算机上都需要有 IP 地址，这样才能正常通信。

1. IP 的版本

IP 是 TCP/IP 协议簇中网络层的协议，是 TCP/IP 协议簇的核心协议。IP 的版本号分为 IPv4 和 IPv6 两个版本。到 2011 年 2 月 3 日全球基于 32 位 IPv4 的地址已分配完毕。新版本的 IPv6 是由 128 位的二进制数组成，今后的网络互联将以 IPv6 为主，但内部局域网还是以 IPv4 为主。因此，下面仍以 IPv4 为例介绍 IP 地址。

2. IPv4 地址组成

主机 IP 地址的分配原则是要为同一网络内的所有主机分配相同的网络标识号，同一网络内不同主机必须分配不同的主机标识号（主机号）以区分主机。网络中的 IP 地址是由网络号（Network ID）+主机号（Host ID）组成的，其中网络号代表本台主机所在的网络，用于 Internet 环境下对主机所在网络的定位，而主机号则是本机的地址，用于在本网内对主机的定位。

3. IPv4 地址的分类

为了适应各种不同大小规模的网络需求，Internet 管理信息中心将 IP 地址划分为 A、B、C、D 和 E 五大类，其中 A、B、C 类可供 Internet 上的主机使用，网络地址位数和主机地址位数如图 1-13 所示，而 D、E 地址则有特殊的用途。表 1-1 所示为 IP 地址的类别与规模。

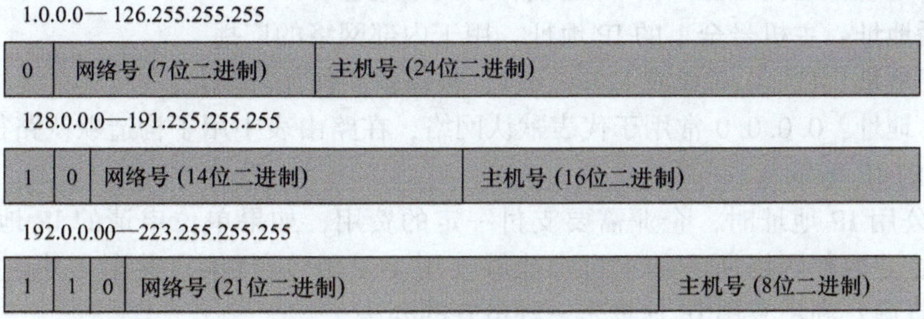

图 1-13 A、B、C 类网络地址位数和主机地址位数

表 1-1 IP 地址的类别与规模

类 别	第一个字节范围	网络地址长度	最多支持的网络数	最多主机数	适用的网络规模
A	1～127	1 个字节	126（2^7-2）	16777214（$2^{24}-2$）	大型网络
B	128～191	2 个字节	16382（$2^{14}-2$）	65534（$2^{16}-2$）	中型网络
C	192～223	3 个字节	2097150（$2^{21}-2$）	254（2^8-2）	小型网络
D	224～239	组播地址			
E	240～255	研究和实验用地址			

（1）A 类地址　A 类地址由 1 个字节的网络地址和 3 个字节的主机地址组成，A 类地址的第一个位总为“0”，理论上 A 类地址有 128 个可能的网络地址，其中 0.0.0.0 地址表示全网，不能分配给某个网络。A 类地址中的 127.0.0.0 网段被保留用于闭环（LoopBack）测试而不能分配给任何一个网络，所以实际上只有 126 个 A 类网。

A 类网络地址的范围从 1.0.0.1 到 127.255.255.254。每一个 A 类地址能支持的最大主机数为 16777214（$2^{24}-2$）台。

（2）B 类地址　B 类地址由 2 字节的网络地址和 2 字节的主机地址组成，网络地址的最高位必须是“10”，B 类地址范围从 128.1.0.0 到 191.254.0.0，B 类地址每个网络支持的最大主机数为 65534（$2^{16}-2$）台。

（3）C 类地址　C 地址由 3 个字节的网络地址和 1 个字节的主机地址组成，网络地址的最高位必须是“110”，C 类地址范围从 192.0.0.1 到 223.255.255.254，C 类地址中主机标识的长度为 8 位，每个 C 类网络支持的最大主机数为 254（$2^{8}-2$）台。

每个网段的主机数量减 2 的原因是主机地址全 0 保留为表示本网络地址，主机地址全 1 表示网络内的广播地址。

（4）D 类地址　D 类地址是多目的地址，D 类地址被用在多点广播（Multicast）中。多点广播地址用来一次寻址一组计算机，它标识共享同一协议的一组计算机。D 类地址前 4 位为 1110，后 28 位均为组播地址，即地址为 224.0.0.0～239.255.255.255。

（5）E 类地址　E 类地址被保留作为研究之用，因此 Internet 上没有可用的 E 类地址，E 类地址的前 4 位为 1，因此有效的地址范围从 240.0.0.0 至 255.255.255.255。各企业可根据自己企业的规模申请 IP 地址的类别。

4. 特殊用途的 IPv4 地址

以下是几种特殊用途的 IP 地址：

1）网络地址：主机号全 0 的 IP 地址表示网络地址。

2）广播地址：主机号全 1 的 IP 地址，用于内部网络的广播。

3）循环地址：127.0.0.0 或 127.0.0.1，被保留用作循环地址。

4）全 0 地址：0.0.0.0 常用于代表默认网络，在路由表中用于构造默认路径。

5. 专用的 IP 地址

在申请公用 IP 地址时，企业需要支付一定的费用，如果单位申请的 IP 地址不够使用时，如何让企业内部网络所有的主机都能够使用 TCP/IP 进行信息共享，并连接到 Internet 访问网上的资源？利用专用 IP 地址是一种最好的办法。

为了使企业内部的主机能进行信息交流，A、B、C 类 IP 地址并没有被全部用于公网，还有一部分 IP 地址被保留用于企业内部使用，这部分 IP 无法直接接入到 Internet 上，即在互联网上是不可路由的，但可以通过虚拟专用网络、网络地址转换（Network Address Translation，NAT）等方式接入到 Internet。通过这种方式访问 Internet 时，外部只能看到企业的公网地址，而看不到企业内使用的专用 IP 地址（也称私有地址），保证了企业信息安全性。专用 IP 的地址范围如表 1-2 所示。

表 1-2　专用 IP 地址

专用 IP 地址范围	默认的子网掩码
10.0.0.0～10.255.255.255	255.0.0.0
169.254.0.0.～169.254.255.255	255.255.0.0
172.16.0.0～172.31.255.255	255.255.0.0
192.168.0.0～192.168.255.255	255.255.255.0

6. IP 地址的申请

要使自己的主机加入 Internet，为了避免 IP 地址与其他网络冲突，必须向网络信息中心申请一个网络标识号，然后为网络上的每一台主机分配一个唯一的主机标识号，这样网上的主机在 Internet 上就具有唯一的地址。国内用户可以通过中国互联网信息中心（CNNIC）获得 IP 地址。

7. 子网掩码

在小规模网络或多个部门的企业中，可以将每个部门划分为一个子网，这样可屏蔽不同部门之间主机的访问频率，减少网络风暴的机会。因此，可以将一个网络中的主机再分为不同的小网络，用子网掩码对网络再划分。

子网掩码的划分方法是：在 32 位二进制数中，网络号全 1、主机号全 0 的 IP 地址即为该网络的子网掩码。子网的划分实际上就是设计子网掩码的过程。子网掩码主要是用来区分 IP 地址中的网络 ID 和主机 ID，它用来屏蔽 IP 地址的一部分，从 IP 地址中分离出网络 ID 和主机 ID。子网掩码是由 4 个十进制数组成的数值，中间用“.”分隔，如 255.255.255.0。若将它写成二进制的形式，则为 11111111.11111111.11111111.00000000，其中为“1”的位分离出网络 ID，为“0”的位分离出主机 ID，也就是通过将 IP 地址与子网掩码进行与逻辑操作，得出网络 ID。

例如，假设 IP 地址为 192.160.4.1，子网掩码为 255.255.255.0，则网络 ID 为 192.160.4.0，主机 ID 为 0.0.0.1。计算机网络 ID 的不同，则说明它们不在同一个物理子网内，需通过路由器转发才能进行数据交换。每个网络默认的子网掩码为：网络号全 1，主机号全 0。

例如：A 类地址默认的子网掩码为 255.0.0.0，每个子网最多可以容纳 1677 万多台主机。

B 类地址默认的子网掩码为 255.255.0.0，每个子网最多可以容纳 6 万台主机。

C 类地址默认的子网掩码为 255.255.255.0，每个子网最多可容纳 254 台主机。

如果希望在一个网络中建立子网，就要在这个默认的子网掩码中加入一些位，它减少了用于主机地址的位数。加入到掩码中的位数决定了可以配置的子网数。因而，在一个划分了子网的网络中，每个地址包含一个网络地址、一个子网位数和一个主机地址。

例如，一个 C 类地址中，不同的子网位可以划分不同个数的子网，各子网位对应的掩码如表 1-3 所示。

表 1-3　C 类地址子网位与子网数之间的关系表

子网位	掩码位	子网数		各子网主机数	子网掩码
		全 0 全 1 不可用	全 0 全 1 可用		
1	25	$2^1-2=0$	$2^1=2$	$2^7-2=126$	255.255.255.128
2	26	$2^2-2=2$	$2^2=4$	$2^6-2=62$	255.255.255.192
3	27	$2^3-2=6$	$2^3=8$	$2^5-2=30$	255.255.255.224
4	28	$2^4-2=14$	$2^4=16$	$2^4-2=14$	255.255.255.240
5	29	$2^5-2=30$	$2^5=32$	$2^3-2=6$	255.255.255.248
6	30	$2^6-2=62$	$2^6=64$	$2^2-2=2$	255.255.255.252

若子网已经划分，可通过划分后的子网地址计算出子网中的主机数，方法是将子网掩码转换为二进制的四段数字（每段要是 8 位，如果是 0，可以写成 8 个 0，也就是 0000000），例如：255.255.248.0 这个子网掩码可以最多容纳多少台主机？首先将子网掩码分解为二进制数：

11111111.1111111.11111000.00000000

分解后的二进制数后面有 11 个 0，即网络中的有效主机数为 $2^{11}-2=2046$，所以这个子网最多容纳2046台主机。

若网络中确定了主机的最大数目，则可以通过计算进行子网的规划。例如，某企业确定了一个部门有530台计算机，组成一个局域网，问子网掩码设多少最合适？

网络中530台主机用B类IP最合适，A类地址太多，C类地址又不够用，但是B类默认的子网掩码是255.255.0.0，可以容纳6万台计算机，显然太浪费，那子网掩码设多少合适？

首先要计算530台主机最多可以占用多少位二进制地址，即 $2^m \geqslant 530$，计算出 $m=10$，也就是这个B类子网中主机号位数为10位二进制，其他22位就可确定为子网掩码，用二进制表示为11111111.11111111.11111100.00000000，因此该网络中的子网掩码为255.255.252.0。

8. 子网规划实例分析

实例1：假设一个网络地址为192.168.10.0，掩码为26位，如何使用点分十进制表示子网掩码？可获得哪些子网？每个子网中最多可分配多少主机？

解：该网络中，26位二进制表示网络号，6位二进制表示主机号，每个子网中的主机数为 $2^6-2=62$，将原C类网络中的主机位占用了两位作为子网位，因此子网的个数为 $2^2=4$。

(1) 子网掩码为255.255.255.192。

(2) 子网有：

子　网	子网地址	广播地址	网络主机地址范围
192.168.10.0	192.168.10.0	192.168.10.63	192.168.10.1 ~ 62
192.168.10.64	192.168.10.64	192.168.10.127	192.168.10.65 ~ 126
192.168.10.128	192.168.10.128	192.168.10.191	192.168.10.129 ~ 190
192.168.10.192	192.168.10.192	192.168.10.255	192.168.10.193 ~ 254

(3) 每个子网中最多可容纳的主机数是 $2^6-2=62$。

实例2：将196.20.32.4主机所在的网络划分为每个网络有24台计算机的小规模子网，其子网掩码是什么？

解：用5位表示主机号（$2^5 \geqslant 24$），可再借用三位作为网络号，即28位表示网络号，则子网掩码为11111111.11111111.11111111.11100000（255.255.255.224）。

实例3：某台主机的IP地址为201.222.5.121，子网掩码为255.255.255.248。试问：该主机所在的网络号是什么？该子网的广播号是什么？该子网的主机IP地址范围为多少？

解：子网掩码与主机的IP地址相与之后的二进制数即为主机的网络号，因此该主机的网络号为201.222.5.120。

因为全1的主机号为该网络的广播号，因此该子网的广播号为201.222.5.127；该子网的主机IP地址范围为201.222.5.121 ~201.222.5.126。

本章小结

本章主要介绍了计算机网络互联涉及的网络基础知识，内容包括计算机网络的定义和功能、计算机网络的分类、OSI与TCP/IP参考模型及各层的功能，并对OSI参考模型和TCP/IP参考模型进行了比较。之后介绍了网络互联设备及其功能，最后介绍了IP地址的分类与子网规划，并通过实例分析详细介绍了子网划分的方法和子网掩码的作用。

本章习题

一、选择题

1. 下面哪种网络设备和数据链路层关系最密切？（　　）

A. 中继器　　B. 交换机　　C. 路由器　　D. 网关

2. 下面哪种网络互联设备和物理层关系最密切？（　　）

A. 中继器　　B. 交换机　　C. 路由器　　D. 网关

3. 下面哪种网络互联设备和网络层关系最密切？（　　）

A. 中继器　　B. 交换机　　C. 路由器　　D. 网关

4. 路由器操作下面哪种信息单元？（　　）

A. 比特　　B. 字节　　C. 消息　　D. 数据包

5. 指定网卡的地址在下面哪种信息单元的头部可以找到？（　　）

A. 帧　　B. 数据包　　C. 消息　　D. 以上都不是

6. 在大多数层以及最高层工作的设备是（　　）。

A. 中继器　　B. 交换机　　C. 路由器　　D. 网关

7. 一个“可以互操作”的设备是（　　）的设备。

A. 基于相同的标准　　B. 来自相同的厂商

C. 使用相同的操作系统　　D. 很方便地重新配置

8. 中继器主要在下面哪层操作？（　　）

A. 物理层　　B. 数据链路层　　C. 网络层　　D. 传输层

9. 下面哪种说法是错误的？（　　）

A. 中继器可以连接一个以太网 UTP 线缆上的设备和一个在以太网同轴电缆上的设备。

B. 中继器可以增加网络的带宽。

C. 中继器可以扩展网络上两个节点之间的距离。

D. 中继器能够再生网络上的电信号。

10. 网桥工作在 OSI 参考模型的哪一层？（　　）

A. 物理层　　B. 网络层　　C. 数据链路层　　D. 会话层

11. 交换机工作在 OSI 参考模型的哪一层？（　　）

A. 物理层　　B. 网络层　　C. 数据链路层　　D. 会话层

12. 可堆叠式集线器的一个优点是（　　）。

A. 互联的集线器使用 SNMP

B. 互联的集线器在逻辑上是一个集线器

C. 互联的集线器在逻辑上是一个网络

D. 互联的集线器在逻辑上是一个单独的广播域

13. 物理层的任务是在通信系统间完成（　　）的传输。

A. 比特　　B. 帧　　C. 分组　　D. 报文段

14. 要将接收的报文交付到主机上正确的应用程序，必须使用（　　）地址。

A. 端口　　B. IP　　C. 物理　　D. 以上皆非

15. 下列哪一个是对应于255.255.255.192掩码的网络地址？（　　）

A. 140.13.26.4　　B. 140.13.26.64

C. 140.13.26.127　　D. 140.13.26.193

二、简答题

1. 简述计算机网络的概念及组成。
2. 计算机网络具有哪些基本功能？
3. IPv4地址分哪几类？分别适用于什么规模的网络？
4. 子网掩码的作用是什么？A、B、C三类IP地址默认的子网掩码分别是多少？
5. 通信协议分别由哪几个部分组成？分别有什么作用？
6. 简述TCP/IP的工作原理。
7. 在计算机网络中采用分层的体系结构有哪些优点？

三、综合应用题

1. 已知某主机的IP地址为196.200.10.121，子网掩码为255.255.255.240。试问：该主机所在的网络号是多少？该子网的广播号是多少？该子网的主机IP范围为多少？

2. 某企业申请了C类地址，网络号为202.112.10.0，考虑到企业的业务情况，依据业务的不同，每个部门最多可容纳45名员工，通过子网的划分，企业可获得哪几个子网？每个子网中主机的IP地址范围是多少？

第2章 局域网基础

2.1 局域网概述

2.1.1 局域网定义与功能

1. 局域网的定义

局域网（Local Area Network，LAN）是指某一区域内由多台计算机及相关设备通过共用的通信线路或无线连接的方式组合在一起的系统，是一种在一个有限的地理范围内，以进行资源共享和信息交换为基本目的而组建的计算机网络，其范围一般为方圆几千米以内。局域网具有连接距离短、频带宽、延时小、成本低及实现简单等特性，目前已被广泛应用于各类企事业单位。

决定局域网的主要技术要素为网络拓扑、传输介质与介质访问控制方式。局域网由网络硬件（包括网络服务器、网络工作站、网络打印机、网卡、网络互联设备等）、网络传输介质以及网络软件所组成。

要完整地给出局域网的定义，可以有两种方式：一种是功能性定义，另一种是技术性定义。

（1）局域网的功能性定义　局域网为一组台式计算机和其他设备，在物理地址上彼此相隔不远，以允许用户相互通信和共享诸如打印机和存储设备之类资源的方式互联在一起的系统。这种定义适用于办公环境下的局域网、企业和研究机构中使用的局域网。

（2）局域网的技术性定义　局域网是由特定类型的传输媒体（如电缆、光缆和无线媒体）和网络适配器（也称为网卡）互联在一起的计算机，并受网络操作系统的监控和管理。

局域网的功能性和技术性定义之间的差别是很明显的，功能性定义强调的是外界行为和服务，技术性定义强调的则是构成局域网所需的物质基础和构成的方法。

2. 局域网的功能

局域网的主要功能是在网络内部实现文件管理、应用软件共享、打印机共享、工作组内的日程安排、电子邮件和视频通信服务等功能。局域网是封闭型的，可以由办公室内的两台计算机组成，也可以由一个公司内的上千台计算机组成。

2.1.2 局域网的发展

在计算机应用的初期，人们使用的都是大中型计算机，通常简称为主机。需要使用计算机的人必须向计算机操作人员提交请求，而且在获准上机后，必须等待数小时或几天才能得到结果。随着电子技术的发展，用户可以通过终端连到主机上，人们可以不必进入机房，只需从办公室的终端上便可提交请求。之后出现了中小型计算机，操作系统也随之出现。这时用户已经能够以交互操作方式向中心机提交请求。然而，计算机的普及是在20世纪70年代出现了个人计算机（PC）后才得以实现的。

自1981年IBM公司的PC投入市场以来，PC的应用逐渐普及，PC的处理能力和存储能力已经可同早几年的大型机相媲美。但由于当时的软盘驱动器和打印机都非常昂贵，为每台PC配置一台软盘驱动器和打印机，在费用上实在难以承受。于是出现了资源共享的方式——软盘驱动器和共享打印机。这是一种硬件和软件的组合，可以使几个PC用户很方便地对公共软盘驱动器进行共享式访问。

1. 早期的局域网

早期的局域网用户对服务器的共享访问是通过连接到服务器的共享软盘驱动器实现的。服务器中的软件将共享硬盘分成为多个“卷”的区域，为每个用户分配一个“卷”。在用户看来，用户分得的“卷”就是他自己的专用软盘，另外，所有的用户都可以共享软盘驱动器公用卷上的信息。

2. 目前的局域网

现在多数局域网提供多个应用服务器、数据库服务器，从而方便实现大容量的信息存储与共享，也方便局域网的扩展。局域网最重要的应用是资源共享，随着局域网的普及和承载业务的扩展，其他类型的服务器也相继出现，如WWW服务器、FTP服务器、数据库服务器等。LAN是通过将一组PC通过某种传输介质连接到指定的服务器上实现资源共享的，传输介质可有多种，如同轴电缆、双绞线、光纤、无线等。

2.1.3 以太网分类

以太网指的是由Xerox公司创建并由Xerox、Intel和DEC公司联合开发的基带局域网规范。以太网使用CSMA/CD技术，采用同轴电缆或双绞线连接网络，根据传输速率可分为标准以太网（10Mbit/s）、快速以太网（100Mbit/s）、1Gbit/s以太网和10Gbit/s以太网。

1. 标准以太网

最早期以太网只有10Mbit/s的传输速率，主要有两种传输介质，即双绞线和同轴电缆。所有的以太网都遵循IEEE 802.3标准。下面列出的是IEEE 802.3的一些以太网络标准，在这些标准中前面的数字表示传输速率，单位是Mbit/s，最后的一个数字表示单段网线长度（基准单位是100m），BASE表示基带。

1）10BASE－5：使用粗同轴电缆，最大网段长度为500m，基带传输方法。

2）10BASE－2：使用细同轴电缆，最大网段长度为185m，基带传输方法。

3）10BASE－T：使用双绞线电缆，最大网段长度为100m。

4）1BASE－5：使用双绞线电缆，最大网段长度为500m，传输速率为1Mbit/s。

5）10BASE－36：使用同轴电缆（RG－59/U CATV），最大网段长度为3600m，是一种宽带传输方式。

6）10BASE－F：使用光纤，传输速率为10Mbit/s。

2. 快速以太网

1995 年 3 月 IEEE 宣布了 IEEE 802.3u 100BASE－T 快速以太网标准（Fast Ethernet），就这样开始了快速以太网的时代。快速以太网技术可以有效地保障用户在综合布线基础实施上的投资，它支持 3、4、5 类双绞线以及光纤的连接，能有效地利用现有的设施。

快速以太网的不足其实也是以太网技术的不足，那就是快速以太网仍基于 CSMA/CD 技术。当网络负载较重时，会造成效率的降低，当然这可以使用交换技术来弥补。100Mbit/s 快速以太网标准又分为：100BASE－TX、100BASE－FX 和 100BASE－T4 三个子类。

（1）100BASE－TX　100BASE－TX 是一种使用 5 类无屏蔽双绞线或屏蔽双绞线的快速以太网技术。它使用两对双绞线，一对用于发送，一对用于接收数据。在传输中使用 4B/5B 编码方式，信号频率为 125MHz，符合 EIA586 的 5 类布线标准和 IBM 公司的 SPT 1 类布线标准，使用同 10BASE－T 相同的 RJ－45 连接器。它的最大网段长度为 100m，支持全双工的数据传输。

（2）100BASE－FX　100BASE－FX 是一种使用光缆的快速以太网技术，可使用单模和多模光纤（62.5μm 和 125μm）。多模光纤连接的最大距离为 550m，单模光纤连接的最大距离为 3000m。100BASE－TX 在传输中使用 4B/5B 编码方式，信号频率为 125MHz。它使用 MIC/FDDI 连接器、ST 连接器或 SC 连接器。它的最大网段长度为 150m、412m、2000m 或更长至 10km，这与所使用的光纤类型和工作模式有关，它支持全双工的数据传输。100BASE－FX 特别适合在有电气干扰的环境、较大距离连接或高保密环境等情况下的使用。

（3）100BASE－T4　100BASE－T4 是一种可使用 3、4、5 类无屏蔽双绞线或屏蔽双绞线的快速以太网技术。它使用 4 对双绞线，3 对用于传送数据，1 对用于检测冲突信号。100BASE－T4 在传输中使用 8B/6T 编码方式，信号频率为 25MHz，符合 EIA586 结构化布线标准。它使用与 10BASE－T 相同的 RJ－45 连接器，最大网段长度为 100m。

3. 1Gbit/s 以太网

1Gbit/s（吉比特，1000Mbit/s，千兆以太网）以太网技术作为高速以太网技术，给用户带来了提高核心网络性能的有效解决方案，这种解决方案的最大特点是继承了传统以太技术价格便宜的优点。

吉比特技术仍然是以太技术，它采用了与 10Mbit/s 以太网相同的帧格式、帧结构、网络协议、全/半双工工作方式、流控模式以及布线系统。由于该技术不改变传统以太网的桌面应用、操作系统，因此可与 10Mbit/s 或 100Mbit/s 以太网很好地配合工作。升级到 1Gbit/s 的以太网不必改变网络应用程序、网管部件和网络操作系统，能够最大限度地保护用户的布线投资。

1Gbit/s 以太网技术有两个标准：IEEE 802.3z 和 IEEE 802.3ab。IEEE 802.3z 制定了光纤和短程铜线连接方案的标准，目前已完成了标准制定工作。IEEE 802.3ab 制定了 5 类双绞线上较长距离连接方案的标准。

（1）IEEE 802.3z　IEEE 802.3z 工作组负责制定光纤（单模或多模）和同轴电缆的全双工链路标准。IEEE 802.3z 定义了基于光纤和短距离铜缆的 1000BASE－X，采用 8B/10B 编码技术，信道传输速率为 1.25Gbit/s，去耦后实现 1000Mbit/s 传输速率。IEEE 802.3z 具有下列 1Gbit/s 以太网标准。

1）1000BASE－SX。1000BASE－SX 只支持多模光纤，可以采用直径为 62.5μm 或

50μm 的多模光纤，工作波长范围为 770 ~ 860μm，传输距离为 220 ~ 550m。

2）1000BASE - LX2。

① 多模光纤：1000BASE - LX 可以采用直径为 62.5μm 或 50μm 的多模光纤，工作波长范围为 1270 ~ 1355nm，传输距离为 550m。

② 单模光纤：1000BASE - LX 可以支持直径为 9μm 或 10μm 的单模光纤，工作波长范围为 1270 ~ 1355nm，传输距离为 5km 左右。

3）1000BASE - CX。1000BASE - CX 采用 150Ω 屏蔽双绞线（STP），传输距离为 25m。

（2）IEEE 802.3ab　IEEE 802.3ab 工作组负责制定基于 UTP 的半双工链路的 1Gbit/s 以太网标准，产生 IEEE 802.3ab 标准及协议。IEEE 802.3ab 定义基于 5 类 UTP 的 1000BASE - T 标准，其目的是在 5 类 UTP 上以 1Gbit/s 的速率传输 100m 的距离。

IEEE 802.3ab 标准的意义主要有以下两点：

1）保护用户在 5 类 UTP 布线系统上的投资。

2）1000BASE - T 是 100BASE - T 的自然扩展，与 10BASE - T、100BASE - T 完全兼容。不过，在 5 类 UTP 上达到 1Gbit/s 的传输速率需要解决 5 类 UTP 的串扰和衰减问题。因此，使得 IEEE 802.3ab 工作组的开发任务要比 IEEE 802.3z 复杂些。

4. 10Gbit/s 以太网

10Gbit/s 以太网（也称万兆以太网）技术，始于 2002 年发布的 IEEE 802.3ae 标准。在物理层，IEEE 802.3ae 可分为两种类型，一种是与传统以太网连接，速率为 10Gbit/s 的局域网物理层；另一种为连接同步光纤（SDH/SONET），速率为 9.584Gbit/s 的广域网物理层。

10Gbit/s 以太网主要应用于园区网骨干交换机间的互联、数据中心服务器群组与骨干的互联、城域网的汇聚层和骨干层、新兴的宽带广域网以及存储网络。

2.1.4　局域网的作用

局域网是采用 Internet 技术创建的企业内部网络，它采用 Internet 协议和管理工具在企业内组建企业网络。局域网可以看作是一个小规模的 Internet，几乎可以提供 Internet 上所有的服务。局域网的作用主要表现在如下几个方面。

1. 快速信息交流

利用企业内部的局域网平台，采用电子邮件等形式，可以方便快速地在企业内部传递和发布信息，各种文档资料、技术报告、通知等以电子化的手段取代书面文件可以提高工作效率。

2. 信息管理无纸化

在局域网安装应用服务器和办公自动化（OA）系统，即可以提供应用服务，也能实现无纸化办公。

3. 运行费用低

采用局域网进行企业内部的信息交流与协作，简化了繁琐的行政手段，可以减少大量的行政管理人员，可以对员工进行联机培训，自由安排培训时间和内容，提高了效率，同时节省了大量的办公费用。

4. 企业内部资源共享和全方位服务

建立局域网后，企业内部各部门之间可以方便地实现资源共享，包括数据共享、软件共享、应用程序共享及硬件设备共享。

局域网可以提供的服务包括 WWW 信息发布、FTP 文件传输、电子邮件服务、新闻组讨论、协同工作和对外交流等。局域网与广域网不同，它一般限制在一定的距离区域内，指以微机为主而组成的局域网。

2.1.5　局域网的特点

1）通信速率较高：局域网的通信传输速率为每秒兆比特（Mbit/s），目前常见的标准有10Mbit/s、100Mbit/s、1000Mbit/s。

2）通信质量好：由于局域网通常只在很小的物理范围内进行数据的传输，因此传输误码率低，位错率通常为 $10^{-7} \sim 10^{-12}$。

3）使用范围小：0.1～2.5km。局域网的组建与管理由一个企业或一个部门负责，所有权可归局域网的组建企业或部门，在设计、安装、操作使用时由组建企业统一考虑、全面规划，不受公用网络的限制和约束。

4）支持多种通信传输介质：局域网中可使用细缆、粗缆、双绞线、光纤及无线传输等多种传输介质。

5）局域网成本低，安装、扩充及维护方便。

6）可以实现多媒体传输：可以实现数据、语音和图像的综合传输。

2.2　网络的拓扑结构

计算机网络的拓扑（Topology）结构是指网络中的通信线路和各自节点之间的几何排列，它决定了网络环境下如何管理网络客户和网络资源，影响着整个网络的设计、功能、可靠性和通信费用等。常见的网络拓扑结构有总线型拓扑（Bus Topology）、星形拓扑（Star Topology）和环形拓扑（Ring Topology）等。

2.2.1　总线型拓扑

总线型拓扑结构是局域网通常应用于小规模网络的方式，它使用一根同轴电缆（或双绞线）把所有的计算机连接起来，构成一总线型网络，如图 2-1 所示。

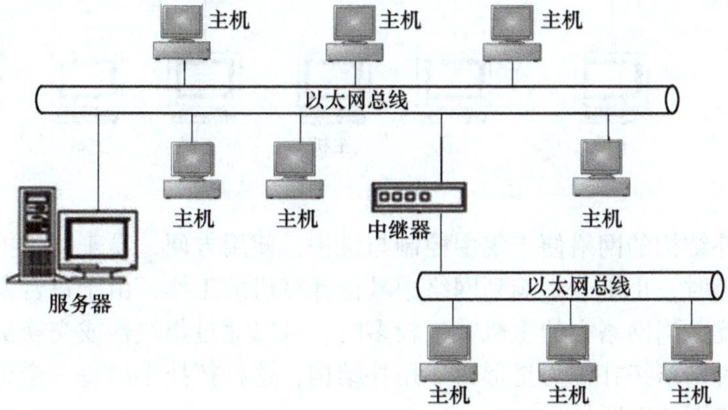

图 2-1　总线型拓扑结构

总线型拓扑结构中的一根电缆连接着网络中的所有节点，除网络的两个端点之外，每个节点都与其他节点相连，端点一般采用匹配电阻的终结器封闭。这种结构的网络一般组网方便，设备简单，使用中继器可以方便地扩大网络的地理范围。总线型网络采用的是载波监听多路访问/冲突检测（Carrier Sense Multiple Access with Collision Detection，CSMA/CD）对网络中的用户信息进行冲突性检测。由于网络中节点的信息采用广播的方式发送到网络中，因此，随着用户的增加，网络中的冲突信号会增加，网络速度会随之减慢。

总线型网络的特点如下：

1）结构简单、扩充性好。

2）设备少，费用低。

3）安装容易，使用方便。

4）资源共享，便于广播。

5）网络一旦出现故障，诊断和隔离都比较困难。

6）采用的是广播方式，网络中的冲突大，因此网络重载时效率低。

7）总线长度受限，只能使用中继器扩大网络的地理范围。

8）一个节点出现故障，则整个网络瘫痪。

2.2.2 星形拓扑

星形网络拓扑结构是目前局域网中采用最多的一种组网方式，网络的集中控制在中心节点处。星形网络中的所有计算机都利用一条专线连接到中心节点上，该中心节点一般采用集线器或交换机来进行信号转播和网络通信转换。计算机与集线器或交换机通常使用双绞线连接，也可以使用同轴电缆。图 2-2 所示为星形拓扑结构示意图。

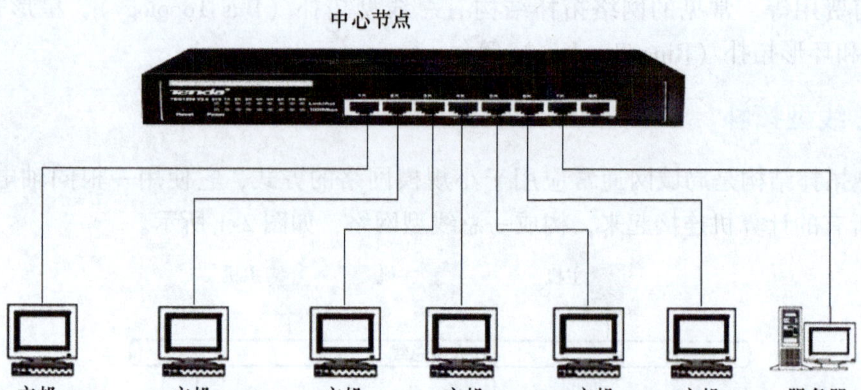

图 2-2 星形拓扑结构示意图

使用星形拓扑结构的网络便于集中控制与维护，使用方便，易于网络扩充。网络中的某台计算机出现故障时，也不会影响到网络中其他计算机的工作，由于每台集线器或交换机的端口数有限，因此，当网络中的主机数量较多时，可以通过集线器或交换机的级连方式扩大网络的规模，这种网络拓扑称为星形树形拓扑结构，这种拓扑中的每一个树枝都是另外一个星形拓扑网络，如图 2-3 所示。

星形网络的特点如下：

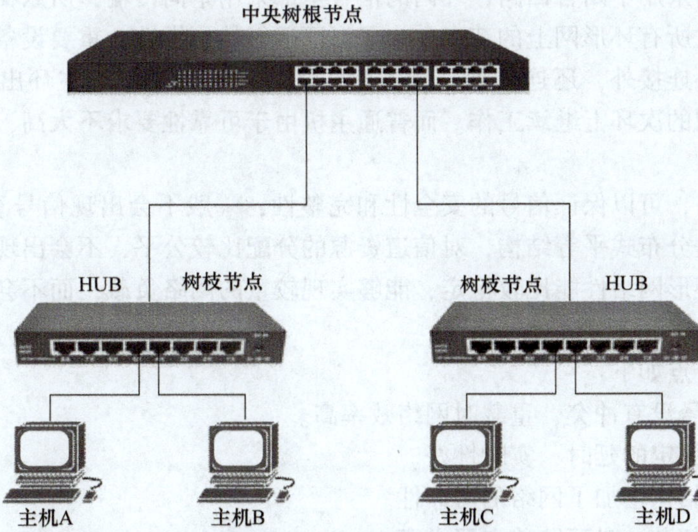

图 2-3　星形树形拓扑结构

1）实现简单，费用低。

2）可扩展性好，可以将计算机直接接入集线器以增加网络的节点数据，也可以通过级联的方式扩大网络的地理范围。

3）采用 CSMA/CD 的网络访问控制方式，当网络中的节点较多时，容易产生广播风暴。

2.2.3　环形拓扑

在环形拓扑结构中，网络中的每一台计算机通过环接器连接在一个环形配置的传输介质上，该传输介质可以是双绞线、同轴电缆、光缆等，每台计算机通过传输介质首尾相接，最终所有的计算机连接成一个环状结构，如图 2-4 所示。

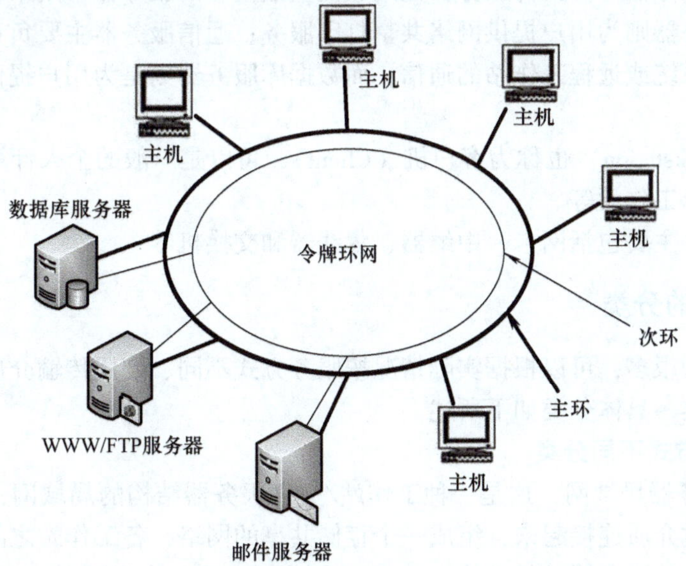

图 2-4　环形拓扑结构

由于环形网络采用了闭合回路，环内的信号全部采用单向传输，所以在网络上传输的所有信息都必须经过所有环形网上的节点。为了保证运行的可靠性，重要设备如服务器等网络节点除与一个主环连接外，还连接到一个备用环（或次环）上，当主环出现故障时，节点会自动跳转到备用的次环上继续工作。而普通主机由于可靠性要求不太高，因此，一般只连接于主环上。

使用环形网络，可以保证信号的安全性和完整性，一般不会出现信号衰减或丢失现象。环形网络采用的是分布式平等结构，对信道资源的分配比较公平，不会出现因网络垄断而导致的信息阻塞；环形网络性能比较稳定，能够实现较重的网络负载，而不会发生节点阻塞或报文冲突。

环形网络的特点如下：

1）网络中信号没有冲突，重载时网络效率高。

2）网络具有固定的延时，实时性好。

3）使用双环结构增加了网络的可靠性。

4）实现技术复杂，对环路节点要求高。

5）网络故障诊断困难、网络扩展难、节点多、传输率低。

2.3 局域网的组成与分类

2.3.1 局域网的组成

局域网是一个开放系统，支持多家厂商，有的厂商还可以为企业提供一套完整的解决方案，有的提供部分组件。局域网由网络硬件和网络软件两部分组成。网络硬件主要有：服务器、工作站、传输介质和网络连接部件等。网络软件包括网络操作系统、控制信息传输的网络协议及相应的协议软件、网络应用软件等。服务器可分为文件服务器、打印服务器、通信服务器、数据库服务器等。文件服务器是局域网上最基本的服务器，用来管理局域网内的文件资源；打印服务器则为用户提供网络共享打印服务；通信服务器主要负责本地局域网与其他局域网、主机系统或远程工作站的通信；而数据库服务器则是为用户提供数据库检索、更新等服务。

工作站（Workstation）也称为客户机（Client），可以是一般的个人计算机，也可以是专用计算机，如图形工作站等。

网络连接部件主要包括网卡、中继器、集线器和交换机等。

2.3.2 局域网的分类

局域网的类型很多，可以根据实际情况按服务方式不同、使用传输介质不同、访问控制方式不同进行分类，具体分类如下所述。

1. 按其服务方式不同分类

（1）专用服务器局域网　这是一种工作站/文件服务器结构的局域网，由若干台工作站和文件服务器通过介质连接起来，组成一个存储共享的网络，各工作站之间无法进行直接的通信，只能通过文件服务器进行通信，Netware 网络是典型的专用服务器局域网。

（2）客户机/服务器网络　这种局域网服务器专门用于管理、控制网络的运行，设置和控制网络中每个用户的权限和使用的资源，所有的客户机都共享网络服务器的软硬件资源，客户机之间可以直接相互访问，实现客户机之间的资源共享。

客户机/服务器模式的局域网是最常用、最重要的一种网络类型，它可以实现异构网络之间的联网，如 PC 与 MAC 机、Windows 平台与 Linux 平台等。这种网络的安全性较高，可以控制计算机的权限和优先级，实现规范化的网络管理，Windows Server 网络是典型的客户机/服务器网络。

（3）对等局域网　对等局域网（Peer to Peer）不需要专用的服务器，网络中的每台计算机既是网络资源的使用者，也是网络资源的提供者，网络中的每台计算机都可以平等地与其他计算机进行资源的共享与交流，网络中的计算机一般是同类型的。这种网络实现方便，但管理与监控有一定的难度，安全性也较低，适合于小型网络或企业的部门内部使用。

2. 按传输介质不同分类

按照网络的传输介质分类，可以将局域网分为有线网络和无线网络两种。局域网通常采用单一的传输介质，而城域网和广域网采用多种传输介质。

（1）有线局域网　有线局域网指采用同轴电缆、双绞线、光纤等有线介质连接计算机的网络。采用双绞线连网是目前最常见的连网方式。它价格便宜，安装方便，但易受干扰，传输率较低，传输距离比同轴电缆要短。光纤网采用光导纤维作为传输介质，传输距离长，传输率高，抗干扰性强。

（2）无线局域网　无线局域网采用微波、红外线、无线电、蓝牙等电磁波作为传输介质，由于无线局域网的连网方式灵活方便，因此是一种很有前途的组网方式。目前，多数企业、大专院校、公共场所基本都实现了无线网络的覆盖。

3. 按访问控制方式分类

局域网按访问控制方式可以分为以太网、令牌环网、无线局域网等。

（1）以太网　以太网是采用铜轴电缆或双绞线连接的网络，网络中的所有节点共享网络中的所有软件和硬件资源，网络中的节点采用 CSMA/CD 方式，以太网符合 802.3 标准。

（2）令牌环网　令牌环网采用铜轴电缆或光纤连接网络，网络中一个称为令牌的特殊数据帧采用一种无冲突的介质访问控制协议，当某个站点抓到这个令牌时，就有了“通行证”，可以在一个特定的时间内发送数据，数据传送结束后释放令牌。令牌环网符合 802.5 标准。

（3）无线局域网　无线局域网（Wireless Local Area Network，WLAN）是用来弥补有线局域网络之不足的，以达到网络延伸的目的。无线局域网采用射频技术取代有线网络，适合于有线网络布线困难的区域，使得无线局域网能利用简单的存取架构，让用户透过它达到“信息随身化、便利走天下”的理想境界。

2.4 局域网体系结构

2.4.1 局域网的访问控制方式

局域网的访问控制方式与局域网的拓扑结构、工作方式有着密切的关系，可以分为集中式和分布式两大类。集中式控制是由网络中的一个单独的集中控制器来控制各节点的通信；分布式控制则指网络中没有专门的集中控制器，网络中各节点之间的通信是由各节点自身控制的。常见的集中式控制方式为 CSMA/CD 控制方式和令牌环网控制方式。

1. CSMA/CD 控制方式

CSMA/CD 起源于 Hawaii 大学的 ALOHA 广播网，主要用于星形和总线型以太网，工作原理如下。

1）载波侦听：网络上的各个工作站在发送数据前都要侦听总线上有没有数据传输，如果有（总线忙），则不发送数据，等一个随机的时间后再发送数据；若总线空闲，则立即发送准备好的数据。

2）多路访问：网络所有的工作站都使用同一条通信线路，发送的数据是系统广播式的。

3）冲突检测：网络上若有多台工作站同时发送数据，则在总线上会产生信息的混合，导致信号的冲突，使网络无法识别出真正的数据。因此，网络中的工作站在发送数据的过程中不断监听信道，以检测与其他工作站发送数据产生冲突的情况。

CSMA/CD 控制方式的优点是原理比较简单，技术上较容易实现，网络中各工作站处于同等地位，不需要集中控制；缺点是不能提供优先级控制，各节点争用总线，不能满足远程控制所需要的确定时延和绝对可靠性的要求，在网络通信量较大时，效率明显降低。

2. 令牌环网控制方式

令牌环网是由 IBM 公司在 20 世纪 80 年代初开发的一种环形网络技术，采用屏蔽双绞线或无屏蔽双绞线作为传输介质，数据传输率为 4Mbit/s 或 16Mbit/s。

令牌环网符合 IEEE 802.5 标准，采用了一种无冲突的介质访问控制协议，用一个特殊的数据帧令牌作“通行证”，获得令牌的主机发送数据，发送完成后放弃令牌，然后，令牌继续向下依次传递。除了发送节点以外，环上各节点一旦接收到令牌或数据帧都要转发，直到数据帧返回到发送节点后，再由发送节点删除数据帧并发出令牌。

1）令牌（Token Ring）。当网络上的第一台计算机启动时，网络便产生了一个令牌，令牌沿环传送，同时轮流查询每一台计算机，直到其中一台计算机发出信号表示它想发送数据并占有令牌，则该计算机获得了发送信息的权力，可以在后续时间内发送信息。

2）令牌环网的工作原理。令牌环网的工作原理如图 2-5 所示。

第 1 步：工作站 A 等待令牌从上游邻站到达本站，以便有发送机会。

第 2 步：工作站 A 获得令牌后，将数据帧发送到环路上，工作站 C 对发往它的数据帧进行复制，并继续将该数据帧转发到环上。因为该数据帧是发送给 C 工作站的，因此通过 B 工作站时，B 工作站没有做操作。

第 3 步：工作站 A 等待回收它所发送的数据帧，并将数据帧从环上撤离，不再向环上转发。

第 4 步：当工作站 A 接收到数据帧的最后一比特时，便产生令牌，并将令牌通过环传给下游邻站，随后对数据帧尾部的响应比特进行处理。

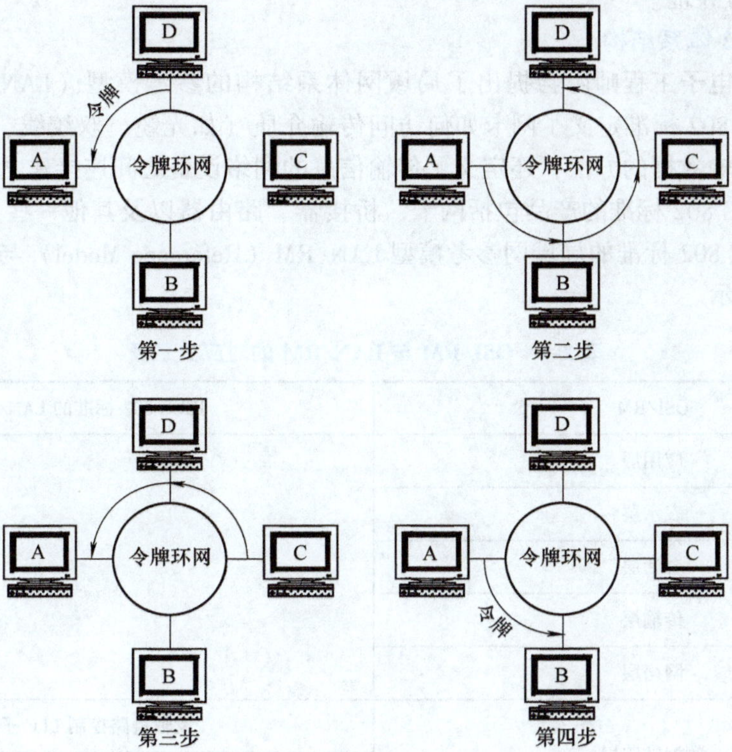

图 2-5 令牌环网工作原理

还应指出，当令牌传到某一工作站，但本工作站无数据发送时，只要简单地将令牌向下游转发即可。

2.4.2 局域网标准

为了促进局域网产品的标准化，便于组网，美国电气和电子工程师协会 IEEE 802 委员会为局域网制定了一系列标准，并得到了国际标准化组织的认可。

1. IEEE 802 标准

IEEE 802 标准定义了 ISO/OSI 参考模型的最下面两层，即物理层和数据链路层。

1）物理层标准：包括物理介质、物理介质连接设备（PMA）、连接单元（AUI）和物理收发信号格式（PS）。物理层主要功能：实现比特流的传输和接收；为进行同步用的前同步码的产生和删除；信号的编码与译码；规定了拓扑结构和传输速率。

2）数据链路层标准：OSI 参考模型的数据链路层在局域网中实际上分成两部分，即逻辑链路控制（LLC）子层和介质访问控制（MAC）子层。

逻辑链路控制（LLC）子层：该层集中了与媒体接入无关的功能。LLC 子层的主要功能是：建立和释放数据链路层的逻辑连接；提供与上层的接口（即服务访问点）；给 LLC 帧加上序号；控制差错。

介质访问控制（MAC）子层：该层负责解决与媒体接入有关的问题和在物理层的基础上进行无差错的通信。MAC 子层的主要功能是：发送时将上层交下来的数据封装成帧进行发送，接收时对帧进行拆卸，将数据交给上层；实现和维护 MAC 协议；进行比特差错检查与寻址。

2. IEEE 802 体系结构

美国电气与电子工程师协会提出了局域网体系结构的参考模型（LAN/RM），即 IEEE 802 标准，IEEE 802 标准定义了网卡如何访问传输介质（如光缆、双绞线、无线等），以及在传输介质上传输数据的方法，还定义了传输信息的网络设备之间连接建立、维护和拆除的途径。遵循 IEEE 802 标准的产品包括网卡、桥接器、路由器以及其他一些用来建立局域网络的组件。IEEE 802 标准的局域网参考模型 LAN/RM（Reference Model）与 OSI/RM 的对应关系如表 2-1 所示。

表 2-1 OSI/RM 与 LAN/RM 的对应关系表

OSI/RM	IEEE 802 标准的 LAN/RM
应用层	
表示层	
会话层	
传输层	
网络层	
数据链路层	逻辑链路控制 LLC 子层
	介质访问控制 MAC 子层
物理层	物理层

IEEE 802 委员会成立于 1980 年初，专门从事局域网标准的制定工作，该委员会分成三个分会：

- 传输介质分会——研究局域网物理层协议。
- 信号访问控制分会——研究数据链路层协议。
- 高层端口分会——研究从网络层到应用层的有关协议。

每个分委会分别制定了相应的标准，其中 IEEE 802 相应的标准如下：

IEEE 802.1：概述、体系结构和网络互联，以及网络管理和性能测量。

IEEE 802.2：逻辑链路控制，提供 OSI 参考模型数据链路层两个子层中上面一个子层的功能，逻辑链路控制是高层协议与任何一种局域网 MAC 子层的端口。

IEEE 802.3：CSMA/CD，定义了 CSMA/CD 总线网的 MAC 子层和物理层的规范。

IEEE 802.4：令牌总线网，定义了令牌传递总线网的 MAC 子层和物理层的规范。

IEEE 802.5：令牌环网，定义了令牌传递环形网的 MAC 子层和物理层的规范。

IEEE 802.6：城域网，定义了城域网的 MAC 子层和物理层的规范。

IEEE 802.7：宽带技术。

IEEE 802.8：光纤技术。

IEEE 802.9：语音数据综合城域网。

IEEE 802.10：可互操作的局域网的安全。

IEEE 802.11：无线局域网。

IEEE 802.12：新型高速局域网，即100VG－AnyLAN访问控制方法与物理层规范。

IEEE 802.14：采用线缆调制解调器（Cable Modem）的交互式电视介质访问控制协议及网络层技术规范，是用于协调HFC网络的前端和用户站点间数据通信的协议。

IEEE 802.15：无线个人网技术标准，其代表技术是Zigbee。

IEEE 802.16：宽带无线MAN标准——WiMAX。

IEEE 802.17：弹性分组环（RPR）工作组。

IEEE 802.18：宽带无线局域网技术咨询组（Radio Regulatory）。

IEEE 802.19：多重虚拟局域网共存技术咨询组。

IEEE 802.20：移动宽带无线接入（MBWA）工作组。

IEEE 802体系结构是一个标准系列，并在不断地增加新的标准，它们之间的关系如图2-6所示。

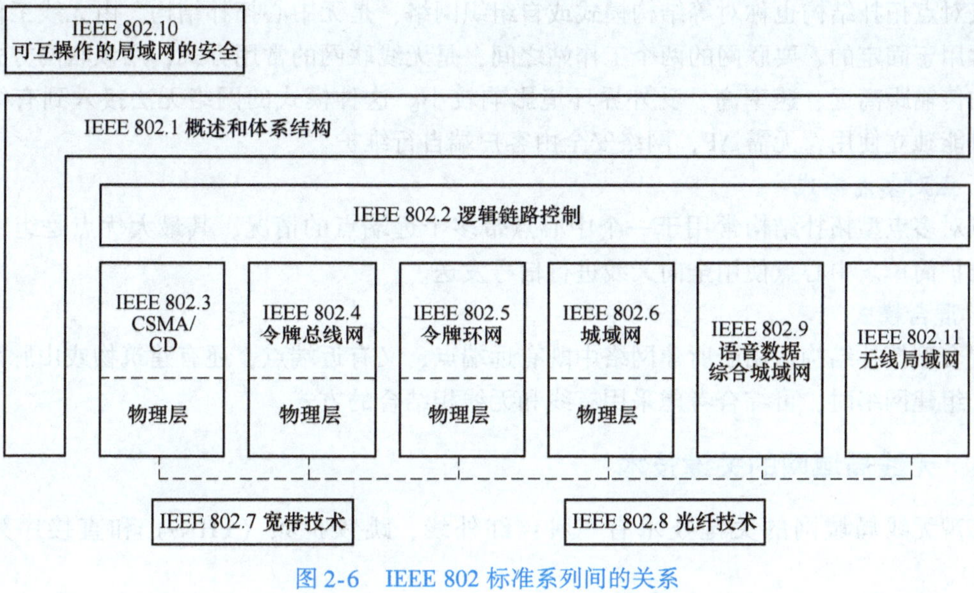

图2-6　IEEE 802标准系列间的关系

2.5　无线局域网

无线局域网使用无线电波作为数据传送的媒介，传送距离一般只有几十米。无线局域网的主干网通常使用有线电缆，无线局域网用户通过一个或多个无线接入点接入无线局域网。基于IEEE 802.11标准的无线局域网允许在局域网环境中使用可以不必授权的ISM频段中的2.4GHz或5GHz射频波段进行无线连接。

2.5.1　无线局域网的组成

无线局域网由无线网卡、无线接入点（Access Point，AP）、计算机和有关设备组成，采用单元结构，每个单元称为一个基本服务组（Base Service Set，BSS），BSS有以下三种组成方式。

1. 集中控制方式

每个单元由一个中心站控制，终端在该中心站的控制下相互通信。这种方式中 BSS 区域较大，中心站建设费用较昂贵。

2. 分布对等方式

BSS 中任意两个终端可直接通信，无需中心站转接。这种方式中 BSS 区域较小，但结构简单，使用方便。

3. 混合控制方式

集中控制方式与分布对等方式两种方式结合使用。

2.5.2 无线局域网的拓扑结构

无线局域网的拓扑结构主要有以下三种。

1. 点对点模式

点对点拓扑结构也称对等结构模式或自组织网络，是无中心拓扑结构，由无线工作站组成，常用于固定的、要联网的两个工作站之间，是无线联网的常用方式，用该联网方式所建网络的传输距离远、速率高，受外界环境影响较小。这种模式的网络无法接入到有线网络中，只能独立使用，无需 AP，网络安全由客户端自行维护。

2. 点对多点模式

点对多点型拓扑结构常用于一个中心点带多个远端点的情况，其最大优点是组网成本低、维护简单。中心点使用全向天线进行信号发送。

3. 混合模式

混合型拓扑结构适用于所建网络中既有远端点，又有近端点，还有建筑物或山脉阻挡的端点。组建网络时，可综合考虑采用有线和无线相结合的方式。

2.5.3 无线局域网的关键技术

实现无线局域网的关键技术有三种：红外线、跳频扩频（FHSS）和直接序列扩频（DSSS）。

采用 FHSS 技术的局域网采用波长小于 1μm 的红外线作为传输介质，有较强的方向性，受阳光干扰大，支持 1～2Mbit/s 的数据速率，适于近距离通信。

采用 DSSS 技术的局域网可在很宽的频率范围内进行通信，支持 1～2Mbit/s 的数据速率，在发送和接收端都以窄带方式进行，而以宽带方式传输。

DSSS 和 FHSS 无线局域网都使用无线电波作为传输介质，覆盖范围大，发射功率较自然背景的噪声低，基本避免了信号的偷听和窃取，通信安全性高。同时，无线局域网中的电波不会对人体健康造成损害，具有抗干扰、抗噪声、抗衰减和保密性好等优点。

2.5.4 无线局域网的互联方式

根据不同局域网的应用环境与需求的不同，无线局域网可采取不同的方式来实现互联，常用的有如下几种。

1. 无线桥接方式

在局域网中，用无线桥接的方式实现两个网络的点对点连接，无线网桥不仅提供两个网络之间的物理层与数据链路层的连接，还为两个网络的用户提供较高层的路由与协议转换。当有线网络与无线网络连接，或为有线网络连接建立第二条冗余作备份时，可以采用无线桥接方式在建筑物之间进行无线连接。图 2-7 所示为无线桥接方式。

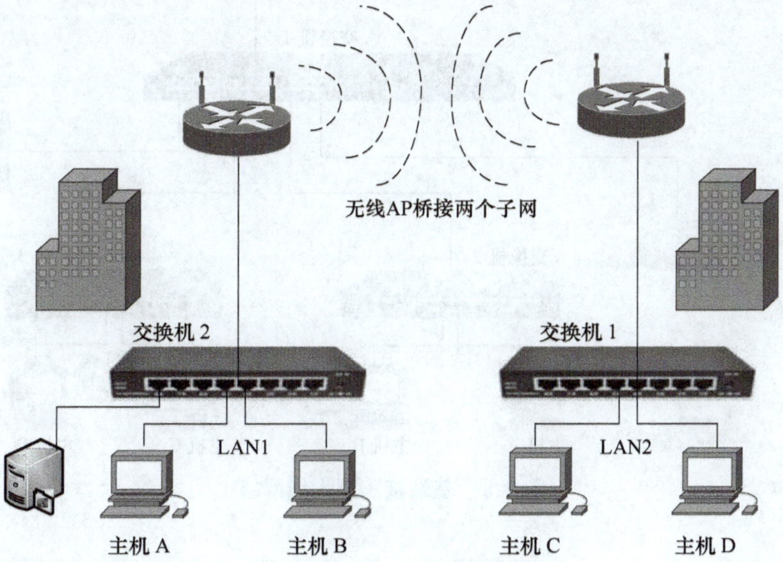

图 2-7　无线桥接方式

2. 基站接入方式

当采用移动蜂窝通信网接入方式组建无线局域网时，各站点之间的通信是通过基站接入、数据交换方式来实现互联的，基站接入方式也称为 Infrastructure 模式。各移动站不仅可以通过 AP 实现无线网络内部及无线网络与有线网络之间的互通，还可以通过广域网与远地站点组建自己的工作网络，如图 2-8 所示。

3. 无中心网方式

无数个安装了无线网卡（USB、PCI 或 PCMCIA 端口）的设备可以自成网络，无需无线接入点 AP，组成一种临时性的松散的网络组织方式，实现点对点、点对多点连接。不过这种方式不能连接外部有线网络，无法与有线网络的节点通信，也不能共享有线网络的资源。无中心网要求网中任意两个站点均可直接通信。此结构的无线局域网一般使用公用广播信道，MAC 层采用 C5MA 类型的多址接入协议，如图 2-9 所示为一个无中心网的拓扑结构。

2.5.5　无线局域网的协议标准

无线接入技术目前比较流行的有 IEEE 802.11 标准、蓝牙标准（Bluetooth）、家庭网络标准（HomeRF）和红外线数据组织标准（Infrared Data Association，IrDA）。

1. IEEE 802.11 标准

IEEE 802.11 无线局域网标准的制定是无线网络技术发展的一个里程碑。IEEE 802.11 标准除了介绍无线局域网的优点及各种不同的性能外，还使得不同厂商的无线产品得以互

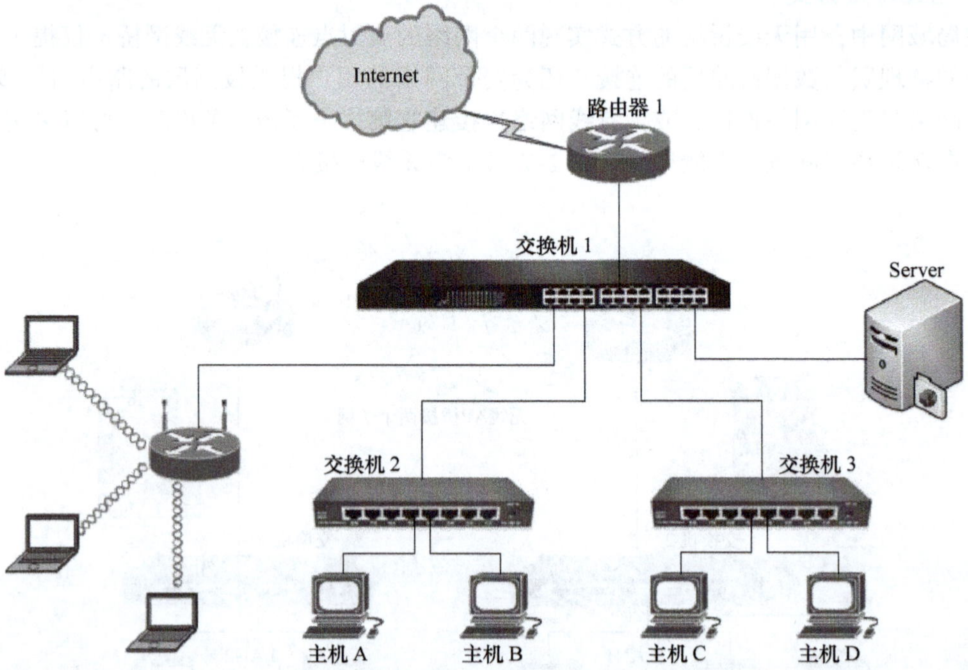

图 2-8 基站接入型无线网络

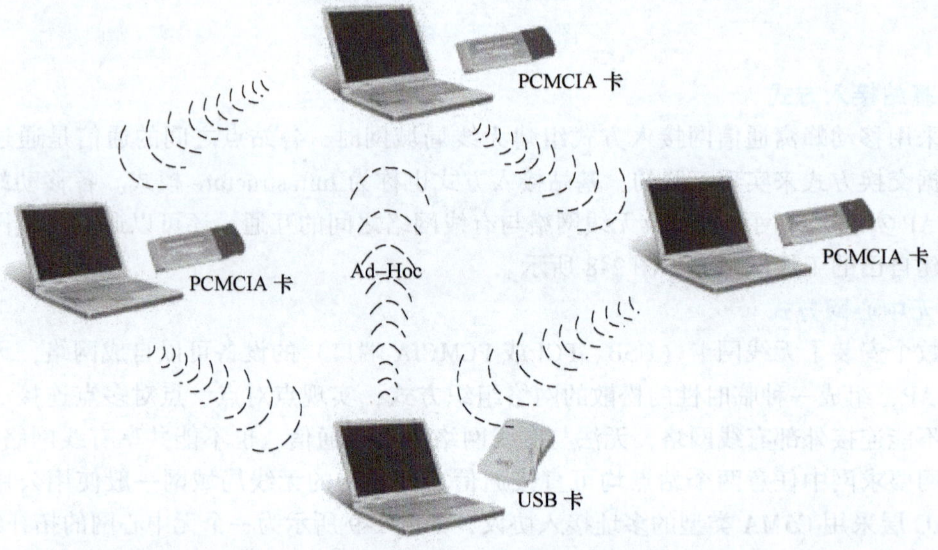

图 2-9 无中心网的拓扑结构

联。另外，该标准使核心设备执行单芯片解决方案，降低了无线局域网的造价。IEEE 802.11 标准的颁布，使得无线局域网在各种有移动要求的环境中被广泛接，是无线局域网目前最常用的传输协议。

802.11 标准是一个标准集，根据其传输速率不同，常用的有 802.11a、802.11b、802.11g、802.11n 等多个子标准。

（1）IEEE 802.11a　IEEE 802.11a 工作在 5.8GHz 频段，用正交频分复用技术（OFDM）来调制数据流。OFDM 技术的最大优势是其无与伦比的多途径回声反射，因此特别适合于室内及移动环境，最高传输速率为 54Mbit/s。

（2）IEEE 802.11b　该标准工作在 2.4GHz 频段，采用补偿码键控 CCK 调制技术，最高传输速率为 11Mbit/s。当工作站之间的距离过长或干扰过大，信噪比低于某个门限值时，其传输速率可从 11Mbit/s 自动降至 5.5Mbit/s，或者再降至直序列扩频技术的 2Mbit/s 及 1Mbit/s 速率。

（3）IEEE 802.11g　IEEE 802.11g 工作在 2.4GHz 频段，使用正交频分复用调制技术，使数据传输速率最快可达 108Mbit/s 以上，其能够与 IEEE 802.11b 的 WiFi 系统互联互通，可共存于同一 AP 的网络里，从而保障了向后兼容性。这样原有的 WLAN 系统可以平滑地向高速 WLAN 过渡，延长了 IEEE 802.11b 产品的使用寿命，降低了用户的投资。

（4）IEEE 802.11n　IEEE 802.11n 工作在 2.4GHz 频段，使用多点输入多点输出 MIMO（Multiple Input Multiple Output）OFDM 技术，使无线网络的传输速率由目前 802.11a 及 802.11g 提供的 54Mbit/s、108Mbit/s，提高到 350Mbit/s 甚至高达 600Mbit/s。

2. 蓝牙标准

蓝牙标准即 IEEE 802.15 标准，它是一种多设备之间近距离无线数字通信的协议。通过这种协议能使包括手机、掌上计算机、笔记本计算机、相关外设和家庭集线器等众多设备之间进行信息交换。蓝牙技术作为一项新标准，对于 802.11 来说，它的出现不是为了竞争而是相互补充。蓝牙技术是一种极其先进的大容量近距离无线数字通信的技术标准，其目标是为了实现最高数据传输速率为 1Mbit/s（有效传输速率为 721kbit/s）、传输距离为 0.1～10m，通过增加发射功率可达到 100m。使用蓝牙技术标准的终端比采用 802.11 协议的终端更具移动性，比如 802.11 协议限制在办公室和校园内，而蓝牙却能把一个设备连接到局域网和广域网，甚至支持全球漫游。此外，蓝牙技术成本低、体积小，可用于更多的设备。蓝牙技术最大的优势还在于，在更新网络骨干时，如果搭配蓝牙架构进行，使用整体网路的成本肯定比铺设线缆低。

3. 家庭网络标准

HomeRF 标准主要为家庭网络设计，是 IEEE 802.11 与数字无绳电话标准的结合，旨在降低语音数据成本。HomeRF 协议中也采用了扩频技术，工作在 2.4GHz 频段，能同步支持 4 条高质量语音信道。但目前 HomeRF 的传输速率只有 1～2Mbit/s。

4. 红外数据组织标准

IrDA 是一种利用红外线进行点对点通信的技术，其相应的软件和硬件技术都已比较成熟。它的主要优点是体积小、功率低，适合设备移动的需要，传输速率高，可达 16Mbit/s，成本低，应用普遍。

2.5.6 无线网络组件

1. 无线接入点

无线 AP（Access Point）是一个无线网络的接入点，主要有路由交换接入一体设备和纯接入点设备，路由交换接入一体设备执行接入和路由工作，纯接入点设备只负责无线客户端的接入，纯接入点设备通常作为无线网络扩展使用，与其他 AP 或者主 AP 连接，以扩大无线覆盖范围，而路由交换接入一体设备一般是无线网络的核心。

无线 AP 是使用无线设备（手机等移动设备及笔记本计算机等无线设备）用户进入有线网络的接入点，主要用于宽带家庭、大楼内部、校园内部、园区内部以及仓库、工厂等需要无线监控的地方，典型距离覆盖为几十米至上百米，目前最远的传送距离可以达到 30km 左右，应用的主要技术标准为 IEEE 802.11 系列。大多数无线 AP 还带有接入点客户端模式（AP Client），可以和其他 AP 进行无线连接，延展网络的覆盖范围。

2. 无线网卡

无线网卡是终端无线网络的设备，是不通过有线连接，采用无线信号进行数据传输的终端。无线网卡的作用、功能跟普通计算机网卡一样，是用来连接局域网的。它只是一个信号收发的设备，只有在连接到互联网的出口时才能实现与互联网的连接，所有无线网卡只能局限在已布有无线局域网的范围内。

无线网卡根据端口不同，主要有 PCMCIA 无线网卡、PCI 无线网卡、MiniPCI 无线网卡、USB 无线网卡、CF/SD 无线网卡等几种类型。

从速率来看，无线网卡现在主流的速率为 54Mbit/s、108Mbit/s、150Mbit/s、300Mbit/s、450Mbit/s，该性能和环境有很大的关系。

3. 无线路由器

无线路由器是带有无线覆盖功能的路由器，它主要应用于用户上网和无线覆盖。无线路由器可以看作是一个转发器，将家中墙上接出的宽带网络信号通过天线转发给附近的无线网络设备（笔记本计算机、支持 WiFi 的手机等）。无线路由器一般都支持专线 xDSL、Cable、动态 xDSL、PPTP 四种接入方式，它还具有其他一些网络管理的功能，如 DHCP 服务、NAT 防火墙、MAC 地址过滤等功能。

4. 无线局域网天线

当计算机与无线 AP 或其他计算机相距较远时，随着信号的减弱，或者传输速率明显下降，或者根本无法实现与 AP 或其他计算机之间通信，此时，就必须借助于无线 AP 上的无线局域网天线对所接收或发送的信号进行增益（放大）。

无线天线有多种类型，常见的有以下两种：

1）室内天线。优点是方便灵活，缺点是增益小，传输距离短。

2）室外天线。室外天线的类型比较多，一种是锅状的定向天线，一种是棒状的全向天线。室外天线的优点是传输距离远，比较适合远距离传输。天线的 dB 值越高，相对所能传输的距离也更远，每增加 6dB 则传输数据的距离可增加一倍。

2.5.7 无线局域网的安全问题

无线局域网的安全性、互操作性和易管理性在不断改善，而安全性已经成为一个迫切需要解决的问题。无线局域网的安全性问题表现如下。

1. 传输介质的脆弱性

传统的有线局域网采用单一传输介质——铜线与无源集线器或集中器，这些集线器端口和线缆接头差不多都要连接到具备一定程度物理安全性的设备中，因而攻击者很难进入这类传输介质。与此对照，无线局域网的传输介质——大气空间，则要脆弱得多，很多空间都在无线局域网的物理控制范围之外。网络基础架构的差别，导致无线局域网与有线网的安全性不在一个水准上。

2. WEP 存在不足

IEEE 802.11 委员会由于意识到无线局域网固有的安全缺陷而引入了有线等价协议（Wired Equivalent Privacy，WEP）。WEP 是在无线网络中采用的一种信息保密机制，它主要用于无线局域网络中链路层信息数据的保密，但 WEP 也不能完全保证加密传输的有效性，它不具备认证、访问控制和完整性校验功能。无线局域网的安全机制是建立在 WEP 基础之上的，一旦 WEP 遭到破坏，这类机制的安全也就不复存在。

本章小结

本章主要介绍了局域网的发展情况、功能与作用，局域网的基本组成及分类；分析了网络中的常见拓扑结构——总线型、星形和环形拓扑结构的特点及应用，并通过介绍局域网的访问控制方式，使读者理解局域网数据传输的方式。局域网的 802 体系结构是实际上的 ISO 标准化结构，其 IEEE 802.3、IEEE 802.5 是以太网和令牌环网的规范标准。本章还对常用的以太网进行了详细的分析，包括标准以太网、快速以太网、1Gbit/s 以太网及 10Gbit/s 以太网，每一种类型的以太网都有其特定规范和应用场合。最后介绍了目前应用日趋普及的无线局域网技术。通过本章的学习，读者可以对局域网的功能、作用及特点有一个全面的了解和认识，为后续的学习打下良好的基础。

本章习题

一、填空题

1. 局域网常见的网络拓扑结构为__________、__________、__________。

2. OSI 参考模型的数据链路层在 802 体系结构中分为__________、__________两个子层。

3. 以太网根据其传送速率可分为__________、__________、__________三个标准。

4. 局域网按服务方式分类可以分为__________、__________、__________。

5. 无线局域网采用的 802.11 标准可分为__________、__________、__________和__________。

二、简答题

1. 局域网的组网设备有哪几种？各种设备的作用是什么？
2. 网络中常见的拓扑结构有哪几种？每一种拓扑结构的特点是什么？
3. 快速以太网标准分哪几个子类？各有什么特点？
4. 局域网的访问控制有哪几种？分别适用于哪种网络？
5. 802 体系结构定义了 OSI 参考模型的哪几层？
6. 无线局域网有哪几种联网方式？各适用于什么环境？

第3章 路由器基础知识

3.1 路由器基础

路由器（Router）是工作在OSI参考模型第三层（网络层）的数据包转发设备。路由器的功能是检查数据包中与网络层相关的信息，然后根据某些选路规则对存储的数据包进行转发，这种转发称为路由选择（Routing）。

3.1.1 路由器的主要作用

路由器是互联网的主要节点设备，它通过路由决定数据的转发，数据转发的策略称为路由选择，这也是路由器名称的由来（Router，转发者）。作为不同网络之间互相连接的枢纽，路由器系统构成了基于TCP/IP的国际互联网络的主体骨干。路由器的数据处理速度是网络通信的主要瓶颈之一，它的可靠性则直接影响着网络互联的质量。

路由器的主要作用包括以下三方面。

1. 实现网络的互联和隔离

路由器工作在OSI模型中的第三层，即网络层，路由器利用网络层定义的逻辑上的网络地址（即IP地址）来区别不同的网络，实现网络的互联和隔离，保持各个网络的独立性。路由器不转发广播消息，而把广播消息限制在各自的网络内部。网络中发送到其他网络的数据先被送到路由器，再由路由器转发出去。

路由器只转发IP分组，把其余的部分挡在网内（包括广播数据包），从而保持各个网络具有相对的独立性，这样可以组成具有许多网络（子网）互联的大型网络。由于是基于网络层的互联，路由器可方便地连接不同类型的网络，只要网络层运行的是IP，就可以通过路由器互联起来。

2. 根据IP地址来转发数据

网络中的设备用它们的网络地址（TCP/IP网络中为IP地址）互相通信，IP地址是与硬件地址无关的逻辑地址，路由器只根据IP地址来转发数据。IP地址由网络地址和主机地址两部分构成，子网掩码确定IP地址中的网络地址和主机地址，子网掩码中数字为“1”的部分所对应的IP地址为网络地址，数字为“0”的部分所对应的IP地址则为主机地址。网络地址和主机地址合起来，才能构成一个完整的IP地址。同一个网络中的主机IP地址，其网络地址必须是相同的。

3. 选择数据传送的线路（路由选择）

路由器的主要工作就是为经过路由器的每个数据帧寻找一条最佳传输路径，并将该数据有效地传送到目的站点。因此，选择最佳路径的策略即路由算法是路由器的关键所在。路由器在进行路由选择时是通过路由表（Routing Table）实现的。路由表中保存着子网的标识信息、网络中路由器的个数和与该路由器直接连接的下一个路由器的名称等内容。路由表可以是由系统管理员固定设置好的，也可以由系统动态修改或由路由器自动调整，还可以由主机控制。

路由器除了上述功能外，还具有数据包过滤、网络流量控制、地址转换等功能。

3.1.2 路由器的分类

当前路由器分类方法各异，各种分类方法有一定的关联，但是并不完全一致，常见的分类有以下几类。

1. 按吞吐量分类

吞吐量是指在不丢包的情况下，单位时间内通过路由器的数据包数量，也就是指设备整机数据包转发能力。吞吐量与路由器端口数量、端口速率、数据包长度、数据包类型、路由计算模式（分布或集中）以及测试方法有关，一般泛指处理器处理数据包的能力。吞吐量主要包括以下两个方面：

1）整机吞吐量。整机指设备整机的包转发能力，是设备性能的重要指标。

2）端口吞吐量：指端口包转发能力。

按数据处理时的吞吐量可以将路由器分为高档、中档、低档三种：

- 高档路由器：吞吐量大于40Gbit/s。
- 中档路由器：吞吐量在25～40Gbit/s之间。
- 低档路由器：吞吐量低于25Gbit/s。

2. 按结构分类

路由器按结构分类可分为“模块化结构路由器”和“非模块化结构路由器”。

- 模块化结构路由器：模块化结构可以灵活地配置路由器，以适应企业不断增加的业务需求，通常中高端路由器为模块化结构。
- 非模块化结构路由器：非模块化结构的路由器是指只提供固定端口的路由器，低端路由器均为非模块化结构。

3. 按功能分类

路由器从功能上分为骨干级路由器、企业级路由器和接入级路由器。

骨干级路由器：骨干级路由器是实现企业级网络互联的关键设备，其数据吞吐量较大。对骨干级路由器的基本性能要求是高速度和高可靠性。为了获得高可靠性，网络系统普遍采用诸如热备份、双电源、双数据通路等传统冗余技术，从而保证了骨干路由器的可靠性。

企业级路由器：企业级路由器连接许多终端系统，连接对象较多，但系统相对简单，且数据流量较小，对这类路由器的要求是以尽量便宜的方法实现尽可能多的端点互联，同时还要求能够支持不同的服务质量。

接入级路由器：主要应用于连接家庭或ISP内的小型企业客户群体。

4. 按所处网络位置分类

按路由器在网络中所处的位置，可以将路由器划分为边界路由器和中间节点路由器。

边界路由器：处于网络边界的边缘或末点的路由器，边界路由器要求具有较高的背板带宽，以使得网络之间具有较高的传输速率。

中间节点路由器：处于网络的中间，通常用于连接不同网络，起到数据转发的桥梁作用。路由器通过路由地址表记录大量的中间节点，对路由地址表有较强的记忆能力。

5. 从性能上分类

线速路由器：就是完全可以按传输介质带宽进行通畅传输，基本上没有间断和延时的路由器。通常线速路由器是高端路由器，具有非常高的端口带宽和数据转发能力，能以较高的速率转发数据包。

非线速路由器：一般的低端路由器为非线速路由器。

图3-1为思科公司的系列路由器，其中每个系列都有可扩展性，支持多种介质类型，并提供不同的系统功能和服务。

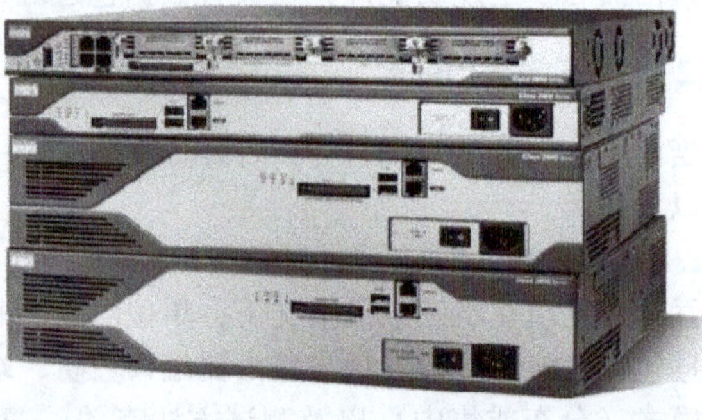

图3-1 思科系列路由器

3.2 路由器的组成

路由器是由硬件和软件两部分成的，硬件部分包括中央处理器、存储器、各种端口。软件部分主要包括自举程序、路由器操作系统（Internetwork Operation System，IOS）、启动配置文件和路由器管理程序等，图3-2所示为路由器的组成结构。

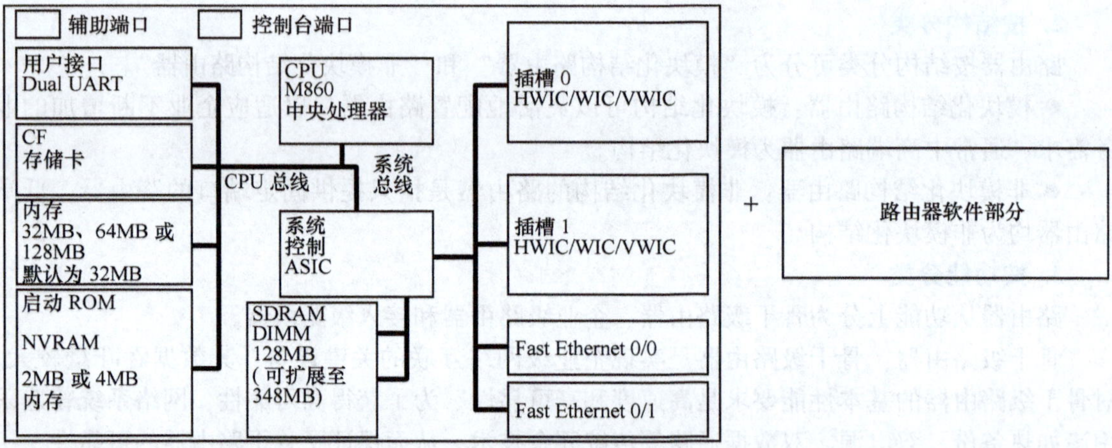

图3-2 路由器的组成结构

3.2.1 路由器的硬件组成结构

1. 路由器的主板结构

路由器是一种专用的计算机，只是因为应用环境和特殊需求而有别于通用计算机，但它们的工作原理是一致的。路由器的硬件组成部分与计算机相似，但为了连接基于局域网和广域网的不同网络设备，一般路由器的端口类型较多，既要配置方便管理的管理端口，也要配置局域网端口和广域网端口。但所有路由器的硬件组成基本一致，主要包括 CPU、存储器、主板、端口等硬件，图 3-3 所示为路由器的主板及硬件。

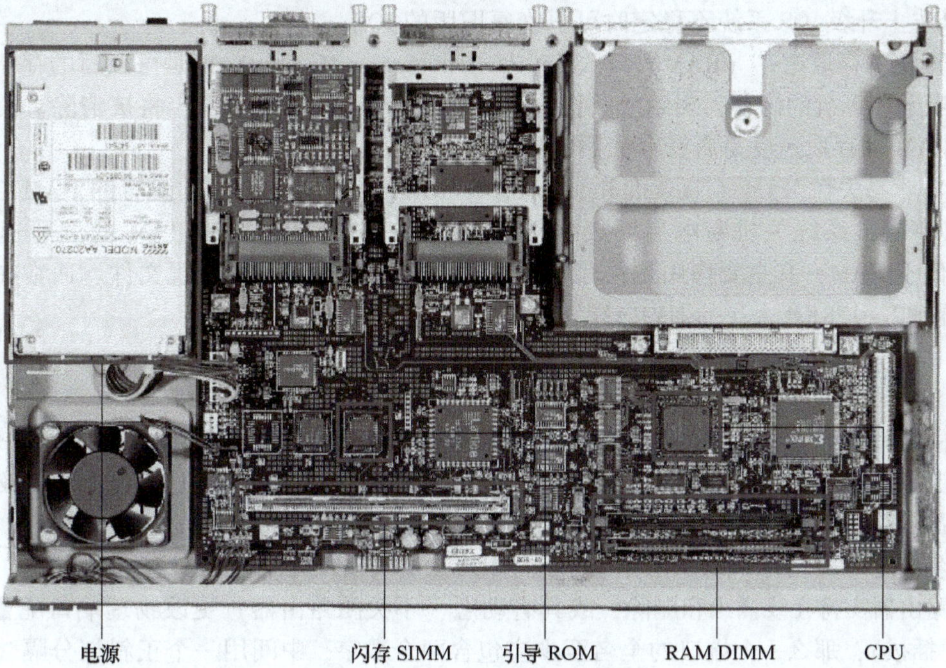

图 3-3　路由器的主板及硬件

2. 中央处理器（CPU）

和计算机一样 CPU 也是路由器的核心部件，不同型号的路由器，其 CPU 也不尽相同。有些厂商采用与个人计算机相同结构的 X86 系列 CPU，也有厂商采用精简指令集的 CPU。

路由器的 CPU 运行着路由器的操作系统 IOS，在图 3-3 中标注了 CPU 在主板上的位置。路由器处理数据包的速度在很大程度上取决于处理器的类型。路由器的处理器负责执行转发数据包所需的工作，如维护路由器和桥接所需的各种路由表和路由运算等，路由器对数据包的处理速度很大程度上取决于处理器的类型和性能。

3. 存储器

所有路由器都安装几种不同形式的存储器，不同的存储器以不同的方式协助路由器工作。路由器存储器主要采用了以下四种类型。

（1）只读内存（ROM）　ROM（Read Only Memory）保存着路由器的引导（启动）软件。引导软件是路由器运行的第一个软件，负责让路由器进入正常工作状态。有些路由器将一套完整的 IOS 保存在 ROM 中，以便在另一套 IOS 不能使用时，作救急之用。ROM 通常做在一个或多个芯片上，焊接在路由器的主机板上，ROM 主要包括：系统加电自检代码，用于检测路由器中各硬件部分的完好情况；系统引导区代码，用于启动路由器并载入路由器操作系统。

（2）闪存（Flash Memory）　闪存是一种可擦写、可编程类型的 ROM 存储器，在系统启动和关机之后仍能保存数据，其相当于计算机的硬盘，主要用途是保存 IOS 软件，维持路由器的正常工作。若路由器安装了闪存，它便能用来引导路由器的 IOS 软件的默认位置。只要闪存容量足够，便可保存多个 IOS 映像，以提供多重启动选项。闪存要么做在主机板的 SIMM 上，要么做成一张 PCMCIA 卡，如果闪存容量足够大的话，可以存放多个路由器的 IOS，以防止升级 IOS 系统不稳定时可以恢复旧版的 IOS。

（3）随机存取内存（RAM） RAM（Random-Access Memory）也是可读写的存储器，其功能相当于计算机的内存，当系统关机时，所有保存在 RAM 中的内容将被清除。需要说明的是，RAM 的存取速度是所有存储器中最快的。

（4）非易失性 RAM（Nonvolatile RAM，NVRAM） NVRAM 是可读写的 RAM，与传统的 RAM 不同，系统关机断电后，数据仍能保存在 NVRAM 中，NVRAM 的读写速度高于 ROM，低于 RAM，其主要作用是保存 IOS 在路由器启动时读入的配置文件。通常在路由器上只配置 32～128KB 大小的 NVRAM。

3.2.2 路由器端口

路由器具有非常强大的网络连接和路由功能，它可以与各种各样的网络进行物理连接，这就决定了路由器的端口技术非常复杂。路由器的端口主要包括控制台端口（或管理端口）、局域网端口、广域网端口等。在路由器中，每个端口都有自己的名字和编号。一个端口的全名由它的类型标识以及至少一个数字构成，数字编号自 0 开始。

若路由器支持在线插入和删除，或具有动态（不关闭路由器）更改物理端口配置的能力（卡的热插拔），那么一个端口的全名至少应包含两个数字，中间用一个正斜杠分隔（/）。其中，第一个数字代表插槽编号，端口处理器卡将安装在这个插槽上；第二个数字代表端口处理器的端口编号。比如在一个 7507 路由器中，假定 5 号槽插接了一张以太网端口处理器卡，Ethernet5/0代表的便是位于 5 号槽上的第一个以太网端口。图 3-4 为思科路由器的端口。

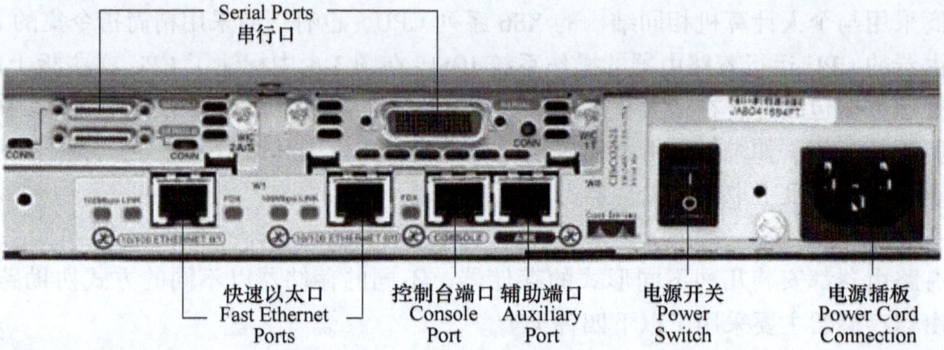

图 3-4 路由器的端口

1. 路由器配置端口

路由器的配置端口有两个，分别是控制台端口和辅助端口，它们被设计用来对路由器进行初始配置和故障排除，这两个端口不能用于网络的连接，其中，控制台端口通常是在进行路由器的基本配置时用来通过专用连线与计算机连接用的，而辅助端口是用于路由器的远程配置连接。

(1) 控制台端口　控制台（Console）端口使用配置专用连线直接连接至计算机的串口，利用终端仿真程序（如 Windows 下的“超级终端”）进行路由器本地配置。路由器的 Console 端口多为 RJ-45 端口，线缆采用全反线序双绞线，即线缆两端的 RJ-45 端口的线序为全反线。PC 可以通 COM 口或 USB 端口与路由器的控制台端口连接，路由器与 PC 通过 COM 口的连接如图 3-5 所示。

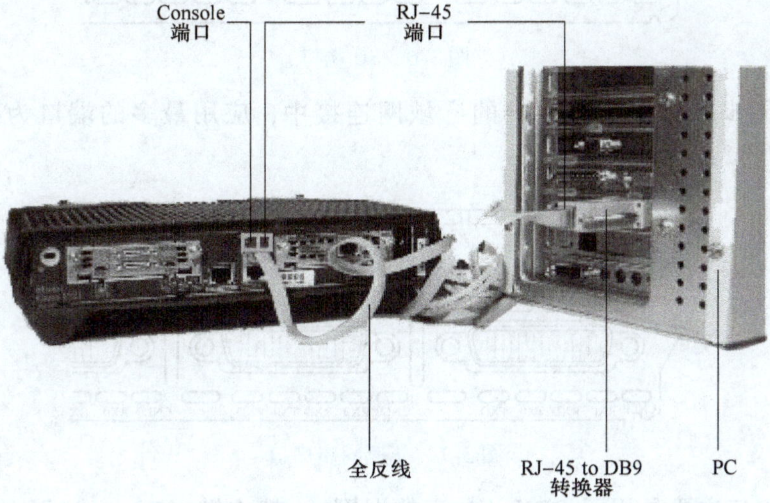

图 3-5　路由器与 PC 通过 COM 口的连接

(2) 辅助端口　辅助端口（Auxiliary Port，AUX）为异步端口，大多数思科路由器都配备了一个辅助端口。它和控制台端口类似，提供了一个 EIA/TIA-232 异步串行连接，使计算机能与路由器通信。辅助端口通常用来连接 Modem，以实现对路由器的远程管理。远程通信链路通常并不用来传输平时的路由数据包，它的主要作用是在网络路径或回路失效后访问一个路由器。

2. 局域网端口

(1) RJ-45 端口　RJ-45 端口是最常见的局域网端口，是通过 5 类、超 5 类或 6 类双绞线来连接的端口。在快速以太网中主要采用双绞线作为传输介质，根据端口的通信速率不同，RJ-45 端口又可分为 10Mbit/s、100Mbit/s、1000Mbit/s 三种速率，路由器端口的标识方法为 Ethernet Interface */*、Fast Ethernet Interface */*、Gigabit Ethernet Interface */*，其中的 * 表示端口所在的后插槽位置和序号，例如 Fast Ethernet Interface 0/0，表示第一个快速以太网端口，可以简写为 F 0/0。

(2) SC 端口　SC 端口也就是常说的光纤端口，用于与光纤的连接。光纤端口通常不直接用光纤连接至工作站，而是通过光纤连接到快速以太网或千兆以太网等具有光纤端口的交换机。这种端口一般在高档路由器中才有，都以“100bFX”标注。SC 端口如图 3-6 所示。

3. 广域网端口

路由器不仅能实现局域网之间的连接，更重要的应用还是在于局域网与广域网、广域网与广域网之间的连接。但是因为广域网规模大，网络环境复杂，所以也就决定了路由器用于连接广域网的端口速率要非常高。下面介绍几种常见的广域网端口。

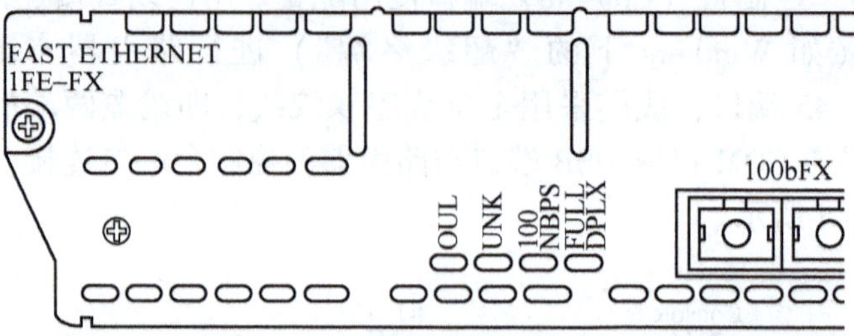

图 3-6 SC 端口

（1）高速同步串口　在路由器的广域网连接中，应用最多的端口为高速同步串口（SERIAL），如图 3-7 所示。

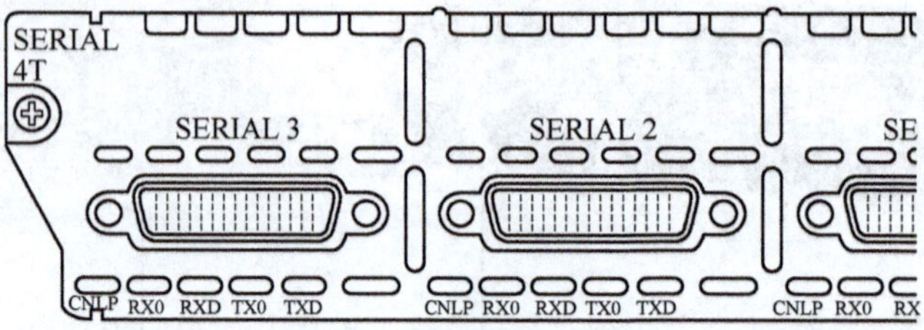

图 3-7 高速同步串口

高速同步串口主要是用于 DDN（数字数据网）、帧中继（Frame Relay）、X. 25、PSTN（模拟电话线路）等网络。高速同步串口一般要求速率非常高，因为一般来说通过这种端口所连接的网络的两端都要求实时同步进行通信。

（2）异步串口　异步串口（ASYNC）主要是应用于 Modem 或 Modem 池的连接，如图 3-8所示。它主要用于实现远程计算机通过公用电话网拨入网络。这种异步端口相对于上面介绍的同步端口来说在速率上要求就宽松许多，因为它并不要求网络的两端保持实时同步，只要求能连续即可，主要是因为这种端口所连接的通信方式速率较低。

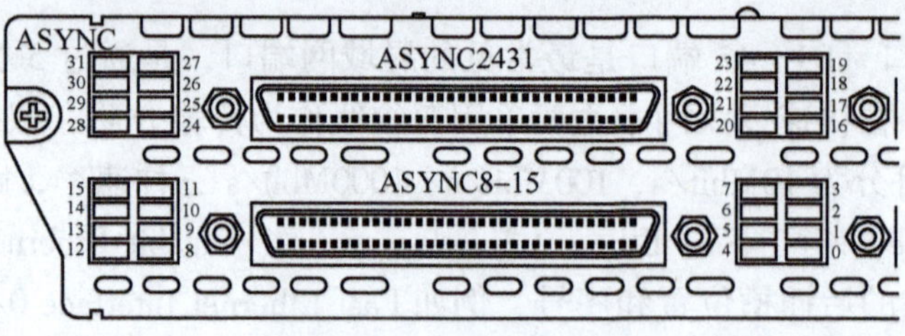

图 3-8 异步串口

（3）ISDN BRI 端口　因 ISDN 这种互联网接入方式连接速度上有它独特的一面，所以在当时 ISDN 刚兴起时在互联网的连接方式上得到了充分的应用。ISDN BRI 端口用于 ISDN 线路通过路由器实现与 Internet 或其他远程网络的连接，可实现 128kbit/s 的通信速率。ISDN 有两种速率连接端口，一种是 ISDN BRI（基本速率端口）；另一种是 ISDN PRI（基群速率端口）。ISDN BRI 端口采用 RJ－45 标准，与 ISDN NT1 的连接使用 RJ－45－to－RJ－45 直通线。图 3-9 所示为 ISDN BRI 端口。

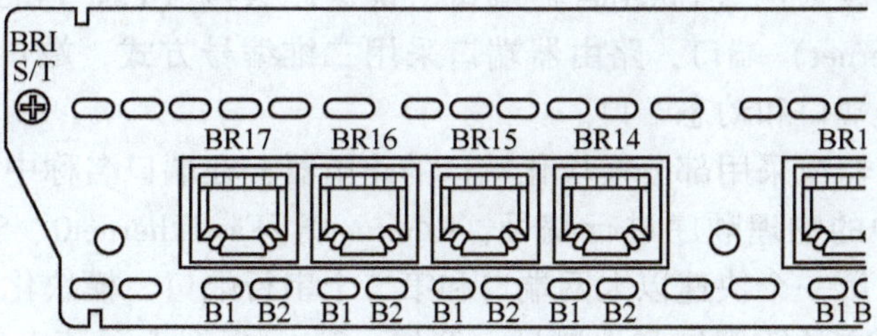

图 3-9 ISDN BRI 端口

4. 路由器端口模块

模块化设计的路由器出厂时只设计了固定的插槽数，并没有确定固定的端口数。用户可根据自己网络规模的接入需求，增加模块的类型和模块的数量，从而可以实现用户路由器定制化的需求。

路由器端口模块的命名规则为“模块类型-端口数量-端口类型”，例如 NM－1FE－FX 的模块，表示 1 个快速以太网光纤端口模块，1FE 表示快速以太网，FX 表示光纤端口；NM－1FE－TX 表示 1 个快速以太网双绞线端口模块；M－2V 表示两个 Voice/Fax 语音卡（VIC）插槽，WIC－2T 表示两个高速广域网串行端口卡（T 代表端口类型为高速端口）。其中，M、NM 和 WIC 的含义如下。

1）M（Module）：表示思科路由器语音模块。

2）NM（Network Module）：表示思科路由器模块，包括 NM、NME 两种类型，其中 NM 为网络端口模块，NME（Network Module Enhancement）为增强网络模块。NME 有三种形式——单宽（NME）、超宽（NME－X）和超双宽（NME－XD），NME 在现有网络模块上提供了更多性能和更高密度。

3）WIC（Wan Interface Cards）：表示广域网端口卡，包括 WIC 和 HWIC（High WIC）两种。其中 HWIC 提供了高于当前 WIC 的速度和端口密度。图 3-10 中左图为 WIC－2T 的广域网端口卡，右图为快速以太网端口卡。

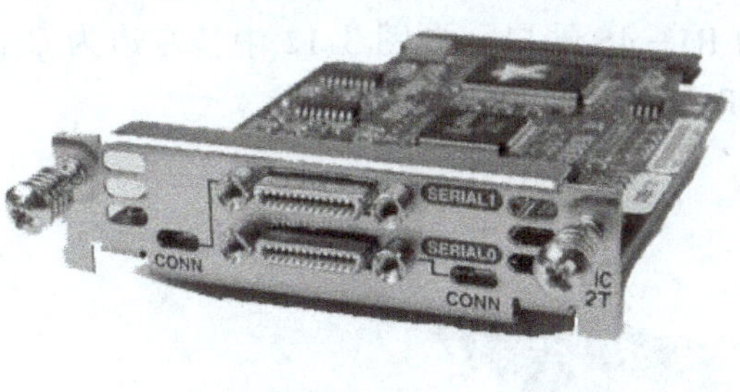

WIC–2T 广域网端口卡

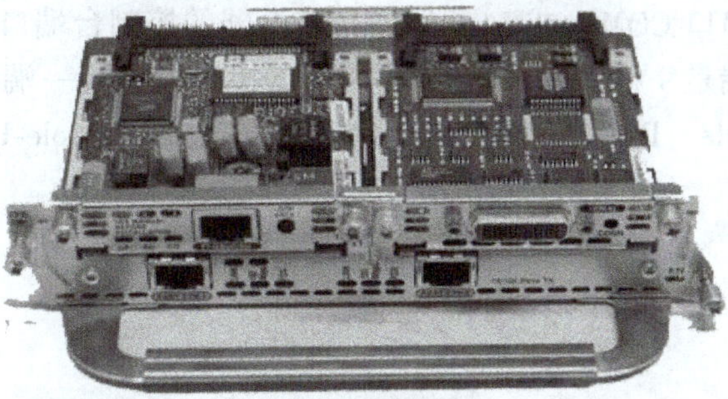

快速以太网端口卡

图 3-10 不同类型端口卡

5. 路由器的端口编号

路由器的端口繁多，为了便于配置和管理，每个端口都有一个端口名称，端口名称的命名规则多采用〈端口类型名〉〈编号〉的格式，其中端口类型名是端口的英文名称，如串行端口（Serial）、标准以太网（Ethernet）端口、快速以太网（Fast Ethernet）端口、1Gbit/s 以太网（Gigabit Ethernet）端口，路由器端口采用二维编号方式，端口编号从数字 0 开始，其组合可以分为固定端口和动态端口。

固定端口的路由器或采用部分模块化端口的路由器，在端口名称中只采用一个数字，并根据它们在路由器中的物理顺序进行编号，Ethernet0、FastEthernet0、Serial1 分别表示第一个标准以太网端口、第一个快速以太网端口和第二个串行端口。模块化路由器的端口由两部分构成，包括端口所在的插槽号和端口号。例如，Serial 3/1 表示该串口在路由器的第 4 个插槽中的第 2 块端口卡。

（1）插槽号　有插槽的路由器，插槽号按从右至左、从下至上的顺序排列，如果路由器有四个插槽，则编号方式如图 3-11a 所示。无插槽的路由器，端口表达式为 <端口类型> <端口号>。

（2）端口号　有插槽的路由器，端口为单排，按从右至左的顺序排列，编号从 0 开始，如图 3-11b 所示。

有插槽的路由器，端口为双排，按从右至左、从下至上的顺序排列，编号从 0 开始，如图 3-11c 所示。

无插槽的路由器，端口编号按从左至右的顺序排列，编号从 0 开始，如图 3-11d 所示。

3	2
1	0

a) 路由器插槽编号

1	0

b) 插槽单排端口编号

3	2
1	0

c) 插槽双排端口编号

0	1	2

d) 无插槽端口编号

图 3-11　路由器插槽与端口编号方式

6. 线缆

线缆是路由设备互联的重要配件，一般常用的线缆主要有控制台线缆、以太网线缆、串行广域线缆。

（1）控制台线缆　当对路由器进行配置管理时，将通过 PC 的 RS－232 端口（即 PC 的串口 COM）或 USB 端口与路由器的控制台端口（Console 端口）相连接，线缆连接 PC 的一端是 9 针串口（DB9），线缆连接路由器的一端为 RJ－45 端口，在图 3-12 中，左边为 Console－DB9 端口的控制台线缆，右边为 Console-USB 端口的控制台线缆。

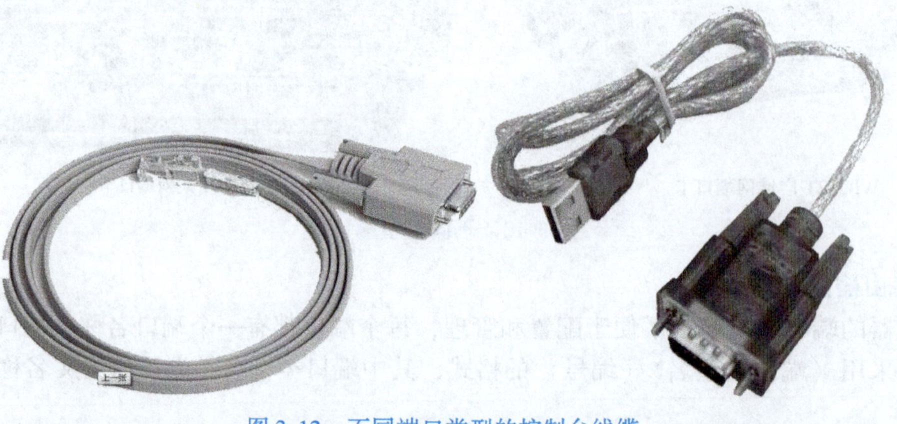

图 3-12　不同端口类型的控制台线缆

（2）以太网线缆 以太网线缆是局域网互联时的主要线缆，以太网线缆分为直通（Straight-through）线和交叉（Cross-over）线两种类型，直通线两端线序相同，通常采用EIA/TIA 的568B 规范制作的RJ-45 水晶头，交叉线两端线序不同。当路由器与PC连接时，应用使用交叉线连接，而路由器与交换机连接时则应使用直通线。

（3）串行广域网线缆 路由器的主要作用是接入广域网并进行数据的传输，用户端的路由器通过接入运营商提供的设备接入互联网。其中，用户端的路由器属于用户进行数据处理的设备，通常称为数据终端设备（Data Terminal Equipment，DTE），而运营商端的设备主要用于用户的接入，通常称为数据电路设备（Data Circuit Equipment，DCE），DTE 不提供时钟，但它依靠DCE提供的时钟工作，端口的物理形式依据厂商不同而有所区别，其中思科公司的串行线缆DB60 可以支持RS-232、V.24、V.449、V.35、X.21、EIA530 等多种不同的国际布线标准，如图3-13 所示。任何一种标准的线缆在连接时，DTE 和DCE 都是成对的，在物理线缆上显示为DTE 端为凸端口，DCE 端为凹接头，图3-14 展示了广域网V.35 标准端口的物理线缆。

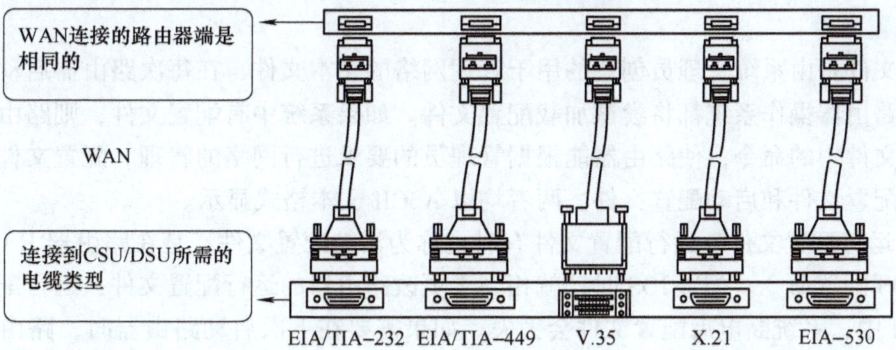

图3-13 串行线缆DB60 支持的布线标准

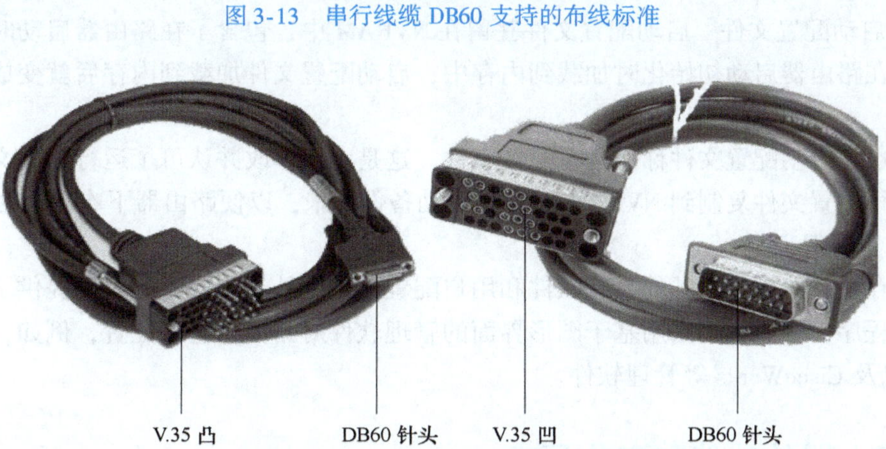

图3-14 广域网V.35 标准端口的物理线缆

在实验室的环境中，通常采用路由器背靠背的方式连接来仿真广域网环境，其中一台路由器为DTE 端设备，连接端为凸接头，另一台为路由器DCE 端设备，连接端为凹接头。

3.2.3 路由器的软件组成

路由器的软件主要包括自举程序、操作系统 IOS、配置文件和实用管理程序。

1. 自举程序

路由器和计算机一样，也需要通过固化在 ROM 中的自举程序来引导操作系统启动。自举程序是固化在 ROM 当中的软件，也称为固件，其功能是在路由器加电后完成有关初始化的工作，并负责向内存中装入系统代码。各厂家的自举程序不同，新华三的自举程序为 BootROM，华为、思科和锐捷的自举程序为 BootStrap。

2. 操作系统 IOS

每台路由器都有一个路由器操作系统来调度路由器各部分的运行，这个操作系统根据管理员设置好的配置来运行，控制着数据包的流向，利用路由协议和路由表为数据包选择最佳路由。不同厂商对路由器操作系统的称谓不同，思科路由器的操作系统称为 IOS（Internetwork Operating System，网络互联操作系统），华为路由器操作系统称为 VRP（Versatile Routing Platform），瞻博公司的路由器操作系统称为 JUNOS（Juniper Network Operation System）。

3. 配置文件

配置文件是由系统管理员创建的用于管理网络的文本文件，在每次路由器启动过程的最后阶段，路由器操作系统都将尝试加载配置文件。如果系统中有配置文件，则路由器将逐条执行配置文件中的命令，使路由器能根据管理员的要求进行网络的管理。配置文件有两种类型：运行配置文件和启动配置文件，两者均以 ASCII 文本格式显示。

（1）运行配置文件　运行配置文件有时也称为活动配置文件，是在路由器 RAM 中“活动”的 IOS 配置命令。配置 IOS 时，就相当于更改路由器的运行配置文件，运行配置文件保存在 RAM 中，系统断电后配置文件会丢失。如果需要在下次启动路由器时，路由器能运行已完成的配置文件，则在路由器关机时需要将运行配置文件保存为启动配置文件。

（2）启动配置文件　启动配置文件驻留在 NVRAM 中，包含了在路由器启动时执行的配置命令，在路由器启动初始化时加载到内存中，启动配置文件加载到内存后就变成了运行配置文件。

有时也把启动配置文件称作备份配置文件。这是由于修改并认可了运行配置文件后，通常应将运行配置文件复制到 NVRAM 里，将改动备份下来，以便路由器下次启动时调用。

4. 实用管理程序

除了存在于路由器内部的系统软件和用户配置文件之外，不同的公司还提供了不同的图形化管理程序，用户可以采用基于图形界面的管理软件对路由器进行配置，例如，思科公司的 SDM 以及 CiscoWorks 等管理软件。

3.3 路由器的功能和工作原理

路由器是典型的广域网设备，从路由器的工作原理来看，路由器有两项功能：为要转发的数据包选择最佳路径以及将数据包交换到正确的端口，即路由器具有路由选择和数据交换（数据转发）两大功能。

3.3.1 路由器的功能

1. 路由选择功能

路由选择发生在 OSI 的第三层（网络层），因此路由器是网络层的设备，路径选择实际上也就是网络寻址，即路由器知道要到达哪个网络的数据包应该从哪个端口发送出去。在此需要解决两个问题：

1）首先要解决如何表示网络的问题，IP 地址中的网络号就是用来表示网络的。

2）第二个问题就是要建立路由表，路由表中应该有到达每一网络的路由条目。

2. 路由的交换（转发）功能

路由器交换数据之前要先进行路由选择，路由器转发数据过程中端口接收和转发数据包的过程如图 3-15 所示。

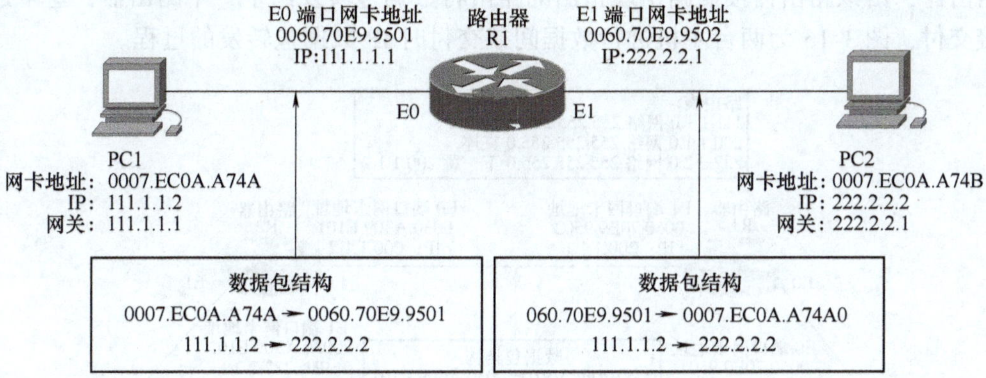

图 3-15 路由器转发数据示意图

当 PC1 主机要发送 IP 数据包到 PC2 主机时，由于 PC1 和 PC2 主机不在同一子网，所以数据要经过路由器的转发。

PC1 主机先用 ARP 获得 R1 路由器 E0 端口的 MAC 地址，然后 PC1 主机用以太网的帧格式对 IP 数据包（IP 数据包的源 IP 地址为“111. 1. 1. 2”，目标 IP 地址为“222. 2. 2. 2”）进行封装，成为帧（帧的源 MAC 地址为 PC1 的 MAC 地址：0007 - EC0A - A74A，帧的目标 MAC 地址为路由器 R1 的 E0 端口的 MAC 地址，即 0060. 70E9. 9501）。

由于帧中目标 MAC 地址为路由器 R1 的 E0 端口的 MAC 地址，所以帧会被路由器 R1 接收。路由器接收到帧后，解封出 IP 数据包，从而知道数据包是从 PC1 出发的，要到达 PC2 主机。

路由器通过查找路由表，知道应从端口 E1 转发出去，因此路由器先用 APR 协议获得 PC2 主机的 MAC 地址，然后路由器用以太网的帧格式对 IP 数据包（IP 数据包的源 IP 地址为“111. 1. 1. 2”，目标 IP 地址为“222. 2. 2. 2”）进行封装成为帧（帧的源 MAC 地址为“MAC - R1 - E1”，帧的目标 MAC 地址为“MAC - PC2”）。

通过上述过程可以看出，在数据传递过程中既使用了 IP 地址，也使用了 MAC 地址。IP 地址的主要目的是为了对主机进行网络定位（即路由选择功能），MAC 地址的目的是为了在两个节点间进行帧封装（数据转发功能）。

3.3.2 路由器的工作原理

路由器工作于 OSI 七层协议中的第三层，其主要任务是接收来自一个网络接口的数据包，根据其中所含的目的地址，决定转发的下一个目的地址。因此，路由器首先需要在路由表中查找数据包的目的地址，若找到了目的地址，就在数据包的帧格前添加下一个 MAC 地址，同时 IP 数据包头的 TTL（Time To Live）域也开始减数，并重新计算校验和。当数据包被送到输出端口时，它需要按顺序等待，以便被传送到输出链路上。

1. IP 路由过程简析

当主机 PC1 要向另一个主机 PC2 发送数据包时，先要检查目的主机 PC2 是否与源主机 PC1 连接在同一个网络上，如果是，就将数据包直接交付给目的主机 PC2 而不需要通过路由器。但如果目的主机与源主机没有连接在同一个网络上，则应将数据包发送给本网络上的某个路由器，由该路由器按照路由表指出的路由将数据包转发给下一个路由器，这个过程称为间接交付，图 3-16 为两台主机进行数据间接交付时 IP 数据包转发的过程。

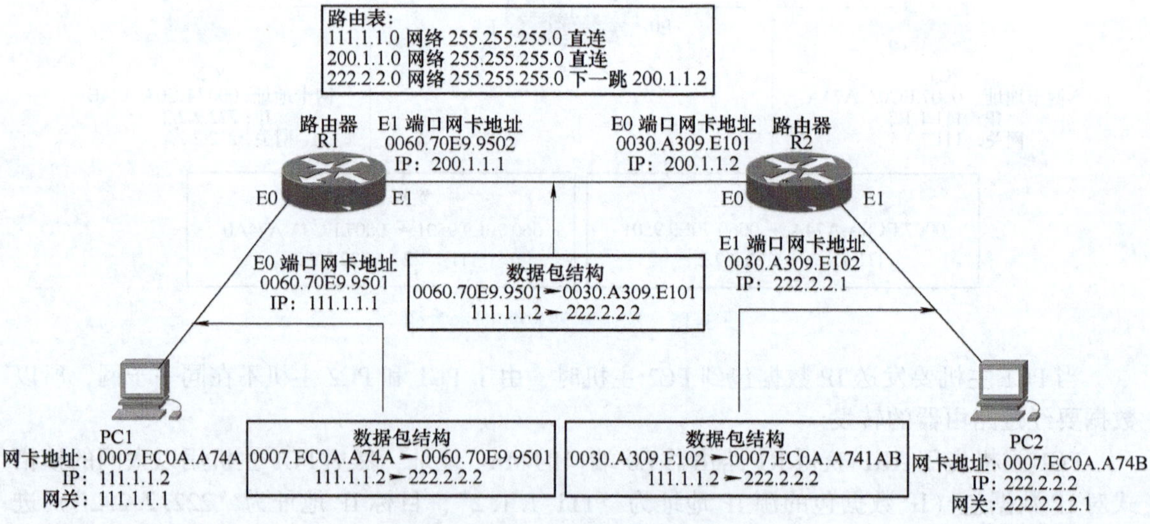

图 3-16 IP 数据包路由过程

每当路由设备接收到一个数据包时，它会首先拆分出网络层数据包，并根据数据包中的 IP 地址和子网掩码，判断数据包将要转发的网络号，并将数据包转发到下一个网络的路由器入口。

数据包经过从源到目的地之间的这些路由设备时，每台设备都会根据当前它所保留的路由表转发数据包到有利于到达目的地的下一台设备，最后使数据包到达直接连接目的网络的路由设备，由该路由设备将数据包直接发向目的节点，图 3-17 所示为路由器转发数据包的过程。

IP 数据包路由流程如图 3-18 所示。

2. 路由表

所谓路由表（Routing Table）指的是路由器或者其他互联网网络设备上存储的表，该表中存有到达特定网络终端的路径，在某些情况下，还有一些与这些路径相关的度量。路由表

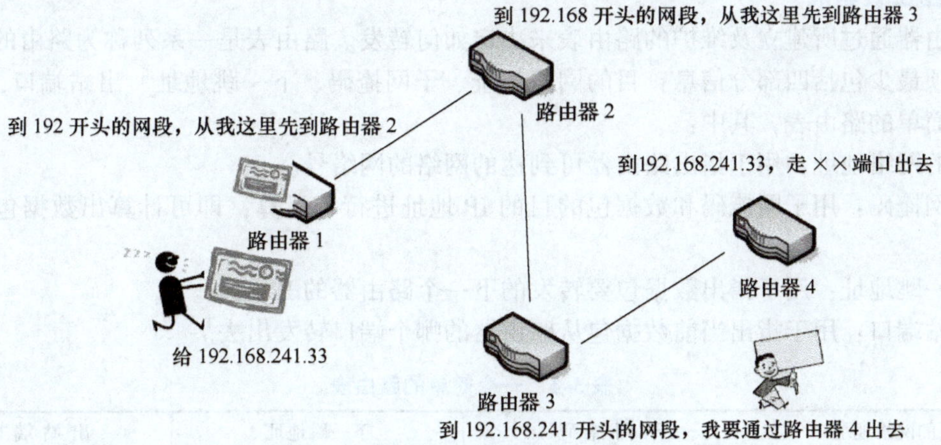

图 3-17 路由器转发数据包的过程

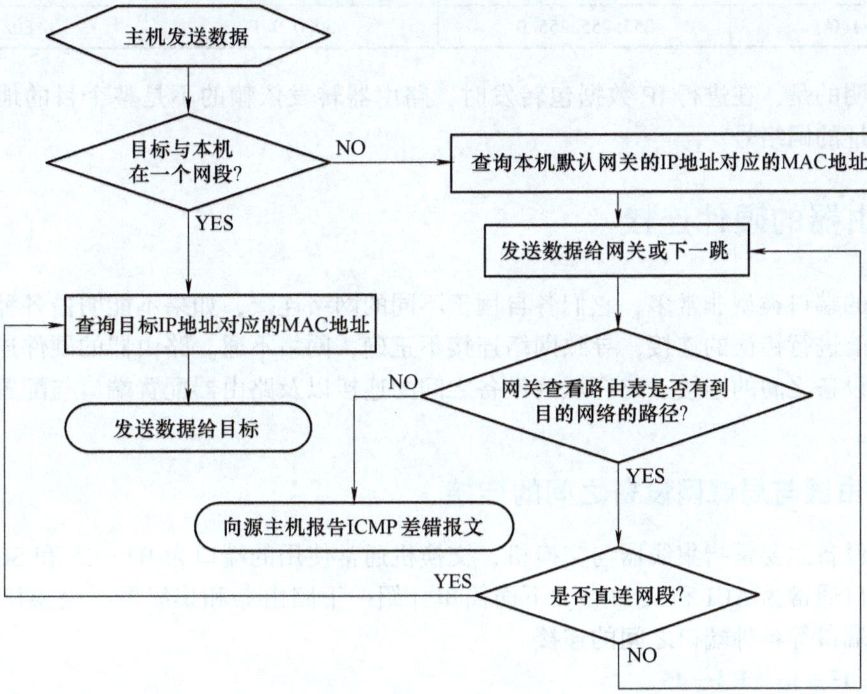

图 3-18 IP 数据包路由流程

包含由系统管理员固定设置好的静态路由表和由系统动态修改或由路由器自动调整的动态路由表。

（1）静态路由表 由系统管理员事先固定设置好的路由表称之为静态路由表，一般是在系统安装时就根据网络的配置情况预先设定的，它不会随未来网络结构的改变而改变。

（2）动态路由表 动态路由表是路由器根据网络系统的运行情况而自动调整的路由表。路由器根据路由选择协议提供的功能，自动学习和记忆网络运行情况，在需要时自动计算数据传输的最佳路径。

3. 路由表组成

路由器通过所建立及维护的路由表来决定如何转发。路由表是一系列称为路由的项，每个路由项最少包括四部分信息：目的网络地址、子网掩码、下一跳地址、出站端口，表3-1为一个简单的路由表，其中：

目的网络地址：用于指出路由器可到达的网络的网络号。

子网掩码：用子网掩码和数据包的目的 IP 地址进行与运算，即可计算出数据包的目的网络号。

下一跳地址：用于指出数据包要转发的下一个路由器的 IP 地址。

出站端口：用于指出当前数据包从路由器的哪个端口转发出去。

表 3-1 一个简单的路由表

目的网络地址	子网掩码	下一跳地址	出站端口
192.168.1.0	255.255.255.0	20.0.0.2	S0/0
20.0.0.0	255.0.0.0	2.0.0.1	S0/1
20.1.1.0	255.255.255.0	30.0.0.1	E0/1

需要说明的是，在进行 IP 数据包转发时，路由器转发依赖的不是整个目的地址，而是这个目的地址的网络号。

3.4 路由器的硬件连接

路由器的端口类型非常多，它们各自用于不同的网络连接，如果不能明白各种端口的作用，就很可能进行错误的连接，导致网络连接不正确，网络不通。路由器的硬件连接主要包括与局域网设备之间的连接、与广域网设备之间的连接以及路由器配置端口与配置设备之间的连接三类。

3.4.1 路由器与局域网设备之间的连接

局域网设备主要是指集线器与交换机，交换机通常使用的端口为 RJ-45 和 SC，而集线器使用的端口通常为 AUI 和 RJ-45。下面简单介绍一下路由器和集线器、交换机、PC、路由器以太网端口等各种端口之间的连接。

1. RJ-45-to-RJ-45

这种连接方式指路由器所连接的两端都是 RJ-45 端口，通常是路由器与 PC（交叉线）、两台路由器的以太网端口（交叉线）、路由器与交换机（集线器）之间（直通线）的连接采用这种形式。

另外，路由器和集线器、交换机端口通信速率应当尽量匹配，并且最好将路由器直接连接至交换机。

2. AUI-to-RJ-45

这种情况主要出现在路由器与集线器或交换机的连接。如果路由器仅拥有 AUI 端口，而集线器或交换机提供的是 RJ-45 端口，那么，必须借助于 AUI-to-RJ-45 收发器才可实现两者之间的连接。当然，收发器与集线器或交换机之间的双绞线跳线也必须使用直通线。

3. SC－to－RJ－45 或 SC－to－AUI

对于路由器与交换机之间的连接，如交换机只拥有光纤端口，而路由设备提供的是RJ－45端口或 AUI 端口，那么必须借助于 SC－to－RJ－45 或 SC－to－AUI 收发器才可实现两者之间的连接。收发器与交换机设备之间的双绞线跳线同样必须使用直通线。但是实际上出现交换机为纯光纤端口的情况非常少。

3.4.2　路由器与广域网设备的连接

路由器主要应用于互联网的连接，路由器与互联网接入设备的连接情况主要有以下几种。

1. 异步串行端口连接

异步串行端口主要是用来与 Modem 设备连接，用于实现远程计算机通过公用电话网拨入局域网。除此之外，也可用于连接其他终端。当路由器通过电缆与 Modem 连接时，必须使用 AYSNC－to－DB25 或 AYSNC－to－DB9 适配器来连接。

2. 同步串行端口连接

路由器所支持的同步串行端口类型比较多，如思科系统就可以支持 5 种不同类型的同步串行端口，分别是 EIA/TIA－232 端口、EIA/TIA－449 端口、V.35 端口、X.21 串行电缆端口和 EIA－530 端口，但要注意的一点就是，一般来说适配器连线的两端采用不同的外形（一般带插针的适配器一端称之为“公头”，而带有孔的适配器一端通常称之为“母头”，注意 EIA－530 端口两端都是一样的端口类型），这主要是考虑到连接的紧密。其中“公头”为 DTE 连接适配器，“母头”为 DCE 连接适配器。

3. ISDN BRI 端口接入

路由器的 ISDN BRI 模块一般可分为两类，一是 ISDN BRIS/T 模块，二是 ISDN BRIU 模块，前者必须与 ISDN 的 NT1（第一类网络终端）终端设备结合使用才能实现与互联网的连接，其中 NT1 有两个端口，一个连接 PC 等数字终端，一个可连接现有的模拟电话设备。而后者由于内置有 NT1 模块，被称之为 NT1＋终端设备，它的 U 端口可以直接连接模拟电话外线，因此，无须再外接 ISDN 的 NT1 终端设备，便可直接连接至电话线墙板插座，如图 3-19 示。

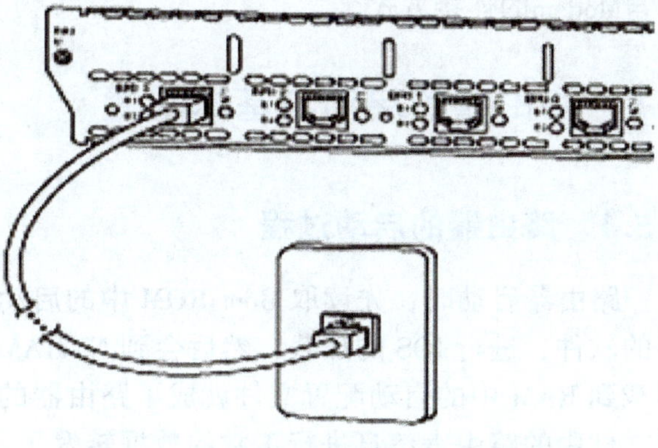

图 3-19　路由器的 ISDN BRI 端口直接连接至电话线墙板插座

3.4.3　配置端口连接方式

路由器的配置端口依据配置方式的不同，所采用的端口类型也不一样，主要有两种，一种是本地配置时采用的 Console 端口，另一种是远程配置时采用的 AUX 端口，下面分别介绍两种配置端口的连接方式。

1. Console 端口的连接方式

当使用计算机配置路由器时，必须使用全反线将路由器的 Console 端口与计算机的串口、并口或USB连接在一起。如果与计算机的串口连接，则选择RJ－45－to－DB－9（COM串口）转换线；如果与计算机的并口连接，则选择RJ－45－to－DB－25（并口）转换线；如果与计算机的USB接口连接，则选择RJ－45－USB转换线。图3-20a所示为RJ－45－to－DB－9的转换线，即路由器的Console端口与PC的COM串口连接。

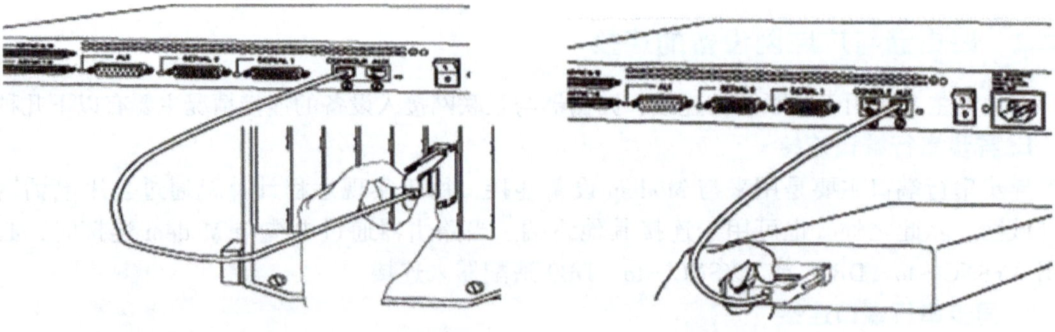

a) 路由器的Console端口与PC的COM串口连接　　b) 路由器AUX端口与Modem连接

图3-20　路由器与PC机或Modem的连接

2. AUX端口的连接方式

当需要通过远程访问的方式实现对路由器的配置时，就需要采用AUX端口。根据Modem所使用的端口情况不同，路由器的AUX端口与Modem进行连接也相应地必须使用RJ－45－to－DB－9或RJ－45－to－DB－25的转换适配器，图3-20b所示为路由器的AUX端口与Modem的连接方式。

3.5 路由器的启动与基本配置

3.5.1 路由器的启动过程

路由器启动时，先读取Boot ROM中的启动版本IOS进行自检操作，紧接着读取Flash中的软件，进行IOS的加载，然后会到NVRAM中读取启动配置文件，并加载到RAM中，加载到RAM中的启动配置文件就成了路由器的配置文件，之后路由器就可以根据运行配置文件中的路由表信息进行正常的数据转发了，图3-21为路由器启动时配置文件加载的过程。

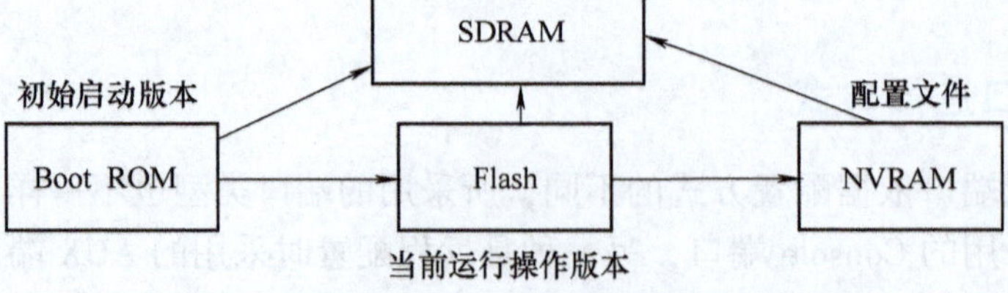

图3-21　路由器启动时配置文件加载过程

1）系统硬件加电自检POST（Power On Self Test）。运行Boot ROM中的硬件检测程序，检测各组件能否正常工作。完成硬件检测后，开始软件初始化工作。图 3-22 描述了路由器的加电启动过程。

2）软件初始化过程。运行 Boot ROM 中的引导程序，进行初步引导工作。

3）初步引导完成后，尝试定位并读取完整的 IOS 镜像文件。在这里，路由器将会首先在 FLASH 中查找 IOS 文件，如果找到了 IOS 文件的话，那么读取 IOS 文件，引导路由器。

4）如果在 FLASH 中没有找到 IOS 文件的话，那么路由器将会进入 BOOT 模式，在 BOOT 模式下可以使用 TFTP 上的 IOS 文件，或者使用 TFTP/X-MODEM 来给路由器的 FLASH 中传一个 IOS 文件（一般我们把这个过程叫作灌 IOS）。传输完毕后重新启动路由器，路由器就可以正常启动到命令行模式。

5）当路由器初始化完成 IOS 文件后，就会开始在 NVRAM 中查找 STARTUP-CONFIG 文件（启动配置文件）。该文件里保存了对路由器所做的所有配置和修改。当路由器找到了这个文件后，路由器就会加载该文件里的所有配置，并且根据配置来学习、生成、维护路由表，并将所有的配置加载到 RAM（路由器的内存）里后，进入用户模式，最终完成启动过程。

6）如果在 NVRAM 里没有 STARTUP-CONFIG 文件，则路由器会进入询问配置模式，也就是俗称的问答配置模式，在该模式下所有关于路由器的配置都可以以问答的形式进行配置。不过，一般情况下是不用这样的模式的。我们一般都会进入命令行模式（Command Line Interface，CLI）后对路由器进行配置。

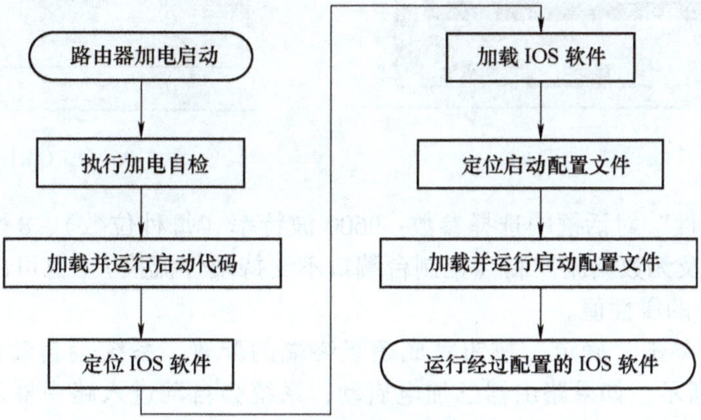

图 3-22　路由器加电启动过程

3.5.2　路由器的基本配置

1. 路由器的常用配置方式

路由器必须经过配置才可以使用，可以通过控制台（Console）端口、辅助（AUX）端口远程登录（Telnet）到路由器等方式进行配置。

2. 通过控制台端口配置路由器

通过控制台端口对路由器进行配置时，首先将路由器与计算机通过控制台线连接，连接方式参照图 3-20 所示。在确认路由器与计算机连接后，就可以使用超级终端软件对路由器进行配置了。在 Windows XP 系统中，单击开始→程序→附件→通信→超级终端命令，屏幕上会显示“连接描述”对话框，如图 3-23 所示。

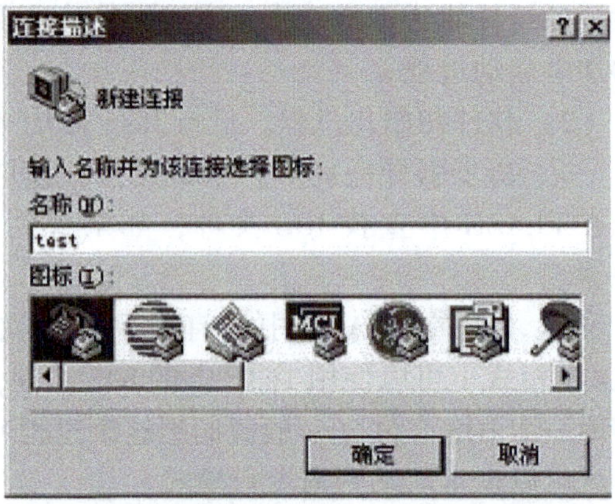

图 3-23 超级终端的“连接描述”对话框

在“连接描述”对话框的“名称”栏中输入一个连接的名称，用以方便再次打开该连接，设置完毕后，单击“确定”按钮，打开“连接到”对话框，如图 3-24 所示，在图中“连接时使用”下拉列表中选择“COM1”，单击“确定”按钮，出现“COM1 属性”对话框，如图 3-25所示。

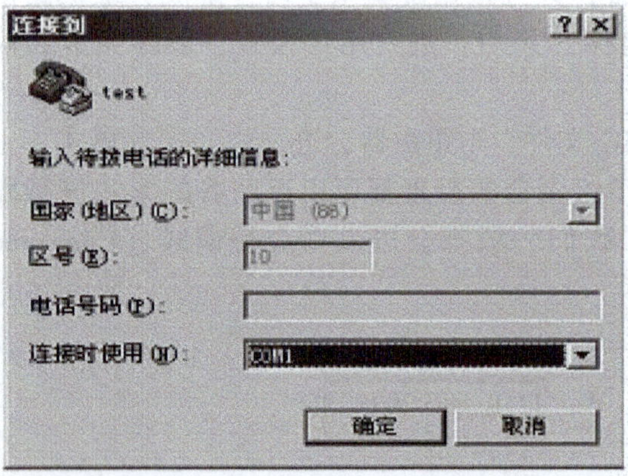

图 3-24 “连接到”对话框

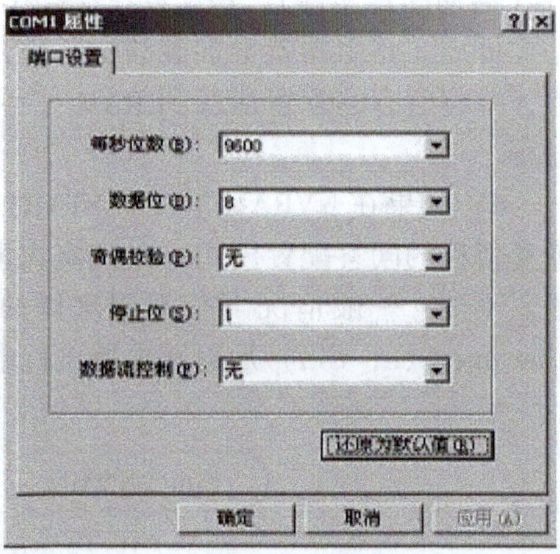

图 3-25 “COM1 属性”对话框

在“COM1 属性”对话框中选择参数：9600 波特率（每秒位数）、8 个数据位、无奇偶校验、1 个停止位及无数据流控制（控制台端口不支持硬件流控）。也可以单击“还原为默认值”设置 COM1 的属性值。

配置结束后，单击“确定”按钮完成超级终端的配置。系统会自动进入“超级终端”窗口，如图 3-26 所示，如果路由器已加电启动，系统会自动进入路由器启动界面，并显示路由器启动信息。Windows 7/10 系统可以下载超级终端软件 Ryper trm. exe，安装后配置方法同上。

3. 通过对话框配置路由器

刚出厂没进行任何配置的路由器第一次启动时将进入系统配置对话框，如图 3-27 所示。如果选择了 yes，系统将进入 Setup 模式；如果选择 no，则退出对话模式，用户可以进入路由器后，再通过命令进行配置。Setup 模式下系统会显示配置的提示问题，多数问题后面的方括号内会显示默认的答案，用户按回车键使用默认值，如果不选默认值用户可以直接输入问题答案。

4. 路由器命令行配置模式

使用路由器的系统配置对话框可以方便、快捷地对路由器进行初始配置，但是专业用户

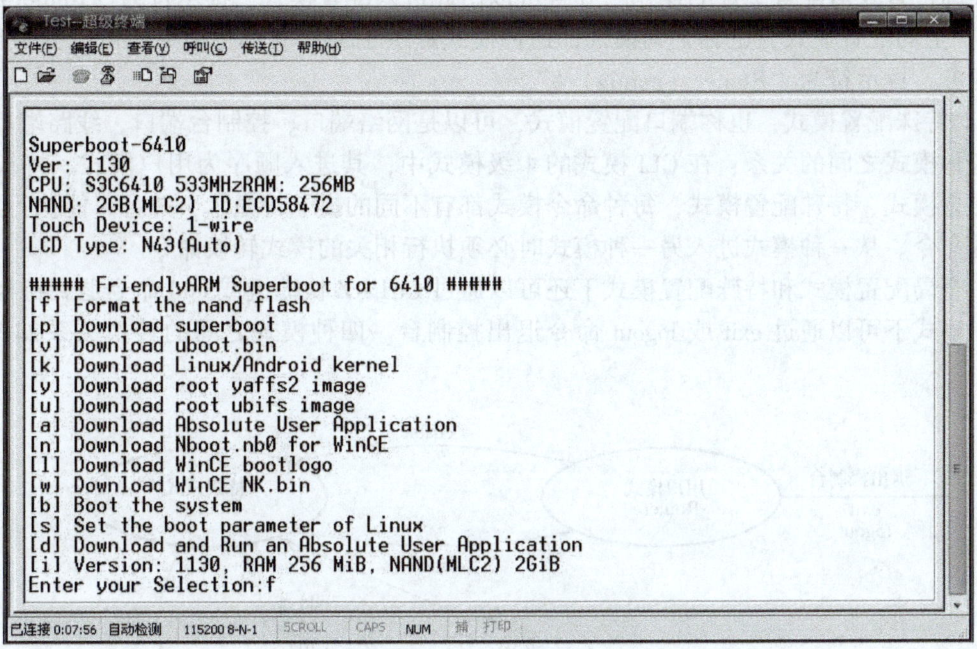

图 3-26 “超级终端”窗口中显示的路由器启动界面

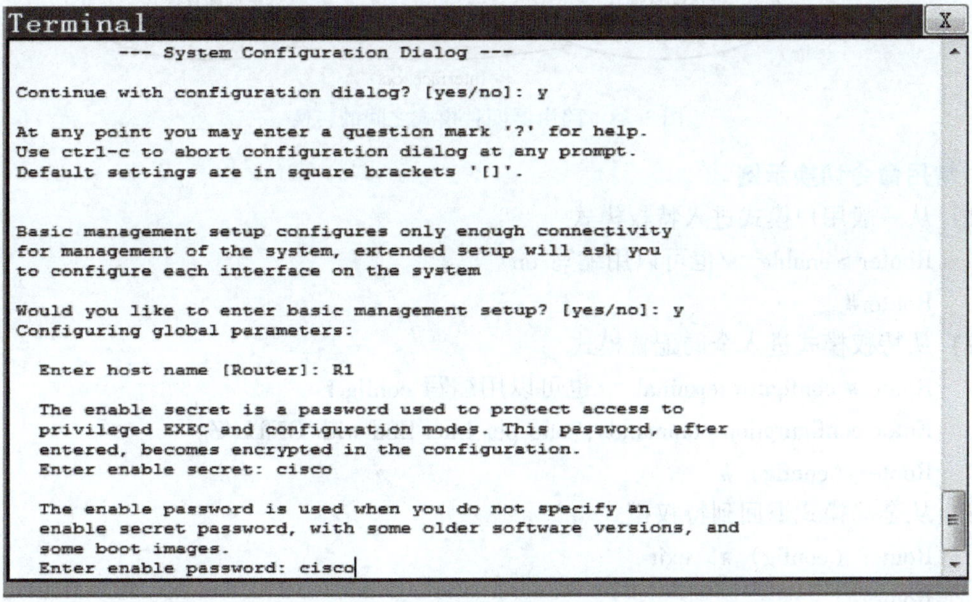

图 3-27 通过配置对话框配置路由器

一般通过命令行（CLI）模式进行配置。在命令行模式下，依据具体情况，系统有四级模式。

1）用户 EXEC 模式，也称用户模式，这种模式下，用户只能查看一些有关路由器的信息，不能更改，提示符为“Router >”。

2）特权用户 EXEC 模式，也称特权模式，这种模式支持调试和测试命令，支持对路由器的详细检查及对配置文件的操作，并且可以由此进入配置模式，提示符为“Router#”。

3）全局配置模式，也称全局模式，这种模式提供了强大的单行命令，可以完成简单的配置任务，提示符为“Router（config）#”。

4）特殊配置模式，也称端口配置模式，可以是网络端口、控制台端口、线路端口等。

各种模式之间的关系：在 CLI 模式的 4 级模式中，其进入顺序为用户模式、特权模式、全局配置模式、特殊配置模式，每种命令模式都有不同的提示符显示，并且只能执行该模式许可的命令。从一种模式进入另一种模式时必须执行相关的模式转换命令。

在全局配置模式和特殊配置模式下还可以通过 Ctrl + Z 快捷键或 end 命令退到特权模式，在用户模式下可以通过 exit 或 logout 命令退出控制台。四种模式之间的转换关系如图 3-28 所示。

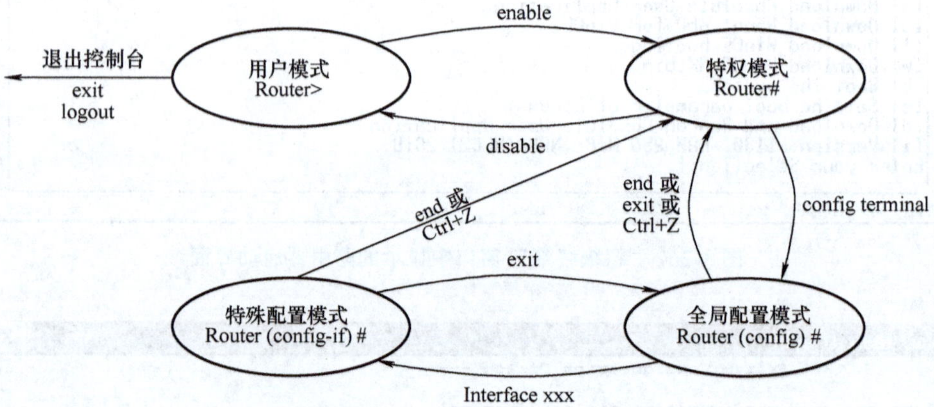

图 3-28 路由器四种模式之间的转换

5. 常用命令切换示例

（1）从一般用户模式进入特权模式

Router > enable /也可以用缩写 en

Router#

（2）从特权模式进入全局配置模式

Router# configure terminal /也可以用缩写 config t

Enter configuration commands，one per line. End with CNTL/Z.

Router（config）#

（3）从全局模式退回到特权模式

Router（config）# exit

Router#

（4）从特权模式退回到用户模式

Router#disable

Router >

（5）从全局配置模式进入特殊配置模式（命令中的 f0/0 是路由器的端口名称）

Router（config）# interface f0/0

Router（config-if）#

（6）从全局配置模式进入路由配置模式（路由协议为 rip）

Router（config）# router rip

Route（config-router）#

（7）从路由配置模式直接退回到特权模式

Router（config）# Ctrl + Z

Route #

（8）重新启动路由器（也称为热启动路由器）

Router# reload

6. 帮助和编辑功能

思科 IOS 提供了帮助和编辑功能，从而降低了命令行模式使用的难度，支持使用命令行的缩写形式、提供命令自动补全功能、提供错误作息提示和问号帮助方式，免除了用户要记住大量完整命令和关键字的负担。

（1）命令的缩写　思科 IOS 命令不区分大小写，并允许用户使用缩写的形式，原则上只要不与其他命令混淆，可以使用尽可能短的命令形式，例如：enable 命令可以用 en 代替，config terminal 命令可以用 conft 缩写代替。如果用户想用 e 命令代替 enable，由于系统中还有另外一个命令 exit，系统会给出“% Ambiguous command（歧义命令）:"e"”的提示。

从用户模式进入特权模式：

Router > en

Router#

从特权模式退回到用户模式：

Router# disa

Router >

（2）命令自动补全　思科 IOS 支持命令自动补全功能，在输入了头几个字母后按 Tab 键，如果不存在命令歧义且存在以相关字母开头的命令，系统会自动补全命令。例如，在用户模式下输入 en 命令后再按 Tab 键，则系统自动补全命令 enable。

```
Router > en                      /en 字母之后按 Tab 键
Router#enable                    /系统自动补全命令
Router > show ru                 /ru 字母之后按 Tab 键
Router > show running-config     /系统自动补全命令
```

（3）问号帮助　思科 IOS 通过问号可以帮助使用者查看当前模式下的常用命令，也可以显示以某个或某几个字母开头的命令。

● 显示在用户模式下的常用命令

```
Router >?
Exec commands:
  <1 -99 >          Session number to resume
  connect           Open a terminal connection
  disable           Turn off privileged commands
  disconnect        Disconnect an existing network connection
```

```
enable                 Turn on privileged commands
exit                   Exit from the EXEC
logout                 Exit from the EXEC
ping                   Send echo messages
resume                 Resume an active network connection
show                   Show running system information
ssh                    Open a secure shell client connection
telnet                 Open a telnet connection
terminal               Set terminal line parameters
traceroute             Trace route to destination
```

● 显示全局模式下可用的命令

```
Router (config) #?
Configure commands:
  aaa                  Authentication, Authorization and Accounting.
  access-list          Add an access list entry
  banner               Define a login banner
  boot                 Modify system boot parameters
  cdp                  Global CDP configuration subcommands
  class-map            Configure Class Map
  clock                Configure time-of-day clock
  config-register      Define the configuration register
  crypto               Encryption module
  do                   To run exec commands in config mode
  dot11                IEEE 802.11 config commands
  enable               Modify enable password parameters
  end                  Exit from configure mode
  exit                 Exit from configure mode
  hostname             Set system's network name
  interface            Select an interface to configure
  ip                   Global IP configuration subcommands
  ipv6                 Global IPv6 configuration commands
  line                 Configure a terminal line
  logging              Modify message logging facilities
  login                Enable secure login checking
  mac-address-table    Configure the MAC address table
 --More--
```

屏幕一次显示 22 行命令，如果该模式下的命令多于 22 条，则底部的“More”表示还有更多的命令没显示，可以使用空格键查看下一屏，也可以使用回车键逐条显示，按其他任意键则返回到提示符。

● 显示某个或某几个字母开头的命令或子命令

如果忘记某个字母开头的命令，可以在输入第一个字母后紧接着键入“?”，这时系统将显示所有以该字母开头的命令列表，例如：

Router (config) #se?　　　　　　　/显示以 se 开头的命令

secure security service　　　　　　/在全局模式下所有以 se 开头的命令

Router#c?

clear clock configure connect copy　　/在特权模式下所有以 c 字母开头的命令

Router#show s?

secure sessions snmp spanning-tree ssh standby startup-config storm-control

上面一行显示的是在特权模式下显示 show 命令中所有以 s 字母开头的子命令。

Router (config) #router ?

bgp　　Border Gateway Protocol (BGP)

eigrp　　Enhanced Interior Gateway Routing Protocol (EIGRP)

ospf　　Open Shortest Path First (OSPF)

rip　　Routing Information Protocol (RIP)

显示在全局模式下 router 命令中的所有子命令。

(4) 控制台错误信息提示

● 歧义命令

如果因为某条命令输入的字母太少而导致了歧义，系统会给出提示信息“% Ambiguous command:”。例如，在特权模式下输入命令 c 系统给出的错误提示为

Router#c

% Ambiguous command:"c"

● 无效输入

当用户输入了当前模式下并不存在（或错误）的命令和参数时，系统会提示“% Invalid input detected at '^' marker.”，即“^”（脱字符）所提示的地方是无效的输入，但唯一的例外是 IOS 会将命令模式（用户模式或特权模式）下的单个错误命令关键字识别为主机名，将其发送到域名服务器进行域名到 IP 地址的解析，而不报告无效输入的错误。因此，如果网络上没有域名服务器，这个过程会花费几秒钟时间，可以使用 Ctrl + Shift + 6 命令强制终止无效命令的查找，例如：在特权模式下显示配置文件命令时，show 命令的子命令无效。

```
Router#show running                    /子命令应该为 running-config
                  ^
% Invalid input detected at '^' marker.
Router#show iproute                    /子命令应该为 ip route
                  ^
% Invalid input detected at '^' marker.
```

(5) 不完整的命令　如果用户输入的命令缺少参数，系统将会提示“% Incomplete command.”，即不完整的命令。例如：下面的命令行为进入端口配置时没给出端口的名称，因此，系统提示命令不完整。

Router（config）#interface

% Incomplete command.

7. 常用的编辑命令

思科 IOS 提供了一种增加的编辑模式，用来对输入命令进行编辑，表 3-2 中列出了常用的编辑命令快捷键，可以进行命令行中的光标移动、命令删除、复制等操作，从而可以减少操作按键的次数。

表 3-2 IOS 常用的编辑命令快捷键

编辑命令快捷键	快捷键的作用
Backspace、Ctrl + H	删除当前光标左侧的一个字符
Ctrl + P 或向上箭头	重新显示前一条命令
Ctrl + N 或向下箭头	重新显示后一条命令
Ctrl + A	光标移到行首
Ctrl + B、向左箭头	光标左移一个字符
Ctrl + E	光标移到行尾
Ctrl + F、向右箭头	光标右移一个字符
Ctrl + D	删除光标处的一个字符
Ctrl + K	删除光标处到行尾的所有字符
Ctrl + X、Ctrl + U	删除光标之前所有的字符
Ctrl + W	删除光标左侧的一个单词
Ctrl + Y	复制剪切的内容
Ctrl + T	光标处字符与光标前一个字符交换位置
Ctrl + R	刷新刚输入的字符
ESC + B	光标左移一个单词
ESC + C	格式化光标处字母为大写的单词
ESC + D	剪切光标后的一个单词
ESC + F	光标右移一个单词

对于长度超过屏幕上单行长度的命令，系统提供了自动滚行的功能，当光标移动到右边界时，命令行向左移出 11 个空格，行首的 11 个字符不可见，此时提示符后方会显示一个美元符号（$）表示命令行进行了左移，如果在命令行的最右端看到美元符号，说明在左端还有命令。

8. 命令的历史记录功能

IOS 的命令行模式提供了用户所有输入命令的历史记录，这一功能对于再次使用很长或复杂的命令时是非常有用的。默认情况下，命令的历史记录功能是启动的，系统会在历史缓冲区中记录 10 条使用过的命令，要改变系统在一个终端会话中记录的命令行数，可以在特权模式下使用 terminal history size 命令，通过改变 size 的值可以设置命令行数，最大为 256。表 3-3 显示了有关历史记录的命令。

表 3-3　有关历史记录的命令

与历史相关的命令	说 明 作 用
Ctrl + P、上箭头	重新显示最近一条（前一条）历史命令
Ctrl + N、下箭头	重新显示后一条历史命令
Show history	显示命令缓冲区中的内容
Show terminal	显示终端配置和历史缓存空间大小
Terminal history size	设置命令缓冲区的大小

设置命令缓冲区的大小为 200B：

Router > terminal history size 200

查看设置后的命令缓冲区大小：

Router > show terminal

Time since activation：00：03：04

Editing is enabled.

History is enabled，history size is 200.　/此处信息显示命令缓冲区大小为 200B

3.5.3　路由器的常用基本命令

IOS 的命令较多，且分布在不同的模式之下，在使用命令时要注重配合相关的模式，才能正确地执行命令或配置路由器。为了能方便读者正确理解命令格式，在此对命令格式做如下约定。

命令关键字：使用正体，用户自选参数使用斜体，例如“password *123*”，password 为命令本身，123 为该命令要求用户自选的参数。

当有多个参数必选其中之一时，使用 < 参数 1 | 参数 2 | … > 的格式表示。

当参数可选时，使用［参数］格式表示。

1. 获取路由器的基本信息

在用户模式和特权模式下，都可以使用 show 命令显示路由器基本信息和配置文件。

（1）显示路由器的 IOS 版本信息（在特权模式下）

```
Router# show version
Cisco IOS Software, 1841 Software (C1841 - ADVIPSERVICESK9 - M), Version 12.4 (15) T1, RELEASE SOFTWARE (fc2)
System returned to ROM by power-on
System image file is "flash: c1841 - ipbase - mz. 123 - 14. T7. bin"
…
191K bytes of NVRAM.
63488K bytes of ATA CompactFlash (Read/Write)
Configuration register is 0x2102
```

从显示的信息可以看到路由器的 IOS 版本为 12.4，IOS 操作系统文件名称为“c1841 - ipbase- mz. 123 - 14. T7. bin”，保存在 Flash 中，路由器 NVRAM 大小为 191KB，配置寄存器为 0x2102。

（2）显示路由器当前运行的配置文件（在特权模式下）

```
Router# show running-config
Building configuration...
Current configuration: 1026 bytes
! version 12.4
hostname R1
enable secret 5 $ 1 $ mERr $ TfFTxE.mmb5O5BVC56ndL0
interface FastEthernet0/1
 ip address 192.168.1.1 255.255.255.0
 duplex auto
 speed auto!
interface Serial0/0/0
 ip address 10.1.1.1 255.255.255.252
 clock rate 128000
...
end
```

显示配置文件时，可以看到路由器版本为12.4，配置了主机名、密文密码，为两个端口配置了IP地址信息等。

（3）显示路由器的时钟信息（在用户模式下）

```
Router > Show clock
*6: 31: 9.538 UTC Mon Mar 1 2014
```

该命令显示了路由器的时钟信息。

可以通过Show命令后面加“?”的形式查看Show命令的子命令，从而查看路由器的相关信息。Show命令集，只能在特权配置模式下使用。表3-4列出了Show命令的常用子命令。

表3-4 Show命令的常用子命令

命 令	功能描述
Show version	显示系统的硬件配置、软件版本、配置文件名称等重要信息
Show flash	显示Flash中的ISO的信息
Show running-config	显示运行配置文件
Show startup-config	显示启动配置文件
Show interfaces	显示路由器各端口的统计信息
Show protocols	显示各端口配置的第三层协议信息
Show controllers	显示路由器各端口类型（DTE、DCE）
Show clock	显示系统时间
Show history	显示历史命令

2. 路由器的基本配置

（1）配置主机名（需要在全局配置模式下更改） 命令格式如下：

Router（config）# hostname *hostname*

在复杂的网络中，通常会使用多台路由器进行组网，如果网络中的每台路由器都使用出厂时的Router名称，则用户在配置路由器时很可能产生混淆，从而导致错误的配置，因此配置路由器的名称是管理员进行网络管理的第一项工作。只有明确了不同名称后，网络中路由器才能不混淆各自的功能。配置路由器名称的命令存储到配置文件中，因此该命令要在全局配置模式下进行配置。

```
Router > enable                                /进入特权模式
Router# configure terminal                     /进入全局配置模式
Router（config）# hostname Router1800          /配置路由器的命名为Router1800
Router1800（config）# do show running-config   /显示新的配置文件内容
Building configuration...
Current configuration: 524 bytes
hostname Router1800
…
end
```

（2）配置路由器的时钟　默认情况下，路由器的时钟为出厂时的时钟，为了更好地管理网络，希望路由器的时钟与系统时钟一致，可以通过命令设置路由器的时钟。

设置路由器时钟需要在特权模式下，命令格式如下：

Router#Clock Set hh:mm:ss date month year

例如将路由器时钟设置为2021的5月16日下午7点30分，设置命令如下：

```
Router1800#clock set 19:30:00 16 may 2021      /设置路由器系统时钟
Router1800#show clock                          /显示路由器时钟的命令
*19:30:11.54 UTC Fri May 16 2021               /设置后的时钟信息结果
```

3. 路由器安全加密信息配置

为保证路由器的安全，防止非法用户对路由器进行操作，可以为路由器的虚拟终端和控制台连接设置口令，也可以在用户进入特权模式时设置口令。

（1）配置路由器的enable口令　enable口令限制对特权模式的访问，enable口令包括enable password和enable secret两种，其中enable password口令是明文口令，在显示配置文件时能查看到口令的内容，安全性较低，而enable secret口令为加密口令，这种口令在查看配置文件时只能看到被MD5加密后的密文字符序列，无法查看到口令的内容。如果系统中配置了secret口令，它将会替代password口令，用户使用enable命令登录时，需要输入secret口令，而不是password的口令。一般情况下，系统要求password口令和secret口令不能相同。全局配置模式下配置enable口令的格式如下：

Router（config）# enable password *password*　　/明文加密

Router（config）# enable secret *password*　　/密文加密

例如，为路由器设置明文口令pass123和密文口令sec123的命令如下：

```
Router > enable
Router# configure terminal
Router（config）#enable password pass123       /配置明文口令
```

Router（config）# enable secret *sec123* /配置加密口令

（2）配置路由器线路加密　路由器的线路配置模式包括控制台（Console）模式、虚拟终端（VTY）模式、辅助端口（AUX）模式、终端控制器（TTY）模式，路由器在线路配置模式下配置口令的命令格式如下：

Router（config）#line　linetype　linenumber /进入线路配置模式

Router（config-line）　password　*password* /为线路加密的命令

Router（config-line）　login /配置登录检查口令命令

其中 linetype 表示线路类型，可以是 Console、VTY、AUX、TTY，linenumber 为线路的数字编号，例如 Router（config）#　line console 0。

（3）配置路由控制台口令　控制台口令要在线路配置模式下配置。用户可以通过在全局配置模式下输入 Line console 0 命令进入线路配置模式，在线路配置模式下使用 password 命令配置控制台口令。配置口令后，使用 login 命令打开登录口令检查，否则即使设置了口令也不执行控制台登录口令的检查，例如，将控制台口令配置为 cisco123 命令如下：

Router > enable

Router# configure terminal

Router（config）#line console /进入线路配置模式

Router（config-line）# password　*cisco123* /配置控制台密码

Router（config-line）# login /打开登录密码检查

Router（config-line）# exit /退出线路配置模式

（4）配置虚拟终端口令　思科路由器的 IOS 允许同时多个虚拟终端（VTY）连接会话，普通版本的 IOS 一般支持 5 个虚拟终端连接会话，高级版本的 IOS 支持更多的会话，可以使用“VTY?”命令查看路由器支持的虚拟终端支持的会话数。思科路由器 12.4 版本的 IOS 支持 16 个会话，在 VTY 方式下 login 命令默认是打开的，即如果用户试图通过 Telnet 方式登录一个没有设置 VTY 密码路由器时，将会被拒绝访问。用户可以通过 no login 命令关闭 Telnet 用户验收功能从而登录没有 VTY 加密的路由器，但这样做会严重影响路由器的安全性，例如配置 0 ~ 4 号线路虚拟终端口令 vty123 的命令如下：

Router > enable

Router# configure terminal

Router（config）#line vty 0 4 /进入线路配置模式

Router（config-line）# password　*vty123* /配置虚拟终端密码

Router（config-line）# exit /退出线路配置模式

Router# show running-config /显示配置文件信息

```
Building configuration...
Curren !
version 12.4
hostname Router
enable secret 5  $1$ mERr $s1r5lwBGohYjOsGYbkVXv1 /加密后的 secret 口令
enable password pass123                          /没加密的口令
!
```

```
line con 0
 history size 200
 password cisco123                                  /控制台密码
line vty 0 4
 password vty123                                    /虚拟终端密码
 no login
end
```

（5）其他配置控制台命令　为了防止控制台因会话超时而断开连接，可以配置防止控制台会话超时命令，命令格式如下：

Router （config）#line console 0

Router （config-line）# exec-timeout 0 0

该命令设置 EXEC 会话超时时间为 0 分 0 秒，目的是阻止会话超时而断开转接，也可以通过 no-exec-timeout 命令来实现此目的。但在实际应用中，如果使用了防止控制台超时命令，就意味着控制台端口将全部开放，因而绕过了设置在端口的安全措施。

4. 路由器的管理用户配置

为了便于管理，可以在路由器上创建具有不同特权级别（Privilege Level）和权限的用户，思科路由器的 IOS 级别从 0 ~ 15 共计 16 个级别，其中 0 为最低级，15 为最高级，一般情况下用户模式下特权级别为 1，特权模式下的级别是 15。

（1）查看当前用户的特权级别

Router > show privilege

Current privilege level is 1　　　　　　/用户模式下特权级别为 1

Router# show privilege

Current privilege level is 15　　　　　　/特权模式下特权级别为 15

（2）创建路由器管理用户　可以在全局配置模式下使用相关命令为路由器创建管理用户，使用 privilege 子命令设置用户的特权级别，使用 password 或 secret 子命令设置管理用户的口令。例如，创建一个名称为 admin、具有 12 级特权、口令为 admin123 的管理用户，命令如下：

Router > enable

Router# configure terminal

Router （config）#username admin privilege 12 password admin123

Router （config）#do show running-config

```
Building configuration...
hostname Router
enable secret 5 $1 $mERr $s1r5lwBGohYjOsGYbkVXv1
enable password pass123
username admin privilege 12 password 0 admin123   /已创建的管理用户信息
...
```

5. 路由器端口配置

路由器的主要功能是将数据包从一个网络设备转发到另一个网络设备，为了实现这一功能，必须通过接收或发送的包来定义端口特征，包括端口地址、数据封装方法、介质类型、带宽、直接存储器访问缓冲区参数等。

（1）进入端口配置模式 Router（config）#interface *iftype ifnumber*

其中：

iftype 为端口类型，路由器端口的类型包括以太网端口（Ethernet）、快速以太网端口（Fast Ethernet）、千兆以太网端口（Gigabit Ethernet）、串行端口（Serial）等。

ifnumber 为端口编号：端口编号由路由器上端口硬件的物理位置分配给每个端口，用来标识每个端口，当单个路由器上有多个同样类型的端口时，这种标识很重要。

在全局配置模式下输入 interface 命令可以进入相关的端口配置模式，在端口配置模式下输入 exit 命令可以退出端口配置模式并返回全局配置模式，例如进入 Fast Ethernet0/0 端口的命令如下：

```
Router（config）#interface  FastEthernet 0/0        /可用缩写 F0/0
Router（config-if）# interface   F0/0               /进入 F0/0 的端口配置模式
Router（config）#interfce Serial 0/1                /进入 S0/1 的端口配置模式
Router（config-if）#                                /已进入 S0/1 的端口配置模式
```

（2）确定端口类型的端口号 在配置路由器时，要明确有哪些端口类型和端口号可用，用户可以通过命令“interface ?”查询本路由器支持的端口类型。

```
Router（config）#interface ?                        /查看路由器支持的端口类型命令
Dot11Radio        Dot11 interface
Ethernet          IEEE 802.3                        /以太网端口
FastEthernet      FastEthernet IEEE 802.3           /快速以太网端口
GigabitEthernet   GigabitEthernet IEEE 802.3z       /千兆以太网端口
Loopback          Loopback interface                /本地还回端口
Serial            Serial                            /串行端口
Tunnel            Tunnel interface
Virtual-Template Virtual Template interface         /虚拟临时端口
Vlan              Catalyst Vlans                    /虚拟局域网端口
range             interface range command
```

一般情况下，模块化路由器的端口号多数为两位数，也有三位数的，例如 FastEthernet Serial0/0/10/0。可以使用命令查看路由器 IP 端口信息确定路由器端口的编号，例如，查询路由器端口类型、编号及状态的命令如下：

```
Router#show ip interface brief
Interface          IP-Address     OK? Method Status   Protocol
FastEthernet0/0 unassigned     YES unset administratively down down
FastEthernet0/1 unassigned     YES unset  administratively down down
Serial0/0/0        10.1.1.2       YES manual up          up
Serial0/0/1        10.2.2.2       YES manual up          up
Loopback0          192.168.2.1    YES manual up          up
Vlan1              unassigned     YES unset  administratively down down
```

（3）配置路由器端口 IP 地址　路由器端口只有配置了 IP 地址后，才可以用于网络中的数据包传送，在端口配置模式下配置、启动、关闭路由器端口 IP 地址的命令格式如下：

Router（config-if）#IP address　*ipaddress netmask* [*secondary*]　/配置端口 IP 地址

Router（config-if）#no shutdown　/启动端口

Router（config-if）#shutdown　/关闭端口

命令中的参数 ipaddress 为端口的 IP 地址，例如 192. 168. 10. 1；netmask 为子网掩码，格式为 A. B. C. D，例如 255. 255. 255. 0。

Secondary 为可选参数，用于在某一端口上配置多个 IP 地址。

默认情况下，路由器端口是关闭的，在端口配置模式下配置了 IP 地址后，用户必须使用启动端口命令将端口启动后才可以使用该端口。如果确定一个启动的端口不再使用，则可以使用关闭端口命令将端口关闭。

● 配置以太网端口 IP 地址

以太网端口配置比较简单，一般可以配置 IP 地址、子网掩码、端口工作模式、端口速度，例如配置路由器 F0/0 端口的 IP 地址 192. 168. 10. 1/24 和相关信息。F0/1 端口的 IP 地址 192. 168. 20. 1/25 如下：

Router > enable

Router# configure terminal

Router（config）#interface FastEthernet 0/0

Router（config-if）#ip address 192. 168. 10. 1 255. 255. 255. 0 /配置端口 IP 地址

Router（config-if）#duplex full　/配置端口 F0/0 为全双工作模式，可以使用命令 duplex half 配置端口为半双工作模式

Router（config-if）#speed 100　/配置端口速率为 100Mbit/s

Router（config-if）# no shutdown　/启动端口

Router（config-if）#interface F0/1

Router（config-if）#ip address 192. 168. 20. 1 255. 255. 255. 128　/配置端口 IP 地址

Router（config-if）# no shut　/启动端口

● 配置串行端口 IP 地址

串行端口一般是接入广域网的端口，对串行端口的配置要考虑广域网互联时，端口两端的作用不同，一端负责时钟同步，需要配置时钟速率，称为 DCE 端，另一端负责数据传输，称为 DTE 端。在网络中，DCE 端由服务提供商提供并连接到通信服务单元，路由器是负责数据传输的 DTE 端。在仿真实验室环境中，用 DTE 和 DCE 线缆背对背连接两个路由器，其中一个必须提供时钟速率，即承担 DCE 端的功能，配置在串行端口上的时钟速率一般是 1200bit/s、2400bit/s、4800bit/s、9600bit/s、19200bit/s 等，最快可以达到 4000000bit/s，时钟速率是随着路由器的端口类型而变化的。因此，为路由器串行端口 S0/0/1（DCE）配置 IP 地址 10. 0. 0. 1/24，时钟速率为 128000bit/s，串行端口 S0/0/0（DTE）配置 IP 地址 20. 0. 0. 1/8 的命令如下：

Router > enable

```
Router# configure terminal
Router (config) #interface serial  0/0/0
Router (config-if) #ip address 20.0.0.1 255.0.0.0        /配置端口 IP 地址
Router (config-if) # no shutdown                         /启动端口
Router (config-if) #interface S0/0/1                     /接入 S0/1 串口
Router (config-if) #ip address 10.0.0.1 255.0.0.0        /配置端口 IP 地址
Router (config-if) #Clock rate 128000                    /配置 DCE 端口的时钟速率
Router (config-if) # no shut                             /启动端口
```

(4) 查看端口相关信息

● 查看串行端口工作模式

```
Router#sh controllers s0/0/1
Interface Serial0/0/1
Hardware is PowerQUICC MPC860
DCE V.35, clock rate 128000
…
```

● 查看端口配置信息

```
Router# show interface s0/0/0
Serial0/0/0 is up, line protocol is up (connected)
  Hardware is HD64570
  Internet address is 20.0.0.1/8
  MTU 1500 bytes, BW 1544 Kbit, DLY 20000 usec,
…
  0 output buffer failures, 0 output buffers swapped out
```

其中，物理状态和协议状态有多种组合，可以反映不同端口信息，常见的端口状态有以下四种：

* Serial0/0/0 is up, line protocol is up

这种端口信息提示端口的物理状态已被激活，线路协议状态也被激活。在此状态下端口的物理层（端口物理状态）和数据链路层（线路协议状态）已全部连通。如果正确配置了端口 IP 地址，两端路由器可以通过 ping 命令测试到已连通的链路，从而实现了点到点之间的连接。

* Serial0/0/0 is down, line protocol is down (disable)

这种端口信息提示端口的物理状态已被关闭，线路协议状态也必须关闭。这种状态一般是由于物理层的问题而造成的，比如端口上没有插接电缆、电缆损坏、端口损坏等物理层问题。

* Serial0/0/0 is up, line protocol is down (disable)

这种信息提示端口的物理状态已被激活，线路协议状态也必须关闭。这种状态一般是由于路由器不能获得 DSU 时钟或两端封装了不同的数据链路层协议造成的。在背靠背环境下，一般可以检查是否设置了路由器 DCE 端口的时钟速率（用 Clock rate 参数进行设置），两端的封装（Encapsulation）是否采用了相同的链路层协议，例如，可检查两端路由器端口封装是否都为 HDLC 协议或 PPP 协议，如果封装一致，可以检查链路层协议的验证配置是否正确等。

* Serial0/0/0 is administratively down，line protocol is down（disable）

这种信息提示端口的物理状态已被设置为管理关闭，一般是由于在端口上使用了 shutdown 命令从而使端口进入管理关闭状态，可以使用 no shutdown 命令激活端口。

- 查看配置信息的正确性

```
Router# show running-config
Building configuration...
hostname Router                                     /显示路由器的命称为 Router
enable secret 5 $1$mERr $s1r5lwBGohYjOsGYbkVXv1     /显示路由器加密密码
enable password pass123                             /显示路由器明文密码为 pass123
...
interface FastEthernet0/0
 ip address 192.168.10.1 255.255.255.0              /显示路由器以太网 F0/0 端口 IP 地址
 duplex auto
 speed auto
!
interface FastEthernet0/1
ip address 192.168.20.1 255.255.255.128             /显示路由器以太网 F0/1 端口 IP 地址
 duplex auto
 speed auto
interface Serial0/0/0
 ip address 10.0.0.1 255.255.255.0                  /显示路由器串行 S0/0/0 端口 IP 地址
!
interface Serial0/0/1
 ip address 20.0.0.1 255.0.0.0                      /显示路由器串行 S0/0/1 端口 IP 地址
 clock rate 128000                                  /显示路由器串行 S0/0/1 端口时钟速率
ip route 192.168.3.0 255.255.255.0 10.2.2.1         /显示路由器路由表信息
...
```

6. 网络测试命令

（1）ping 命令　对路由器端口 IP 地址配置并启动后，可以在路由器的特权模式下使用 ping 命令测试主机之间的连通性。

ping 命令响应意义如下：

"!"：成功接收回送应答。

"."：等待数据包应答超时。

"U"：目的地不可达。

"C"：数据包拥塞。

"I"：ping 被中断。

"?"：数据包类型未知。

"&"：超过数据包生存时间（TTL）。

● ping 命令实例

Router#ping 192. 168. 10. 2　　　　　　　　　　　　/ping PC1 主机

Type escape sequence to abort.

Sending 5，100 - byte ICMP Echos to 192. 168. 10. 2，timeout is 2 seconds：

!!!!!

Success rate is 100 percent（5/5），round-trip min/avg/max = 0/0/1 ms

（2）trace 命令　和 ping 命令不同的是 trace 命令测试路径的每跳，当 trace 命令到达目标端时，将显示"*"，其他情况下"*"表示某个探测包响应超时。

trace 命令响应含义如下：

"!H"：路由器没有转发数据包，通常是访问控制列表引起的。

"P"：协议不可达。

"N"：网络不可达。

"U"：端口不可达。

"*"：超时。

●"trace"命令实例

Router# trace 192. 168. 10. 2　　　　　　　　　　　　/测试与 PC1 的路径

"Type escape sequence to abort."

Tracing the route to 192. 168. 10. 2

1 192. 168. 2. 2 20 msec 16　msec　*

7. 其他常用命令

（1）保存运行配置文件命令　当对路由器完成配置后，所有的配置信息暂时保存在路由器的 RAM 中，如果不保存的话，当路由器断电后，所有的配置将消失。因此，为了能使配置文件在路由器下次启动时还能起作用，则必须将 RAM 中的配置文件 running-config 保存到 VNRAM 的启动配置文件 startup-config 中，保存运行配置文件的命令如下：

Router#copy running-config startup-config

Destination filename [startup-config]?　　　　　　　/询问是否使用给出的文件名

Building configuration...

[OK]　　　　　　　　　　　　　　　　　　　　　　/完成运行配置文件的保存

将内存中的运行配置文件 running-config 保存到启动配置文件 startup-config 中，路由器下次启动时将先读取 NVRAM 中的启动配置文件 startup-config 并将其调入内存 RAM。

（2）保存运行配置文件到 TFTP 服务器命令　将运行配置文件保存到 TFTP 服务器上，为启动配置文件增加了一个备份，当路由器中的启动配置文件损坏或丢失时，可以从 TFTP

服务器上恢复启动配置文件。

```
Router#copy running-config tftp
Address or name of remote host [ ]? 192.168.10.3       /给出 TFTP 服务器的 IP 地址
Destination filename [Router-confg]?                    /是否使用给定的文件名
Writing running-config...!!
[OK - 650 bytes]
650 bytes copied in 0.035 secs (18000 bytes/sec)        /完成备份
```

（3）将启动配置文件保存到 TFTP 服务器上

```
Router#copy startup-config tftp
Address or name of remote host [ ]? 192.168.10.3
Destination filename [Router-confg]?
Writing startup-config...!!
[OK - 650 bytes]
650 bytes copied in 0.001 secs (650000 bytes/sec)
```

（4）将 TFTP 服务器中的备份配置文件恢复到路由器的启动配置文件中

```
Router#copy tftp startup-config
Address or name of remote host [ ]? 192.168.10.3 /给出 TFTP 服务器的 IP 地址
Source filename [ ]? Router-confg                 /给出 TFTP 服务器中备份配置文件名称
Destination filename [startup-config]?            /是否用给定的启动配置文件名
Accessing tftp://192.168.10.3/Router-confg...
Loading Router-confg from 192.168.10.3:!
[OK - 650 bytes]
650 bytes copied in 0.001 secs (650000 bytes/sec) /完成恢复
```

（5）将 TFTP 服务器中的配置文件恢复到路由器的运行配置文件中

```
Router#copy tftp running-config
Address or name of remote host [ ]? 192.168.10.3 /给出 TFTP 服务器的 IP 地址
Source filename [ ]? Router-confg                 /给出 TFTP 服务器中配置文件名称
Destination filename [running-config]?            /是否用给定的启动配置文件名
Accessing tftp://192.168.10.3/Router-confg...
Loading Router-confg from 192.168.10.3:!
[OK - 650 bytes]
650 bytes copied in 0.001 secs (650000 bytes/sec) /完成恢复
```

（6）删除启动配置文件　启动配置文件保存在 NVRAM 中，路由器加电启动自检完成后会读取 NVRAM 中的启动配置文件，为了使路由器恢复出厂时的状态，可以使用 erase 命令删除路由器中的启动配置文件，删除命令如下：

```
Router#erase  startup-config
Erasing the nvram filesystem will remove all configuration files! Continue? [confirm]
[OK]                                              /确认删除
Erase of nvram: complete                          /完成删除
```

%SYS-7-NV_BLOCK_INIT：Initialized the geometry of nvram

本章小结

路由器是网络中的重要设备，承担着将数据包从一个网络转发到另一个网络的任务，路由器必须经过配置后才可以起作用。本章主要介绍了路由器基础知识、路由器的作用和分类、路由器的主要组成及工作原理、路由器的硬件连接和端口类型，还介绍了路由器启动时的对话框模式配置。在CLI状态下，路由器包括四种模式，即用户模式、特权模式、全局配置模式、特殊配置模式。本章通过实例介绍了路由器的命令行状态下的基本配置，包括基本信息配置、加密信息、端口配置等，最后还介绍了路由器配置文件的备份与恢复等。

本章习题

一、填空题

1. 路由器按结构分类，可分为________和________。
2. 路由器的硬件主要包括________、________、________、________等。
3. 路由器的配置端口有两个，分别是________和________。
4. 路由协议可以分为________和________。
5. 路由器存储器的四种类型分别是________、________、________、________。

二、简答题

1. 路由器的主要作用是什么？
2. 说明路由协议与可路由协议的区别与各自的特点。
3. 说明路由器的存储器中，Flash和NVRAM各自的作用及它们的区别。
4. 说明在对路由器进行加密时，Enable密码和Secret密码的区别。
5. 对路由器的广域网端口配置时钟速率的作用是什么？

本章实训——路由器的基本配置

1. 实训目的

通过对路由器的实际配置，使学生能熟练掌握路由器的基本配置命令，并能进行简单的路由器基本信息和端口配置。

2. 实训环境

两台2811路由器、两台计算机、一条控制台线、两条交叉以太网线、一对V35串口线，要求路由器端口具有最少一个以太网端口和一个串行端口。

若无硬件设备，可以使用思科的模拟器Packet Tracer软件完成实训。

3. 实训网络拓扑

按图3-29所示实训拓扑结构组建网络，给出网络中路由器各端口的IP地址和相关信息，请在虚拟终端模式下完成路由器的基本配置。

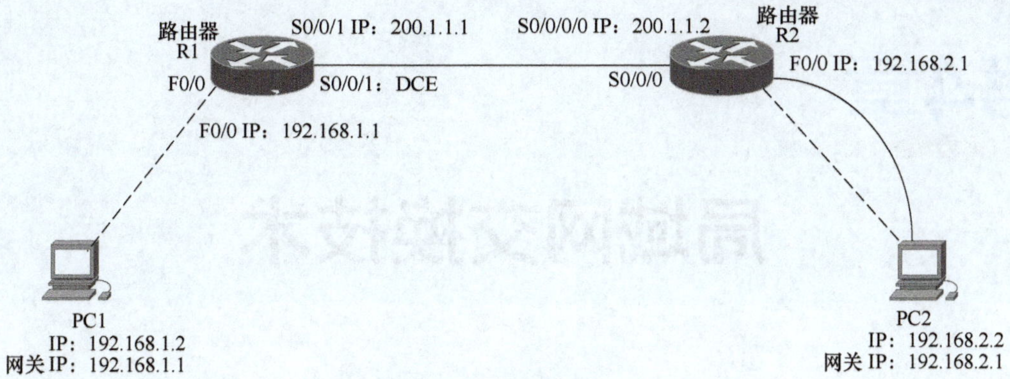

图 3-29　实训拓扑结构

4. 实训内容要求

请按如下要求进行路由器的基本配置：

1）PC2 通过超级终端连接到路由器 R2 进行配置。

2）配置两个路由器的命名，左边为 R1，右边为 R2。

3）给两台路由器配置密码，包括 enable 密码和 secret 密码，密码均为 Cisco123。

4）配置路由器 R1 的虚拟终端 0 ~4，配置密码为 Ciscvty。

5）给两台路由器的控制台配置密码为 Ciscocon。

6）按图所示配置路由器所有端口的 IP 地址。

7）按图 3-29 所示配置路由器 R1 串行端口 S0/0/1 的时钟速率为 64000bit/s。

8）配置两台计算机的 IP 地址和子网掩码。

9）PC1 通过 Telnet 登录路由器 R1，测试虚拟终端密码配置的效果。

10）PC2 通过 ping 命令测试路由器端口 IP 地址配置的正确性。

11）将路由器的配置文件保存到启动配置文件中。

12）显示路由器的配置文件信息。

5. 实训报告要求

1）在实训报告中画出实训网络拓扑图。

2）导出路由器所有配置的运行配置文件，并写在实训报告中。

3）写出测试结果。

第4章

局域网交换技术

4.1 交换机基础

4.1.1 交换机的工作原理

交换机也称多口的网桥，是一种工作在数据链路层上的网络设备。交换机拥有一条带宽很高的背板总线和内部交换矩阵。交换机通过对信息进行重新生成，并经过内部处理后，转发至指定的端口。交换机具有自动寻址能力和交换作用，由于交换机根据数据包的目的 MAC 地址将每个数据包独立地从源 MAC 地址送到目的 MAC 地址，从而避免了和其他端口发生碰撞。

4.1.2 交换机的基本功能

交换机拥有一条带宽很高的背板总线和内部交换矩阵，所有的端口都挂接在这条背板总线上，使用交换机也可以把网络“分段”，通过过滤和转发，可以有效地减少冲突域，但它不能划分网络层广播，即广播域。

1. 地址学习功能（Address Learning）

交换机在工作过程中维护一张 MAC 地址表，地址表中记录 MAC 地址与端口的对应关系，该对应关系说明到达某个 MAC 地址应该从哪个端口转发。交换机地址学习的具体工作流程如下：

1）当交换机从某个端口收到一个数据包时，先读取包头中的源 MAC 地址，这样它就知道源 MAC 地址的机器是连在哪个端口上的。

2）再去读取包头中的目的 MAC 地址，并在地址表中查找相应的端口。

3）如表中有与该目的 MAC 地址对应的端口，把数据包直接复制到这端口上。

4）如表中找不到相应的端口则把数据包广播到所有端口上，当目的主机对源主机回应时，交换机就可以学习到目的 MAC 地址与哪个端口对应，在下次传送数据到该 MAC 地址时就不再需要对所有端口进行广播了。

交换机的所有端口都是利用源 MAC 地址学习的方法在 MAC 地址表中不断添加新的 MAC 地址与端口号的对应信息，直到 MAC 地址表添加完整为止，最终建立和维护交换机自己的 MAC 地址表。

也可以手工添加交换机的 MAC 地址表的静态记录，手工配置的静态记录没有使用时间的限制。由于 MAC 地址表中对于同一个 MAC 地址只能有一条记录，所以如果手工配置了 MAC 地址和端口号对应关系后，交换机就不再动态学习这台计算机的 MAC 地址了。

2. 帧转发和过滤（Forword/Filter Decision）

当交换机源端口收到数据包时，它会检查数据包的目的 MAC 地址，然后查找内存中 MAC 地址表以确定目的 MAC 地址的网卡挂接的端口，通过内部交换矩阵迅速将数据包转发到目的端口，并由目的端口转发出去。如果地址表中暂时没有目的 MAC 地址与交换机端口的映射关系，则将该数据包广播到除本端口以外的所有其他端口，接收端口回应后交换机会学习新的地址，并将新地址添加到内存中的 MAC 地址表中。

如果希望交换机不要转发某些数据包，则可以在端口做 MAC 绑定，不让交换机动态学习 MAC 地址，将不符合源 MAC 的数据帧直接丢弃，实现入站的过滤。

3. 环路避免（Loop Avoidance）

当交换机连接的网络中包括一个冗余回路时，以太网交换机通过生成树协议（Spanning Tree Protocol）避免回路的产生，防止数据帧在网络中循环传递的现象发生，同时允许存在后备路径，当网络中的某条路径发生故障时，后备路径迅速启用。

4.1.3 交换机的数据转发方式

交换机用三种方式进行数据转发：直通式、存储转发、碎片隔离式。

1. 直通式

在直通转发方式中，交换机边接收边检测，一旦检测到目的地址字段，就立即将该数据转发出去，而不管这一数据是否出错，出错检测任务由节点主机完成。这种交换方式的优点是交换延迟时间短，缺点是缺乏差错检测能力。

2. 存储转发

在存储转发方式中，交换机把输入端口的数据包先存储起来，然后进行 CRC（循环冗余码校验）检查，在对错误包处理后才取出数据包的目的地址，通过查找 MAC 地址表后将数据包从输出端口送出。这种转发方式的优点是可以对进入交换机的数据包进行错误检测，有效地改善网络性能。尤其重要的是它可以支持不同速度的端口间的转换，保持高速端口与低速端口间的协同工作。缺点是转发帧的时候先存储，然后进行处理之后才能放到转发队列中，这样繁琐的过程会影响响应速度，造成高延迟的现象。

3. 碎片隔离式

碎片隔离式是介于前两者之间的一种解决方案。它检查数据包的长度是否够 64B，如果小于 64B，说明是假包，则丢弃该包；如果大于 64B，则发送该包。这种方式也不提供数据校验，它的数据处理速度比存储转发方式快，但比直通式慢。

4.1.4 交换机的数据交换方式

1. 端口交换

端口交换用于将以太网模块的端口在背板的多个网段之间进行分配、平衡。根据支持的程度，端口交换还可细分为：

1）模块交换：将整个模块进行网段迁移。

2）端口组交换：通常模块上的端口被划分为若干组，每组端口允许进行网段迁移。

3）端口级交换：支持每个端口在不同网段之间进行迁移。

2. 帧交换

帧交换是应用最广的局域网交换技术，它通过对传统传输媒介进行微分段，提供并行传送的机制，以减小冲突域，获得高的带宽。

3. 信元交换

ATM 技术采用固定长度为 53 个字节的信元交换。由于长度固定，因而便于用硬件实现。ATM 采用专用的非差别连接，并行运行，可以通过一个交换机同时建立多个节点，但并不会影响每个节点之间的通信能力。ATM 还允许在源节点和目标节点间建立多个虚拟连接，以保障足够的带宽和容错能力。

4.1.5 交换机的分类

根据不同的技术标准，交换机可以分为不同的类型。从广义上来看，网络交换机分为两种：广域网交换机和局域网交换机。广域网交换机主要应用于电信领域，提供通信用的基础平台。而局域网交换机则应用于局域网络连接终端设备。

1. 根据交换机的端口分类

根据交换机的端口类型可以将交换机分为固定端口交换机和模块化交换机两种。

（1）固定端口交换机 固定端口交换机所拥有的端口数量是固定的，应用最为普及，这种交换机价格相对便宜，因为它只能提供固定数量的端口，因此，多应用于小型网络和桌面交换机。标准的端口数有 8 口、16 口、24 口、48 口等。

（2）模块化交换机 模块化交换机虽然在价格上要贵很多，但拥有更大的灵活性和可扩充性，用户可任意选择不同数量、不同速率和不同端口类型的模块，以适应千变万化的网络需求。而且，模块化交换机大都有很强的容错能力，支持交换模块的冗余备份，并且往往拥有可热插拔的双电源，以保证交换机的电力供应。企业级交换机应考虑其扩充性、兼容性和排错性，因此，应当选用模块化交换机；而骨干交换机和工作组交换机则由于任务较为单一，故可采用简单明了的固定端口交换机。

2. 根据传输协议标准分类

交换机从传输介质和传输协议上可分为以太网交换机、ATM 交换机、FDDI 交换机等。

（1）以太网交换机 以太网交换机是基于以太网传输数据的交换机，依据其传输速率不同，可分为传输速率小于 100Mbit/s 的以太网交换机、传输速率为 100Mbit/s 的快速以太网交换机、传输速率为 1000Mbit/s 的千兆以太网交换机。

（2）ATM 交换机 ATM 交换机是用于 ATM 网络的交换机产品。但由于 ATM 网络独特的技术特性主要广泛用于电信、邮政网的主干网段，因此其交换机产品在市场上很少看到。它的传输介质一般采用光纤，端口类型同样一般有两种：以太网 RJ－45 端口和光纤端口，这两种端口适合与不同类型的网络互联。

（3）FDDI 交换机 FDDI 技术是在快速以太网技术还没有开发出来之前开发的，主要是为了解决当时 10Mbit/s 以太网和 16Mbit/s 令牌网速率的局限。因为它的传输速率可达到 100Mbit/s，所以采用光纤作为传输介质。

3. 依据交换机工作的协议层分类

按照 OSI 的七层网络模型，交换机又可以分为第二层交换机、第三层交换机、第四层交换机等。基于 MAC 地址工作的第二层交换机最为普遍，用于网络接入层和汇聚层。基于 IP 地址和协议进行交换的第三层交换机普遍应用于网络的核心层，也少量应用于汇聚层。部分第三层交换机也同时具有第四层交换功能，可以根据数据帧的协议端口信息进行目标端口判断。第四层以上的交换机称为内容型交换机，主要用于互联网数据中心。

4. 依据是否支持网管分类

按照交换机的可管理性，又可把交换机分为可管理型交换机和不可管理型交换机，它们的区别在于对 SNMP、RMON 等网管协议的支持。可管理型交换机便于网络监控、流量分析，但成本也相对较高。大中型网络在汇聚层应该选择可管理型交换机，在接入层视应用需要而定，核心层交换机则全部是可管理型交换机。

4.1.6 交换机的主要技术参数

局域网交换机是组成网络系统的核心设备，其最主要的技术指标是背板带宽、包转发速率、MAC 地址表大小等，下面介绍交换机主要技术指标。

1. 背板带宽

交换机的背板带宽，是交换机端口处理器或端口卡和数据总线间所能吞吐的最大数据量。背板带宽表示交换机总的数据交换能力，单位为 Gbit/s，也称为交换带宽，一般交换机的背板带宽从几吉比特每秒到上百吉比特每秒不等。一台交换机的背板带宽越高，所能处理数据的能力就越强，但同时设计成本也会越高。模块化交换机一般采用交换矩阵，其背板带宽实际上指的是交换矩阵的总吞吐量。

交换机背板带宽的计算公式为端口数 × 相应端口速率 × 2（全双工模式），如果总带宽≤标称背板带宽，那么交换机在背板带宽上是线速的。

2. 包转发速率

包转发速率又称吞吐量，它体现了交换机的转发能力，目前最流行的交换机称为线速交换机，即交换速率达到传输线路上的数据传输速率，能够最大限度地消除交换瓶颈。包转发速率的衡量标准是以单位时间内发送 64B 的数据包（最小包）的个数作为计算基准的。对于千兆以太网来说，计算方法如下：

$$\frac{\dfrac{1000000000\text{bit/s}}{8\text{bit}}}{(64+8+12)\text{B}}=1488095\text{pps}$$

说明：当以太网帧为 64B 时，需考虑 8B 的帧头和 12B 的帧间隙的固定开销。

(1) 第二层包转发速率　第二层包转发速率 = 千兆端口数量 ×1.488Mpps + 百兆端口数量 ×0.1488Mpps + 其余类型端口数 × 相应的速率，如果这个速率能小于等于标称二层包转发速率，那么交换机在做第二层交换的时候可以做到线速。其中，Mpps（Million packets per second，百万包/秒）为包转发速率的计量单位。

(2) 第三层包转发速率　第三层包转发速率 = 千兆端口数量 ×1.488Mpps + 百兆端口数量 ×0.1488Mpps + 其余类型端口数 × 相应的速率，如果这个速率能小于等于标称三层包转发速率，那么交换机在做第三层交换的时候可以做到线速。

3. MAC 地址表大小

MAC（Media Access Control，介质访问控制）地址是识别 LAN（局域网）节点的标识。

网卡的物理地址通常是由网卡生产厂家烧入网卡的EPROM（一种闪存芯片，通常可以通过程序擦写），它存储的是传输数据时真正标识发出数据的计算机和接收数据的主机的地址。

交换机通过地址学习的功能可以维持一个MAC地址表，该表记录了连接到各端口设备的网卡的物理地址（即MAC地址），MAC地址表越大，交换机能存储的网络设备物理地址越多，越便于快速转发。

4. 延时

交换机的延时（Latency）也称延迟时间，是指从交换机接收到数据包到开始向目的端口发送数据包之间的时间间隔。延时越小，数据的传输速率越快，网络的效率也就越高。

5. VLAN的支持

VLAN，是英文Virtual Local Area Network的缩写，中文名为“虚拟局域网”，VLAN是一种将局域网设备从逻辑上划分成几个子网，从而实现虚拟工作组（单元）的数据交换技术。通过VLAN划分技术，可以灵活地将网络按照管理功能划分为多个虚拟的网络，从而突破地理位置的限制，交换机的VLAN能力是选购交换机的重要技术指标之一。

6. 网络管理功能

交换机的管理功能是指交换机如何控制用户访问交换机，以及用户对交换机的可视程度如何。通常，交换机厂商都提供管理软件或满足第三方远程管理软件。一般的交换机满足SNMP MIB I/MIB II统计管理功能，而复杂一些的交换机会增加通过内置RMON组（mini-RMON）来支持RMON主动监视功能。

7. 生成树（Spanning Tree）

由于交换机实际上是多端口的透明桥接设备，所以交换机也有桥接设备的固有问题——拓扑环问题。交换机采用扩展树协议算法让网络中的每一个桥接设备相互知道，自动防止“拓扑环”现象。交换机通过将检测到的拓扑环中的某个端口断开，来达到消除“拓扑环”的目的，以维持网络中的拓扑树的完整性。在网络设计中，拓扑环常被推荐用于关键数据链路的冗余备份链路选择。所以，带有扩展树协议支持的交换机可以用于连接网络中关键资源的交换冗余。

8. 全双工（Full Duplex）

全双工端口可以同时发送和接收数据，但这要交换机和所连接的设备都支持全双工工作方式。具有全双工功能的交换机具有以下优点：

1）高吞吐量（High Throughput）：两倍于单工模式通信吞吐量。

2）避免碰撞（Collision Avoidance）：没有发送/接收碰撞。

3）突破长度限制（Improved Distance Limitation）：由于没有碰撞，所以不受CSMA/CD链路长度的限制。通信链路的长度限制只与物理介质有关。现在支持全双工通信的网络有快速以太网、千兆以太网和ATM网络。

4.1.7 交换机的级联与堆叠

目前交换机互联及扩展端口主要有两种方法：交换机级联、交换机堆叠。

1. 交换机级联

级联扩展模式是最常规、最直接的一种方式，是以太网互联及扩展端口的主流技术，它通过使用统一的网管平台实现对全网设备的统一管理，如拓扑管理和故障管理等。

1）实现方法：使用普通网线通过普通端口或UpLink口与上级交换机的普通端口或

UPLink 口相连。

2）缺点：占用端口，速度有限，连接端口可能成为传输的瓶颈，并会出现一定延时。

3）级联的结果：在实际的网络中，它们仍然各自工作，仍然是两个独立的交换机。

4）需要注意的问题：交换机不能无限制级联，超过一定数量的交换机进行级联，最终会引起广播风暴，导致网络性能严重下降。

5）使用普通端口级联：通过交换机的某一个常用端口（如 RJ－45 端口）进行连接，如图 4-1a 所示。

6）使用 Uplink 端口级联：通过直通双绞线将该端口连接至其他交换机上除 Uplink 端口外的任意端口即可（注意，并不是 Uplink 端口的相互连接），如图 4-1b 所示。

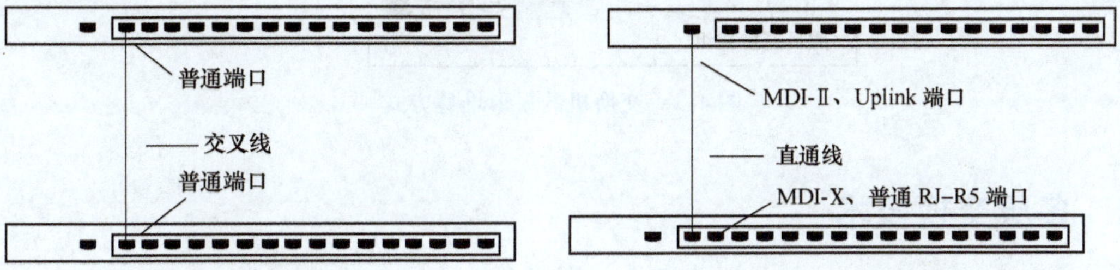

a) 普通端口级联　　b) Uplink 端口级联

图 4-1　交换机的级联方式

2. 交换机堆叠

交换机的堆叠是扩展端口最快捷、最便利的方式，同时堆叠后的带宽是单一交换机端口速率的几十倍。但是，并不是所有的交换机都支持堆叠，这取决于交换机的品牌、型号是否支持堆叠，并且还需要使用专门的堆叠电缆和堆叠模块，还要注意同一堆叠中的交换机必须是同一品牌。堆叠技术最大的优点就是提供简化的本地管理，将一组交换机作为一个对象来管理，堆叠的方式根据实际情况可以分为菊花链式堆叠方式（见图 4-2）和星形堆叠方式（见图 4-3）。

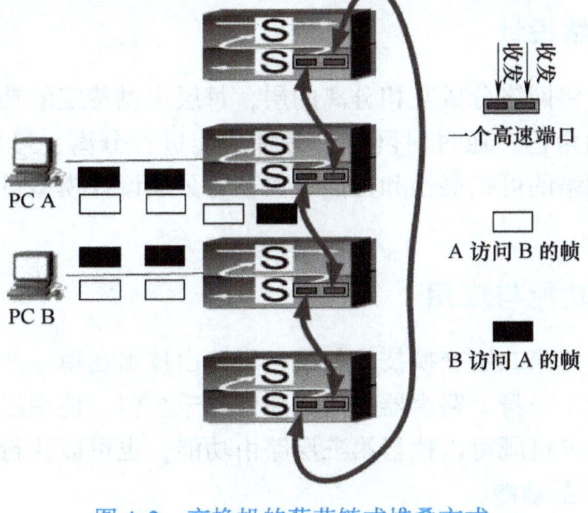

图 4-2　交换机的菊花链式堆叠方式

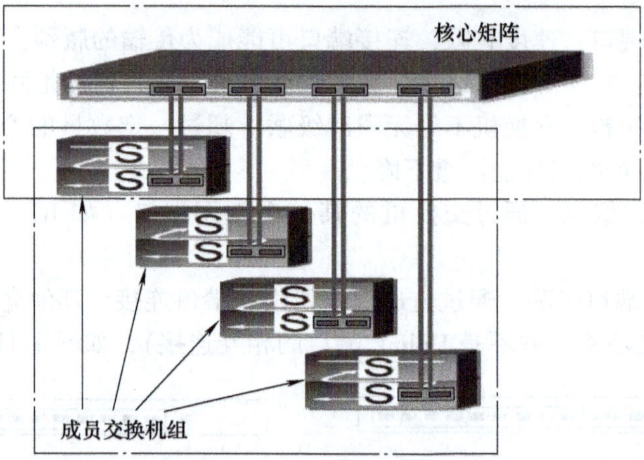

图 4-3 交换机的星形堆叠方式

4.2 多层交换技术

多层交换（也被称为第三层交换技术或 IP 交换技术）是相对于传统交换概念而提出的。众所周知，传统的交换技术是在 OSI 网络标准模型中的第二层——数据链路层进行操作的，而多层交换技术是在网络模型中的第三层实现了数据包的高速转发。简单地说，多层交换技术就是：第二层交换技术+第三层转发技术。

4.2.1 多层交换技术的实现

多层交换技术的出现，解决了局域网划分子网之后必须通过路由器实现互联的问题，多层交换机是将交换与路由功能有机结合，形成一个集成的、完整的解决方案。

在交换网络中，尤其是大规模的交换网络，没有路由功能是不可想象的。然而路由器的处理能力又限制了交换网络的速度，多层交换就解决了这一问题。

4.2.2 层次化的网络设计

分层网络设计需要将网络分成互相分离的层，每层提供特定的功能，这些功能界定了该层在整个网络中扮演的角色。通过对网络的各种功能进行分离，可以实现模块化的网络设计，这样有利于提高网络的可扩展性和性能。典型的分层设计模型可分为三层：接入层、分布层和核心层。

4.2.3 多层交换机功能与应用

多层交换技术是传统第二层交换技术与第三层路由技术在单一产品中的简单结合，集二层交换和三层路由功能于一身。路由器一般只能传几千个包，使用三层交换，可以达到几百万个包的传输。多层交换机既可以执行第三层路由功能，也可以执行第二层交换功能。

1. 多层交换机的主要功能

多层交换机和路由器之间的区别在于多层交换机也具有路由功能，与传统路由器的路由功能总体上是一致的。不过虽然多层交换机与路由器都具有路由功能，但不具有路由器的安全管理和流量控制功能。多层交换机是具备了一些基本的路由功能的交换机，它的主要功能仍是数据交换。也就是说它同时具备了数据交换和路由转发两种功能，但其主要功能还是数据交换。

2. 多层交换机的应用

随着我国企业网、校园网以及小区宽带建设的迅速发展，多层交换机再次找到了新的市场增长点，它的应用也从最初的骨干层、汇聚层一直渗透到边缘的接入层。在小区宽带网络建设中，多层交换机一般被放置在小区的中心和多个小区的汇聚层。

4.3　配置交换机实现交换网络

4.3.1　物理连接

交换机通过 Console 端口连接计算机，并通过超级终端软件进行配置和管理。

无论交换机采用 DB-9 串行端口，还是采用 RJ-45 端口，都需要通过专门的 Console 线连接至配置用计算机（通常称作终端）的串行口。

4.3.2　交换机的配置方式

对交换机进行配置有以下两种常见方式：本地控制台登录方式、远程配置方式。

1. 本地控制台登录方式

控制台使用低速串行连接线将计算机或终端直接连接到交换机的控制台端口。控制台端口是一种管理端口，当设备没有配置网络服务时也可访问该端口，是进行设备初始配置的端口。所以，控制台端口经常用于在网络服务未启动或发生故障时访问设备。

通过超级终端连接到交换机的方法和路由器一样，请参考第 3 章的 3.5.2 节。通过超级终端连接到交换机后，显示图 4-4 所示的配置 CLI 模式。

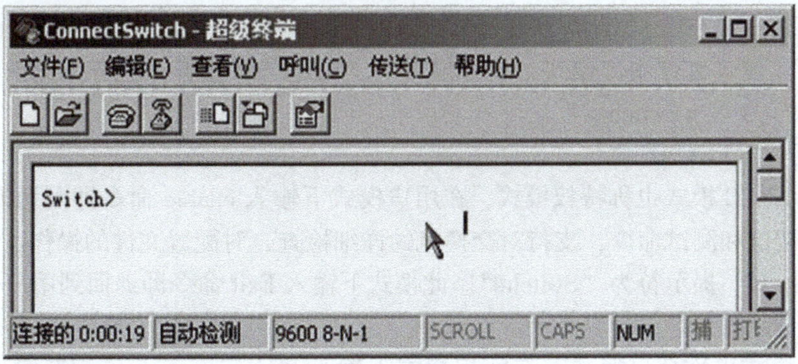

图 4-4　通过超级终端访问交换机

2. 交换机的远程配置方式

通过 Telnet 连接到路由器是远程访问 CLI 会话的方法之一。Telnet 会话需要使用设备上的活动网络服务，这一点与控制台会话不同。通过 Telnet 会话的网络设备至少必须具有一个活动端口，且该端口必须配置 IPv4 网络地址。

利用 Telnet 登录的步骤如下：

第 1 步：通过 Console 口正确配置以太网交换机管理 VLAN 端口的 IP 地址。

第 2 步：运行 Telnet 客户端的主机需要访问思科设备上运行的 VTY 会话，所以需要在交换机上配置登录名和口令。

第 3 步：建立配置环境，将 PC 以太网口通过 RJ－45 双绞线（直通线）与以太网交换机管理 VLAN 下的以太网端口连接，确保 PC 和管理 VLAN 端口之间路由可达。

第 4 步：在 PC 上运行 Telnet 程序，输入交换机管理 VLAN 的 IP 地址。

终端上显示“User Access Verification”，并提示用户输入已设置的登录 Password 口令，口令输入正确后则出现命令行提示符，登录到交换机即可进行配置了，如图 4-5 所示。

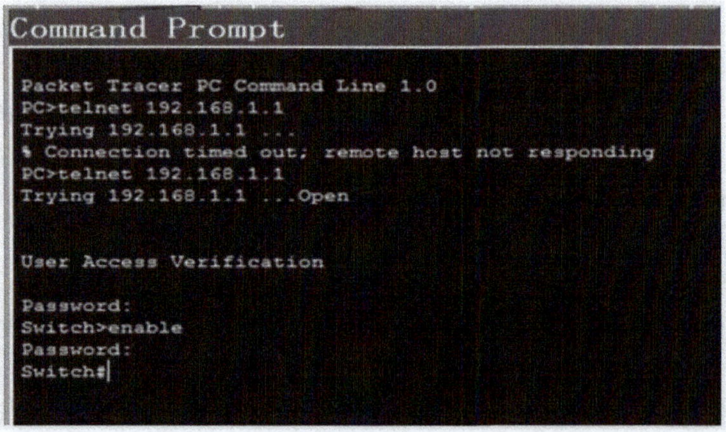

图 4-5 远程登录交换机

4.3.3 交换机的配置模式与模式之间的切换

交换机的配置模式与路由器一样有四种模式，通过相关的命令可以相互切换。

1. 用户 EXEC 模式

用户 EXEC 模式也称用户模式，这种模式下，用户只能查看一些有关交换机的信息，不能更改，提示符为“<Switch>”。

2. 特权用户 EXEC 模式

特权用户 EXEC 模式也称特权模式，在用户模式下输入 enable 命令即可切换到特权模式，这种模式支持调试和测试命令，支持对交换机的详细检查、对配置文件的操作，并且可以由此进入全局配置模式，提示符为“Switch#”。此模式下输入 Exit 命令即退回到用户模式。

3. 全局配置模式

全局配置模式也称全局模式，在特权模式下输入“configure terminal”命令即可进入全局配置模式，这种模式提供了强大的单行命令，可以完成简单的配置任务，提示符为“Switch（config）#”。在全局配置模式输入 Ctrl＋Z、Exit、End 命令可以退回到特权模式。

4. 特殊配置模式

特殊配置模式也称端口配置模式，其中端口可以是网络端口、控制台端口、线路模式端口、VLAN 管理端口。提示符如下：

用“interface ”命令+端口号可进入以太网端口模式：Switch（config-if）#

用“interface vlan”命令+VLAN 管理端口号进入 VLAN 管理端口模式：Switch（config-if）#

用“line console 0”命令进入控制台端口模式：Switch（config-line）#

用“line vty 0 4”命令进入虚拟终端模式：Switch（config-line）#

用“vlan vlan number”命令进入 Vlan 配置模式：Switch（vlan）#

以上特殊配置模式下，使用 Ctrl+Z、End 命令可退回到特权模式，使用 Exit 命令可以退回到全局模式。

4.4 交换机基本配置命令

1. 交换机命名

交换机出厂初始配置时，其主机名默认为 Switch，作为网络管理员，应该依据交换机在网络中的位置及管理的内容对交换机进行命名，以方便后面的网络管理。交换机命名的操作必须在全局配置模式下进行，结果如图 4-6 所示。

图 4-6 交换机命名

switch（config）# hostname 交换机主机名 /此处的主机名为 hostname 命令的参数

2. 交换机重新启动

用命令可以将交换机重新启动，但操作必须在特权模式下进行：

switch# reload

3. 允许使用 Web 方式查询和管理交换机

switch（config）# ip http server

4. 禁止使用 Web 方式查询和管理交换机

switch（config）# no ip http server

5. 配置交换机管理 IP 地址

交换机的管理 IP 地址可以让网络管理员通过 Telnet 或网络管理软件等方式远程管理该交换机。配置交换机的 IP 地址命令如图 4-7 所示。

6. 查看交换机管理接口的 IP 地址信息

switch# show ip interface

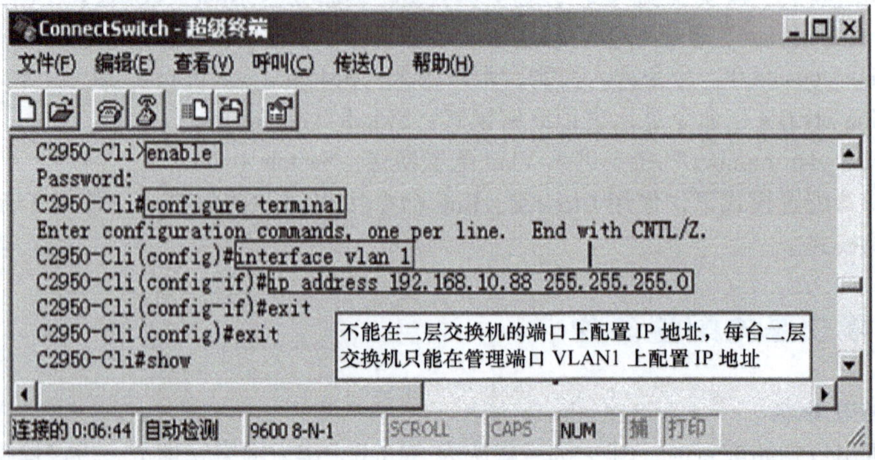

图 4-7 配置交换机的 IP 地址

7. 设置端口为 100Mbit/s 全双工

Switch（config）# interface F0/0 /模块号/端口号

Switch（config-if）# speed 100

Switch（config-if）# duplex full

Switch（config-if）# description /端口描述字符串

8. 激活与关闭端口

Switch（config）# interface F0/0 /模块号/端口号

Switch（config-if）# shutdown

Switch（config-if）# no shutdown

9. 设置交换机控制台端口登录密码

Switch（config）# line console 0

Switch（config-line）# login

Switch（config-line）# password 登录密码字符串 /此密码用于登录交换机

例如：设备交换机的控制台端口密码为 Console123，命令如下：

Switch（config-line）# password Console123

10. 配置交换机虚拟登录端口（即设置 Telnet 登录密码）

Switch（config）# line vty 0 15

Switch（config-line）# password 登录密码字符串

Switch（config-if）# login

例如：设备交换机的虚拟终端密码为 Vty123，命令如下：

Switch（config-line）# password Vty123

11. 在 PC 上远程 Telnet 登录交换机（必须事先设置交换机管理端口的 IP 地址和虚拟终端的登录密码）

C >telnet 交换机管理端口 IP 地址

例如：交换机管理端口的 IP 地址为 192.168.1.1，登录命令如下：

C >telnet 192.168.1.1 /输入此命令后系统显示如下信息：

```
User Access Verification
Password:                              //要求输入交换机的虚拟终端登录密码
```

12. 查看交换机运行配置文件

Switch# show running-config

13. 查看交换机启动配置文件

Switch# show startup-config

14. 将运行配置文件保存

Switch# copy running-config startup-config

15. 设置交换机 enable 密码和 secret 密码（两者都设时，secret 密码生效）

Switch（config）# enable password *密码字符串* //此密码优先级低

Switch（config）# enable secret *密码字符串* //此密码优先级高

16. show 命令集

Switch# show version //显示交换机操作系统版本信息

Switch# show vlan //显示 VLAN 设置信息

Switch# show interface //显示交换机所有端口信息

Switch# show int vlan 1 //显示 VLAN1 的信息

Switch# show interface F0/1 //显示 F0/1 端口的信息

Switch# show running-config //显示正在运行的配置文件

Switch# show startup-config //显示已经保存的配置文件

Switch# show mac-address-table //显示 MAC 地址表

Switch# show spanning-tree //显示交换机生成树相关信息

17. 配置交换机的默认网关

如果想利用交换机远程管理另一网段的交换机，就必须在双方交换机上设置默认网关，表示交换机将无法转发的数据帧转发到默认网关地址。

Switch（config）# ip default-gateway 默认网关地址

例如：交换机的默认网关为 192.168.1.254，配置命令如下：

Switch（config）# ip default-gateway 192.168.1.254

本章小结

交换机是局域网组网必备的网络设备之一，是工作在数据链路层的互联网设备。交换机可根据不同的技术指标进行分类，依据支持的协议可划分为以太网交换机、ATM 交换机和 FDDI 交换机；而根据支持的网络规模可以划分为企业级交换机和工作组级交换机；根据工作层的不同，可以划分为二层、三层、四层交换机；根据其数据包的转发方式可分为直通式、存储转发、碎片隔离式三种方式。交换机具有地址学习、帧转发和过滤、环路避免的基本功能，其主要技术指标为背板带宽、包转发速率、MAC 地址表大小等。对交换机的访问可以是本机访问，也可以是远程登录方式。交换机提供了用户模式、特权模式、全局配置模式和端口配置模式四种配置方式，用户可以根据配置内容和要求不同进行交换机的配置，也可以通过给交换机配置登录口令强加交换机的安全管理。

本章习题

一、选择题

1. 接入层 LAN 交换机使用 OSI 模型的哪一层做出转发决定？(   )

A. 第一层　　B. 第二层　　C. 第三层　　D. 第四层

2. 当交换机接收帧时，如果在交换表中找不到源 MAC 地址，交换机会采取什么措施来处理该传入帧？(   )

A. 交换机会请求发送节点重新发送该帧。

B. 交换机会发出一个 ARP 请求以确认源设备是否存在。

C. 交换机会将源 MAC 地址映射到收到帧的端口上。

D. 交换机会向此传入帧的源 MAC 地址发送确认帧。

3. 下列关于第二层交换机的说法中哪两项正确？(   )

A. 第二层交换机可阻止广播。

B. 第二层交换机有多个冲突域。

C. 第二层交换机在不同网络间路由通信。

D. 第二层交换机可减少广播域的数量。

E. 第二层交换机可根据目的 MAC 地址发送通信。

4. 哪种命令行界面（CLI）模式允许用户配置诸如主机名和口令等交换机参数？(   )

A. 用户模式　　B. 特权模式

C. 全局配置模式　　D. 端口配置模式

5. 如果网络管理员在交换机上输入以下命令，会有什么结果？(   )

Switch1（config-line）#line console 0

Switch1（config-line）#password　cisco

Switch1（config-line）#login

A. 采用口令 cisco 来保护控制台端口，通过将可用的线路数指定为 0 来拒绝用户访问控制台端口。

B. 通过提供所需的口令来访问线路配置模式。

C. 配置用于远程访问的特权执行口令。

D. 配置用于虚拟终端的访问口令。

6. 下列关于执行模式口令的说法中哪两项正确？(   )

A. 使能加密口令命令采用明文存储所配置的口令。

B. 使能加密口令命令的安全性比使能口令高。

C. 使能口令和使能加密口令用于保护对特权模式的访问。

D. 需要采用命令 service password-encryption 来加密使能加密口令。

E. 最佳做法是要求同时配置并使用使能口令和使能加密口令。

7. 以下哪个选项表示用于思科路由器初始配置的主端口？(   )

A. AUX 端口　　B. 以太网端口　　C. 串行端口　　D. 控制台端口

8. 网络管理员与路由器建立远程 CLI 连接并对其实施管理时，需要确保用户 ID、口令

和会话内容的保密性，应该选择哪种访问方法？（　　）

A. Telnet　　B. 控制台　　C. AUX　　D. SSH

9. 一位技术人员必须通过要求提供口令来确保交换机特权模式的安全，哪种类型的口令能满足此类登录的需要并可视为最安全的口令？（　　）

A. 控制台口令　　B. 使能口令　　C. 使能加密口令　　D. VTY 口令

10. 哪种口令在创建时自动加密？（　　）

A. VTY 口令　　B. 控制台口令　　C. 使能加密口令　　D. 使能口令

二、操作实训题

1. 将交换机的 0 ~ 3 号虚拟终端线路密码设置为 cisco123。
2. 配置交换机 IP 地址信息，使得用户可以通过 Telnet 进行访问。

本章实训——使用交换机连接和管理局域网

1. 实训目的

通过本项目实训，掌握交换机的基本配置命令，如设置交换机名称、口令、IP 地址、子网掩码、默认网关、端口速率及双工模式等。

2. 实训内容

设置交换机的名称。

设置交换机的口令。

设置交换机的 IP 地址、子网掩码和默认网关。

设置交换机的端口描述、速率和双工模式。

3. 实训网络拓扑

根据图 4-8 所示网络拓扑图，按实训内容的要求，配置交换机的基本信息。

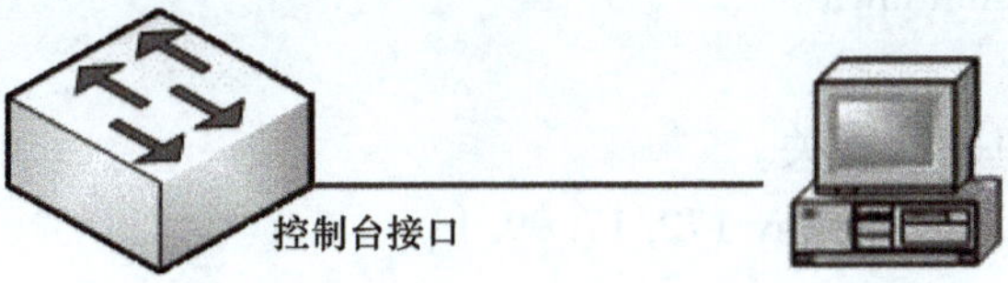

图 4-8　交换机基本配置拓扑图

4. IP 地址规划

设　备	端　口	IP 地址	子网掩码	默认网关
PC1	网卡	172.17.99.21	255.255.255.0	172.17.99.11
S1	VLAN99	172.17.99.11	255.255.255.0	172.17.99.1

5. 实训步骤

步骤 1：进入特权模式。

```
Switch > enable
Switch#
```

步骤 2：为交换机指定名称。

```
Switch#configure terminal
Switch（config）#hostname S1
S1（config）#exit
```

步骤 3：设置访问口令。

```
S1#configure terminal
S1（config）#line console 0
S1（config-line）#password cisco
S1（config-line）#login
S1（config-line）#line vty 0 4
S1（config-line）#password cisco
S1（config-line）#login
S1（config-line）#exit
S1（config）#
```

步骤 4：设置命令模式口令。

```
S1（config）#enable secret class
```

步骤 5：配置交换机的 IP 地址。

在内部虚拟端口 VLAN99 上将交换机的 IP 地址设置为 172. 17. 99. 11，子网掩码为 255. 255. 255. 0。首先必须在交换机上创建 VLAN，然后才能分配地址。

```
S1（config）#vlan 99
S1（config-vlan）#exit
S1（config）#interface vlan 99
S1（config-if）#ip address 172. 17. 99. 11 255. 255. 255. 0
S1（config-if）#no shutdown
S1（config-if）#exit
```

步骤 6：设置交换机默认网关。

```
S1（config）#ip default-gateway 172. 17. 99. 1
S1（config）#
```

步骤 7：设置交换机的端口描述、速率和双工模式

```
S1（config）#interface f0/1
S1（config-if）#description link-pc
S1（config-if）#speed 100
S1（config-if）#duplex full
S1（config-if）#end
```

第5章 虚拟局域网技术

5.1 VLAN 基础

5.1.1 VLAN 概述

VLAN（Virtual Local Area Network）的中文名为虚拟局域网。VLAN 是一种将局域网设备，从逻辑上划分成多个网段，从而实现虚拟工作组的新兴数据交换技术。VLAN 技术是为解决交换式网络中的广播问题而开发的，局域网（LAN）通常被定义为一个单独的广播域，设备越多，产生的广播流量越多，从而极大地消耗了网络带宽资源，甚至在整个网络内产生广播风暴。VLAN 技术的出现，解决了交换机在进行局域网互联时无法限制广播的问题，从而不用改变网络的物理结构也可以实现不同网段的划分。VLAN 技术可以在保持原有网络物理结构不变的情况下把一个 LAN 划分成多个逻辑的 LAN——VLAN，每个 VLAN 是一个广播域，VLAN 内的主机间通信就和在一个 LAN 内一样，而 VLAN 间则不能直接互通，这样，广播报文被限制在一个 VLAN 内，从而实现了逻辑上网段的划分。VLAN 除了能将网络划分为多个广播域，从而有效地控制广播风暴的发生，以及使网络的拓扑结构变得非常灵活的优点外，还可以用于控制网络中不同部门、不同站点之间的互相访问。

5.1.2 VLAN 的优点

1. 防范广播风暴

VLAN 将网络划分成不同的逻辑上的网段，可将广播风暴限制在一个 VLAN 内部，避免影响其他网段，从而解决了因大量广播信息带来带宽消耗的问题。使用 VLAN，可以将某个交换端口或用户赋予某一个特定的 VLAN 组，该 VLAN 组可以在一个交换网中也可以跨接多个交换机，在一个 VLAN 组中的广播不会送到该 VLAN 组之外。同样，相邻的端口不会收到其他 VLAN 组产生的广播。这样可以减少广播流量，释放带宽给用户应用，避免广播风暴的产生。

2. 提高网络安全

通过 VLAN 的划分，可以增强局域网的安全性，含有敏感数据的用户组可与网络的其余部分隔离，从而降低泄露机密信息的可能性。不同 VLAN 内的报文在传输时是相互隔离的，即一个 VLAN 内的用户不能和其他 VLAN 内的用户直接通信，如果不同 VLAN 要进行通信，则需要通过路由器或三层交换机等三层设备，从而提高了网络的整体性能和安全性。

3. 升级和管理成本降低

当网络升级时，不需要对物理网络重新架构，甚至不用增加网络设备，利用虚拟网络技术进行子网的划分和网络的升级，使现有带宽和上行链路的利用率更高，大大减轻了网络管理和维护工作的负担，节约硬件升级的成本，降低了网络维护的成本。

4. 提高网络性能

将局域网划分为多个逻辑工作组（广播域）可以减少网络上不必要的流量并提高性能。

5. 简化应用管理

一个 VLAN 可以根据部门职能、对象组或者应用将不同地理位置的网络用户划分为一个逻辑网段。在不改动网络物理连接的情况下可以任意地将主机在工作组的不同子网之间移动。

6. 增加了网络连接的灵活性

借助 VLAN 技术，能将不同地点、不同子网的不同用户组合在一起，形成一个虚拟的网络环境，就像使用本地 LAN 一样方便、灵活、有效。

VLAN 将用户和网络设备聚合到一起，以支持商业需求或地域上的需求，使职能划分、项目管理或特殊应用的处理都变得十分方便，例如可以轻松管理在同一部门而在不同物理位置办公的员工。此外，也很容易确定升级网络服务的影响范围。

5.1.3 VLAN 的划分

VLAN 的划分可依据不同原则，一般有以下四种划分方法：

1. 基于端口的 VLAN 划分

许多企业都利用交换机的端口来划分 VLAN 成员，被设定的端口都在同一个广播域中。这种划分是把一个或多个交换机上的几个端口划分为一个逻辑组，是最简单、最有效的划分方法。该方法只需网络管理员对网络设备的交换端口进行重新分配即可，而不用考虑该端口所连接的设备。

需要注意的是，不仅可以将同一交换机的不同端口划分为同一 VLAN，还可以设置跨越交换机的 VLAN，即将不同交换机的不同端口划分至同一 VLAN，这就完全解决了位于不同物理位置、连接至不同交换机中的用户如何使之处于同一 VLAN 的难题。

以交换机端口来划分网络成员，其配置过程简单明了。因此，这种根据端口来划分 VLAN 的方式仍然是最常用的一种方式。

2. 基于 MAC 地址的 VLAN 划分

这种划分 VLAN 的方法是根据每个主机的 MAC 地址来划分，即对每个 MAC 地址的主机都配置它属于哪个组。优点就是当用户物理位置移动，即从一个交换机换到其他的交换机时，VLAN 不用重新配置。缺点是初始化时，所有的用户都必须进行配置，如果有几百个甚至上千个用户的话，配置的工作量将非常大。而且这种划分的方法也降低了交换机执行效率，因为在每一个交换机的端口都可能存在很多个 VLAN 组的成员，这样就无法限制广播包。随着网络规模的扩大，网络设备、用户的增加，则会在很大程度上加大管理的难度。

3. 基于第三层的 VLAN 划分

这种方法是根据每个主机的网络层地址或协议类型划分的，该方式允许一个 VLAN 跨越多个交换机，或一个端口位于多个 VLAN 中。这种方法的优点是用户的物理位置改变时，不需要重新配置所属的 VLAN，而且可以根据协议类型来划分 VLAN。这种方法的缺点是效率低，因为检查每一个数据包的网络层地址是需要消耗处理时间的。

4. 基于 IP 组播划分

IP 组播实际上也是一种 VLAN 的定义，即认为一个组播组就是一个 VLAN，这种划分的方法将 VLAN 扩大到了广域网，因此这种方法具有更大的灵活性，而且也很容易通过路由器进行扩展，当然这种方法不适合局域网，主要是效率不高。

5.1.4 VLAN 的实现

在进行 VLAN 划分时，从实现机制和策略来看，VLAN 可以分为静态 VLAN 和动态 VLAN。

1. 静态 VLAN

静态 VLAN 是指由网络管理员根据交换网络中 VLAN 划分的具体需求，对交换机的端口进行 VLAN 的划分。在基于端口的 VLAN 中，端口到 VLAN 的映射是手工配置的，指定哪些端口与特定的 VLAN 相关联，从而在每台交换机上实现端口和 VLAN 的映射。这种端口和 VLAN 的映射只有本地有效，交换机之间不共享这一信息。当交换机上某个端口分配给了某个 VLAN 之后，它将一直保持不变，直到管理员变更端口 VLAN 的分配。静态 VLAN 实现方式是现在最常见也是最简单的，网络的可监控性强，灵活性差，当主机在网络中的位置发生变化时，必须由管理员重新配置交换机的端口，静态 VLAN 的配置适合于网络拓扑相对固定的环境。

2. 动态 VLAN

动态 VLAN 是根据终端用户的 MAC 地址、逻辑地址（IP 地址）或数据包协议，决定交换机的端口属于哪一个 VLAN。

例如，基于 MAC 地址的动态 VLAN 划分，交换机将维护一个 MAC 地址与 VLAN 映射的 VLAN 管理数据库，当主机接入到交换机的端口时，交换机将会检测该主机的 MAC 地址信息，并查找 VLAN 管理数据库中的 MAC 地址表项，并根据数据库中的表项内容动态分配相应交换机的端口。

动态 VLAN 配置的优点是只要用户的应用性质不变，并且用户使用的主机地址不变，则用户在网络中移动时，并不需要对网络进行额外的配置和管理，从而简化了管理员的管理工作。

5.2 VLAN 的配置

5.2.1 创建与管理 VLAN

VLAN 一方面为了避免当一个网络系统的设备数量增加到一定规模后，大量的广播报文消耗大量的网络带宽，从而影响有效数据的传递；另一方面也是一种确保部分安全性比较敏感的部门不被随意访问的划分相互隔离的子网的方法。

VLAN 是为解决以太网的广播问题和安全性而提出的一种协议，一个 VLAN 是一个独立的设备或者用户的逻辑组，是一个独立的逻辑网络、单独的广播域。它在以太网帧的基础上增加了 VLAN 头，用 VLAN ID 把用户划分为更小的工作组，限制不同工作组间的用户互访，每个工作组就是一个虚拟局域网。

1. 创建 VLAN 的命令

创建一个 VLAN 必须在全局配置模式下进行，具体步骤如下：

Switch#configure terminal /步骤 1：进入到全局配置模式

Switch（config）#vlan *vlan-id* /步骤 2：添加一个 VLAN

vlan-id 是要创建的 VLAN 号，*vlan-id* 的范围是 1～4094。在此，如果输入的是一个新的 *vlan-id*，则交换机会创建一个编号为 *vlan-id* 的 VLAN；如果输入的是已经存在的 *vlan-id*，则修改相应的 VLAN。

Switch（config-vlan）#name vlan-name /步骤 3：在 VLAN 配置模式下，为 VLAN 命名

Switch（config-vlan）#end /步骤 4：返回到特权模式

2. 分配端口

为 VLAN 分配端口的步骤如下：

Switch（config）#interface *interface-id* /进入到端口模式

interface-id 是要加入到某 VLAN 中的端口号，如果要将多个端口同时加入 VLAN，使用 interface range 命令：

Switch（config）#interface range *interface-id interface-id* /输入起始端口号和结束端口号，则可以将连续的多个端口加入到同一 VLAN 中

Switch（config-if）#switchport mode accees /定义端口为访问模式

Switch（config-if）#switchport accees vlan *vlan-id* /将端口加入到 VLAN 中

3. 删除 VLAN

Switch（config）#no vlan *vlan-id*

4. 查看交换机 vlan 配置

show vlan 命令用于查看当前交换机配置的 VLAN 个数、VLAN 号、VLAN 名称、VLAN 状态和每个 VLAN 所包含的端口号。

Switch#show vlan

5.2.2 VLAN 配置实例

VLAN 配置实例拓扑如图 5-1 所示，将交换机的 F0/1 端口加入 VLAN100 中，将 F0/2 端口加入 VLAN200 中。

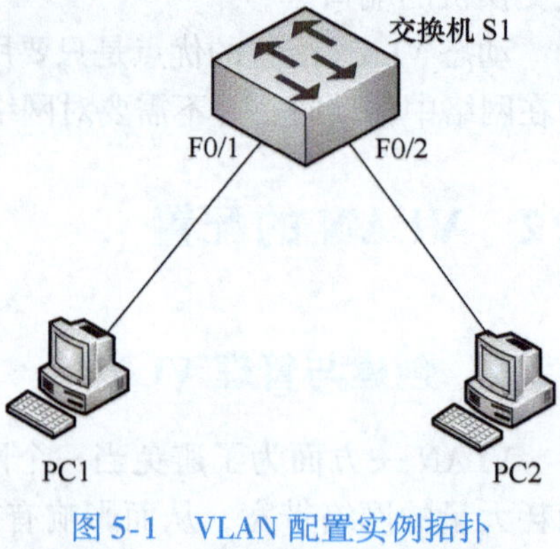

图 5-1 VLAN 配置实例拓扑

配置命令如下：

（1）创建两个 VLAN 并命名

Switch >

Switch >enable

Switch# configureterminal

Enterconfigurationcommands, oneperline. EndwithCNTL/Z.

Switch（config）#hostname S1 /将交换机命名为 S1

S1（config）#vlan 100 /创建一个 VLAN 编号 100

S1（config-vlan）#name SOFT /将创建的 VLAN 命名为 SOFT

```
S1 (config-vlan) #exit
S1 (config) #vlan  200                          /给交换机添加一个 VLAN200
S1 (config-vlan) #name  NETWORK                 /给 VLAN200 命名为 NETWORK
S1 (config-vlan) #exit
```

(2) 将端口划分给相应的 VLAN

```
S1 (config) #interface  F0/1                    /进入交换机端口 F0/1
S1 (config-if) #switchport  mode  access        /设置端口为访问模式
S1 (config-if) #switchport  access  vlan 100    /设置端口允许访问 VLAN100
S1 (config-if) #exit
S1 (config) #interface  F0/2                    /进入交换机端口 F0/2
S1 (config-if) #switchport  mode  access        /设置端口为访问模式
S1 (config-if) #switchport  access  vlan 200    /设置端口允许访问 VLAN200
S1 (config-if) #end
S1#
```

交换机 VLAN 配置完成后，管理员可以通过相关的命令查看 VLAN 配置的相关信息，明确配置的正确性，命令如下：

```
S1# Show vlan                                   /查看交换机上所有的 VLAN 信息
S1# Show vlan  id 100                           /查看交换机上 VLAN100 的信息
S1# Show vlan  id 200                           /查看交换机上 VLAN200 的信息
```

说明：

1）默认情况下，交换机出厂时，会自动创建 VLAN1，所有交换机的端口默认属性为 VLAN1，用户不能创建或删除 VLAN1。

2）交换机可以支持的 VLAN 数量取决于交换机的硬件配置和型号，不同的交换机可能支持不同的 VLAN 数。

5.3 VLAN 中继协议

5.3.1 VLAN 中继协议概述

VLAN 中继协议（VLAN Trunking Protocol，VTP）是一种用来使 VLAN 配置信息在交换机网内部其他交换机上进行动态注册的二层协议。VTP 提供了一种用于管理网络上全部 VLAN 的简化方法，它允许网络管理员从 VTP 服务器上对网络中所有 VLAN 的增加、删除、重命名等进行管理。在 VTP 服务器上配置一个新的 VLAN 信息时，该信息将自动传播到网络中本域内的所有交换机上，从而减少了在多台设备上配置相同信息的重复工作量，从而简化了网络管理的工作。

VTP 还提供一种映射方案，使通信流能跨越混合介质的骨干网。VTP 最重要的作用是，将进行变动时可能会出现的配置不一致性降至最低。VTP 利用第二层中继帧，在一组交换机之间进行 VLAN 通信。VTP 从一个中心控制点开始，维护整个企业网上 VLAN 的添加和重命名工作，确保配置的一致性。

5.3.2 VLAN 中继的作用

VLAN 中继也称 VLAN Trunk（其中 Trunk 是端口汇聚的意思，也称中继链路），其主要作用是通过一条配置为 Trunk 的链路，使不同交换机之间的相同 VLAN 实现通信，VLAN Trunk 的主要作用如下：

1. 连接不同交换机之间的相同 VLAN

在实际的企业环境中，需要使用多台交换机连接网络，每台交换机都划分不同的 VLAN。VLAN 中继的作用是通过在不同交换机之间的中继链路上配置 Trunk 协议，实现不同交换机之间相同 VLAN 的通信。

2. 承载所有的 VLAN 通信

当多个 VLAN 分别划分在不同的交换机时，可以将交换机之间的一条链路配置为中继链路，并承载所有的 VLAN 通信。

5.3.3 VLAN 标识

一个中继链路可以传送多个 VLAN，当交换机在一条中继链路上发送帧时，就会在每个帧的帧头放置一个唯一标识 VLAN 的 ID 标识号，当对方交换机收到这个帧时，就检查这个帧的 VLAN 标识号，根据标识号来判断该帧属于哪个 VLAN，并根据帧的 VLAN 标识，将来自一个交换机某 VLAN 的数据，送到另一个交换机的相同 VLAN 上去。VLAN 标识的方法有两种：ISL 和 IEEE 802.1Q。

1. ISL

ISL（Inter-Switch Link Protocol）是交换机间链路协议的英文缩写，它是思科私有的标记方法，仅用于思科设备间的数据封装，主要用于维护交换机和路由器间的通信流量等 VLAN 信息。ISL 通过把帧标记信息添加在每个帧的帧头和帧尾来进行帧的标识，加在帧头部的信息，长度为 26B，VLAN ID 信息包含在其中。加在帧尾部的信息，长度为 4B，以进行循环冗余校验。ISL 用于实现交换机间的 VLAN 中继。它是一个信息包标记协议，在支持 ISL 端口上发送的帧由一个标准以太网帧及相关的 VLAN 信息组成。

2. IEEE 802.1Q

IEEE 802.1Q 协议（即 Virtual Bridged Local Area Networks，虚拟桥接局域网）又称“虚拟局域网”协议，主要规定了 VLAN 的实现。IEEE 802.1Q 协议为标识带有 VLAN 成员信息的以太帧建立了一种标准。IEEE 802.1Q 标准定义了 VLAN 网桥操作，从而允许在桥接局域网结构中实现定义、运行以及管理 VLAN 拓扑结构等操作。

IEEE 802.1Q 是共有的标记方法，所有厂商的设备都支持。IEEE 802.1Q 是一个中继标准，与 ISL 中继不同，ISL 用 ISL 帧头和帧尾封装。802.1Q 中继支持两种帧：标记的和未标记。未标记的帧中不携带任何 VLAN 标识信息，是一个普通的以太网帧。在 802.1Q 已标记的帧中，将一个标记字段的 4B 字节插入原始的以太网帧中，并且原始帧的 FCS（检验和）也根据这些变化而重新计算。进行标记的目的是帮助其相连的交换机将帧置于源 VLAN 之中。

3. ISL 和 IEEE 802.1Q 的区别

ISL 是思科的一个私有协议，与 EIGRP 协议一样，只有思科的设备才能够使用，与其他厂商不兼容。IEEE 802.1Q 是工业标准，所有的厂商都能够使用，比如 H3C、思科、华为、锐捷等。

封装方式不一样：IEEE 802.1Q 是在不破坏原数据帧的情况下在中间插入了区分 VLAN 的信息；而 ISL 相当于在外面再打了一层包，在原数据帧的头尾都加了东西。

因为封装的形式不同，导致 ISL 与没有做 ISL 封装的普通数据帧无法通信；而 IEEE 802.1Q 没有破坏原数据帧结构，所以 IEEE 802.1Q 可以与没有做 Trunk 封装的标准数据帧兼容，正常通信。

5.3.4 VLAN 中继的配置

对 ISL 和 IEEE 802.1Q 的 Trunk 配置要视交换机的操作系统而定，用户可以指定中继链路使用 ISL 封装、IEEE 802.1Q 封装或自动协商封装类型。Trunk 自动协商是由动态中继协议 DTP（Dynamic Trunking Protocol）管理的，DTP 是思科私有协议，只能用于交换机之间的中继链路，不能用于交换机和路由器之间的中继链路。DTP 的作用是点对点端口的中继模式的协商，通过协商，最终确定某端口是否能成为中继端口。DTP 支持自动协商的 Trunk 类型，协商方式可以是 ISL 或 IEEE 802.1Q。

1. 动态中继协议的状态

非协商状态（Nonegotiate）：使端口成为永久的中继端口。由于端口不使用 DTP 信息帧进行通信，因此不会有协商发生。必须手工将邻接端口设成 Trunk 端口，以建立中继链路。

主动尝试（Desirable）：将链路转换为中继链路。如果相邻端口被设置成为 On、Desirable 或 Auto，则本端口会成为中继端口。

自动协商（Auto）：使该端口愿意将链路变成中继链路。如果相邻端口设置为 On 或 Desirable 模式，则本端口就会成为中继端口。Auto 端口不会主动要求对方，如果两个端口都被配置成 Auto 状态，那么这两个端口都不会成为中继端。

端口状态说明如下：

On：将端口设置为永久中继模式。即使相邻的端口不是中继端口，本端口也将配置为一个中继端口。

Off：将端口设置为永久非中继模式。即使相邻的端口是中继端口，本端口也会成为非中继端口。

2. VLAN 中继的配置命令

（1）配置 Trunk 的封装模式

Switch（config-if）#switchport trunk encapsulation {isl|dot1q|negotiate}

（2）将端口配置为第二层 Trunk

Switch（config-if）#switchport mode {dynamic {auto|desirable}|trunk}

dynamic auto：自动模式，如果相邻端口被设置为 Trunk 或 Desirable 模式，将该端口置为 Trunk 连接。

dynamic desirable：如果相邻端口设置为 Trunk、Desirable 或 Auto 模式，将该端口配置为 Trunk 连接。

trunk：将端口设置为永久 Trunk 模式，将相邻交换机不是 Trunk 的端口协商转换为 Trunk 连接。

（3）配置 Trunk 上允许的 VLAN 列表

Switch（config-if）#switchport trunk allowed vlan {add|all|except|remove} *vlan-list*

默认状态下，Trunk 端口允许所有 VLAN 的发送和端口传输。当然，根据需要，可以拒绝某些 VLAN 通过 Trunk 端口传输，从而限制这些 VLAN 与其他交换机的通信，也可以拒绝某些 VLAN 对敏感数据的访问。需要注意的是，不能从 Trunk 中移除默认的 VLAN1。使用 add（添加）、all（所有）、except（除外）和 remove（移除）关键字，可以定义允许在 Trunk 上传输的 VLAN。VLAN 列表既可以是一个 VLAN，也可以是一个 VLAN 组。当同时指定若干 VLAN 时，不要在“,”或“-”间使用空格。

3. VLAN Trunk 配置实例

如图 5-2 所示拓扑中，PC1 和 PC2 同属于 VLAN 200，在交换机 S1 和 S2 上分别配置 VLAN，并在两台交换机上配置 VLAN Trunk，实现 PC1 和 PC2 之间的通信。配置 PC1 的 IP 地址为 192.168.1.1/24，PC2 的 IP 地址为 192.168.1.2/24，配置后测试配置的正确性。

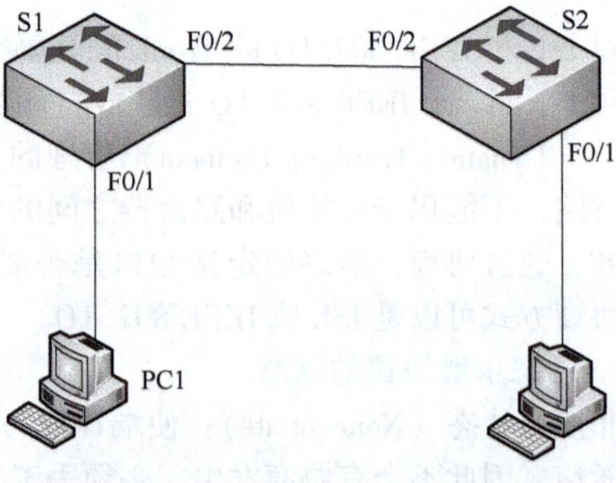

图 5-2 VLAN Trunk 配置实例

VTP 配置的具体命令如下：

（1）交换机 S1 的配置 进入全局配置模式，并将交换机名称改为 S1：

```
Switch >
Switch > en
Switch#conf t
Switch（config）#hostname S1
```

交换机 S1 创建 VLAN 200 并命名为 SOFT，配置端口 F0/1 访问 SOFT：

```
S1（config）#vlan 200
S1（config-vlan）#name SOFT
S1（config-vlan）#exit
S1（config）#interface F0/1
S1（config-if）#switchport mode access
S1（config-if）#switchport access SOFT
S1（config-if）#exit
```

配置交换机 S1 的 F0/2 端口为中继链路模式，并允许该中继链路可以通过所有的 VLAN 信息：

```
S1（config）#interface F0/2
S1（config-if）#switchport mode trunk
S1（config-if）#switchport trunk allowed vlan all
S1（config-if）#end
S1#
```

（2）交换机 S2 的配置 进入全局配置模式并命名交换机为 S2：

```
Switch >
```

```
Switch >en
Switch#conf t
Switch (config) #hostname S2
```

交换机 S2 创建 VLAN200 并命名为 NET，配置端口 F0/1 访问 NET：

```
S2 (config) #vlan 200
S2 (config-vlan) #name NET
S2 (config-vlan) #exit
S2 (config) #interface F0/1
S2 (config-if) #switchport mode access
S2 (config-if) #switchport access NET
S2 (config-if) #exit
```

配置交换机 S2 的 F0/2 端口为中继链路模式，并允许该中继链路可以通过所有的 VLAN 信息：

```
S2 (config) #interface F0/2
S2 (config-if) #switchport mode trunk
S2 (config-if) #switchport trunk allowed vlan all
S2 (config-if) #end
S2#
```

（3）测试配置的正确性　将 PC1 和 PC2 两台主机 IP 地址分别配置为：192. 168. 1. 1/24 和 192. 168. 1. 2/24。

从 PC2 到 PC1 执行 ping 命令，测试两台主机的连接性，结果显示如图 5-3 所示。

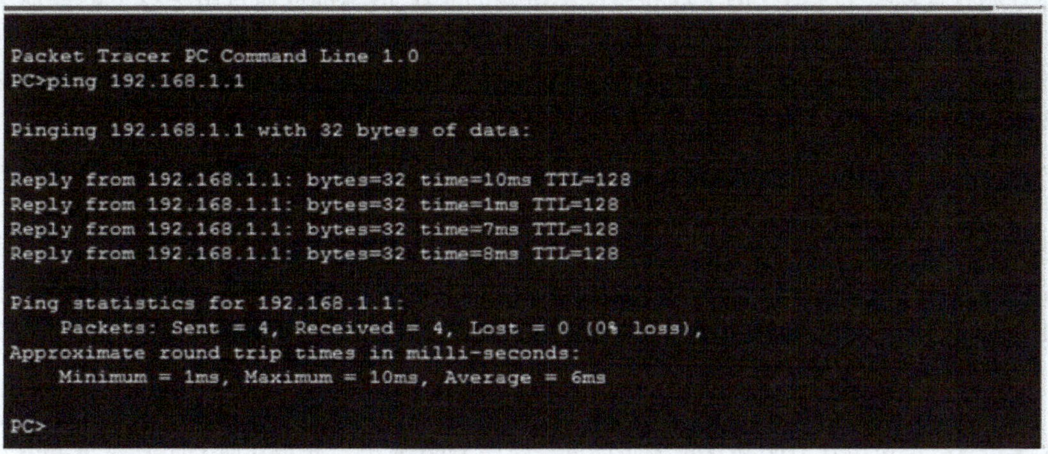

图 5-3　不同交换机同一 VLAN 内主机的通信

5.4　VTP 域

VTP 域（VTP Domain）也被称为 VLAN 管理域（VLAN Management Domain），网络内的一个 VTP 域是一组通过 Trunk 相互连接，并使用相同 VTP 域名的交换机。默认方式下，所有交换机都被配置为 VTP 服务器。对于大型网络，由于每台交换机都会进行 NVRAM 存储操作，网络管理员所使用的 VTP 服务器应该采用配置较好的交换机，其他交换机则作为客户机使用。此外，需要有某些 VTP 服务器能提供网络所需的一定量的冗余。

5.4.1 VTP 域管理

VTP 被组织成管理域，一台或多台连接在一起且共享 VTP 环境的交换机组成一个管理域，每台交换机只能属于一个 VTP 域。域中所有的交换机通过 VTP 通告共享 VLAN 配置的详细信息。VTP 域的要求：

● 不论是通过配置实现，还是由交换机自动学习，域内的每台交换机必须使用相同的 VTP 域名。

● 域内的交换机必须是相邻的，这意味着 VTP 域内的所有交换机形成了一棵相互连接的树。

● 在所有的交换机之间，必须启用中继（Trunk），因为 VTP 信息只能在 Trunk 端口上传播。

● 一台交换机只能属于同一个 VTP，不同域中的交换机不能共享 VTP 信息。

5.4.2 VTP 域模式

VTP 域有 3 种运行模式：服务器模式、透明模式和客户端模式。

1. 服务器模式

默认情况下，交换机为 VTP 服务器模式，但在指定或获悉管理域的域名前，VLAN 配置信息不会通过网络传播。一个 VTP 域里必须至少有一个服务器来传播 VLAN 信息。VTP 服务器控制着管理域中 VALN 的生成和修改。所有的 VTP 信息都被通告给本域中的其他交换机，而且，所有这些 VTP 信息都是被其他交换机同步接收的。VTP 服务器能够为服务器所在的域创建、删除、修改 VLAN，同时这些信息会通告给域中的其他交换机，每个域中必须至少有一台服务器。

2. 透明模式

在 VTP 透明模式下，交换机不参与 VTP 域，管理员可以创建、修改、删除 VLAN 配置，但这些配置信息只影响当前交换机，并不通告给 VTP 域中的其他交换机。透明模式交换机也不接收其他交换机的 VTP 通告而更新自己的 VLAN 信息，但会充当 VTP 中继的角色，通过 Trunk 链路转发收到的 VTP 通告，因此，可以将该交换机看成是透明的。

3. 客户端模式

当交换机处于 VTP 客户端模式时，客户端交换机不能创建、删除、修改此交换机 VLAN 的配置信息，但可以从 VTP 服务器接收信息，转发 VTP 通告，并与其他 VTP 服务器和客户端同步数据库，其配置信息不保存在本交换机的 NVRAM 中，不能在本交换机上增加新的 VLAN。

5.4.3 VTP 域的工作原理

在同一 VTP 域内，当一台 VTP 服务器更新 VLAN 配置时，该服务器立即向所有中继发送 VTP 消息。在中继另一端与此 VTP 服务器相邻的交换机会处理收到的消息并更新它们的 VLAN 数据库，然后再给邻居发送 VTP 消息。该进程在相邻交换机之间不断被转发，直到所有交换机收到新的 VLAN 数据库。VTP 服务器向客户机每 5min 周期性地发送 VTP 消息，VTP 服务器和客户机同时处理所接收到的 VTP 消息，并基于这些消息更新 VTP 配置数据库。

5.4.4 VTP 域修剪

VTP 域修剪是 VTP 域管理的一个重要功能，其主要作用是减少 Trunk 链路上不必要的广播、组播和其他单播流量。默认情况下，某个 VLAN 的广播会从中继链路发送到所有承载该 VLAN 的交换机上，即使交换机上没有那个 VLAN 的端口也是如此，这也就意味着，中继链路可能会传送最终被该交换机丢弃的广播流量。

VTP 域通过修剪减少不必要扩散的流量，从而提高中继链路的带宽利用率，仅当中继链路接收端上的交换机在某个 VLAN 中有端口时，才会将 VLAN 的广播单播帧转发到该中继链路上。VTP 域修剪采用了附加的 VTP 报文类型，当交换机连接到 VLAN 的端口时，它会给该 VLAN 上所有活动端口的邻接交换机发送通告。邻接交换机会保留这个通告信息，用它来帮助交换机确定其他交换机与这个 VLAN 的通信是否应当使用终极端口转发。它能减少中继链路上不必要的信息量，提高中继的带宽利用率。

5.4.5 VTP 域版本

在 VTP 管理域中，有两个 VTP 服务器版本可供采用，即 VTP v1 和 VTP v2，在一个管理域中，这两个版本是不可互操作的，因此在同一个 VTP 域中，每台交换机必须配置相同的 VTP 服务器版本。交换机上默认的版本协议是 VTP 服务器版本 v1，如果要在域中使用版本 v2，只要将一台配置为服务器模式的交换机的 VTP 服务器版本改为 v2，则其他所有的交换机都会启用 VTP 服务器版本 v2。

VTP v1 和 VTP v2 的不同点如下：

1）在 VTP v1 中，透明模式的交换机在转发 VTP 通告时，先检查 VTP 服务器版本和域名是否与本机相同，相同则转发，不同则不转发，而 VTP v2 则不检查版本和域名就直接转发。

2）VTP v2 支持令牌环交换和令牌环 VLAN，而 VTP v1 不支持。

5.4.6 VTP 域通告

VTP 域通告是用来在 VTP 域内的交换机之间传递 VLAN 信息的数据，从而使 VTP 域中的所有交换机 VLAN 信息同步。

VTP 域通告的信息包括管理域、版本号、配置修改编号、所有 VLAN、每个 VLAN 的相关参数等内容，该通告通常被发送到一个组播地址 01-00-0C-CC-CC-CC 上，该通告可以被同一管理域中的所有其他设备自动学习。

5.4.7 VTP 域配置

1. VTP 域配置命令

（1）创立 VTP 管理域

switch（config）#vtp domain *domain-name*

此命令为创建一个命名为 *domain-name* 的 VTP 管理域，其中 *domain-name* 是一个小于 32

位字符长度的文本串，表示管理域的域名。

(2) 配置 VTP 服务器

switch (config) #vtp domain *domain-name* /创建一个 VTP，命令为 *domain-name*

switch (config) #vtp mode server

(3) 配置 VTP 客户端

switch (config) #vtp domain *domain-name*

switch (config) #vtp mode client

(4) 配置 VTP 透明模式

switch (config) #vtp domain *domain-name*

switch (config) #vtp mode transparent

(5) 配置 VTP 口令

使用 vtp password 命令可以配置 VTP 服务器的口令，其中该命令的参数为用户自定义口令。

switch (config) #vtp password password

使用 no vtp password 命令可以删除 VTP 口令并恢复到默认的状态。

(6) 配置 VTP 修剪

switch (config) #vtp pruning /启动 VTP 修剪

switch (config) #no vtp pruning /关闭 VTP 修剪

switch#show vtp status /检查 VTP 修剪的配置

(7) 从可修剪列表中去除某 VLAN

Switch (config) #switchport trunk pruning vlan remove *vlan-id*

用逗号分隔不连续的 *vlan-id*，其间不要有空格，用短线表明一个 ID 范围。

(8) 配置 VTP 版本号

switch (config) #vtp version {1|2}

2. VTP 域配置实例

图 5-4 所示的网络拓扑中，请将 S1 配置为 VTP 服务器，S2、S3 配置为 VTP 客户端，并在 VTP 服务器上配置了 VLAN 之后，使配置为 VTP 客户端的交换机 S2 和 S3 能够学习到 VLAN 信息，但不能添加、删除和修改 VLAN。

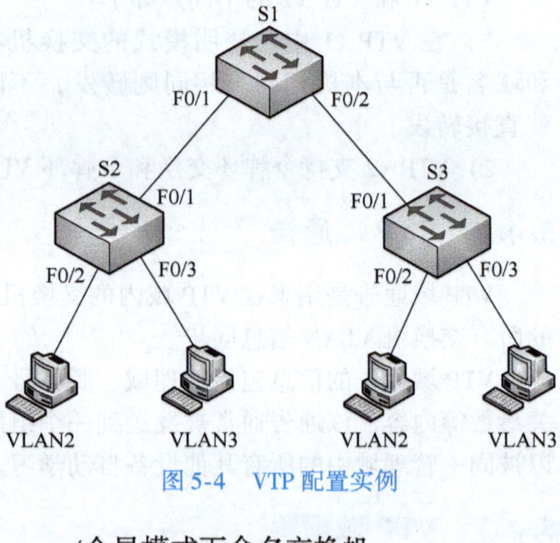

图 5-4 VTP 配置实例

(1) 交换机 S1 配置为 VTP 服务器 交换机 S1 命名、创建编号为 2 的 VLAN 并命名 VLAN：

S1 (config) #hostname S1 /全局模式下命名交换机

S1 (config) #vlan 2

S1 (config-vlan) #name vlan2 /命名 VLAN

S1 (config-vlan) #exit

S1 (config) #vlan 3

S1（config-vlan）#name vlan3

S1（config-vlan）#exit

配置交换机 S1 的端口为 Trunk 模式：

S1（config）#interface F0/1

S1（config-if）#switchport mode trunk

S1（config）#interface F0/2

S1（config-if）#switchport mode trunk

在交换机 S1 上创建 VTP 域并配置为 VTP 服务器：

S1（config）#vtp domain com

S1（config）#vtp server

（2）交换机 S2 配置为 VTP 客户端 交换机 S2 命名：

Switch（config）#hostname S2 /全局模式下命名交换机

配置交换机 S2 的端口可访问的 VLAN：

S2（config）#interface F0/2

S2（config-if）#switchport mode access

S2（config-if）#switchport access vlan2

S2（config-if）#interface F0/3

S2（config-if）#switchport mode access

S2（config-if）#switchport access vlan3

配置交换机 S2 的 Trunk 链路：

S2（config-if）#interface F0/1

S2（config-if）#switchport mode trunk

S2（config-if）#exit

在交换机 S2 上创建 VTP 域并配置为 VTP 客户端：

S2（config）#vtp domain com

S2（config）#vtp client

（3）交换机 S3 配置为 VTP 客户端 交换机 S3 命名：

Switch（config）#hostname S3 /全局模式下命名交换机

配置交换机 S3 的端口可访问的 VLAN：

S3（config）#interface F0/2

S3（config-if）#switchport mode access

S3（config-if）#switchport access vlan 2

S3（config-if）#interface F0/3

S3（config-if）#switchport mode access

S3（config-if）#switchport access vlan 3

配置交换机 S2 的 Trunk 链路：

S3（config-if）#interface F0/1

S3（config-if）#switchport mode trunk

S3（config-if）#exit

在交换机 S3 上创建 VTP 域并配置为 VTP 客户端：

S3（config）#vtp domain com

S3（config）#vtp client

（4）查看配置结果信息　配置完成后，可以查看端口摘要信息和 VTP 状态信息，也可以查看客户端交换机的 VLAN 信息。

查看端口摘要信息：

S2# show ip interface Brief

查看 VTP 状态信息：

S2# show VTP status

查看 VLAN 信息：

S2# show vlan

显示结果信息如图 5-5 所示。

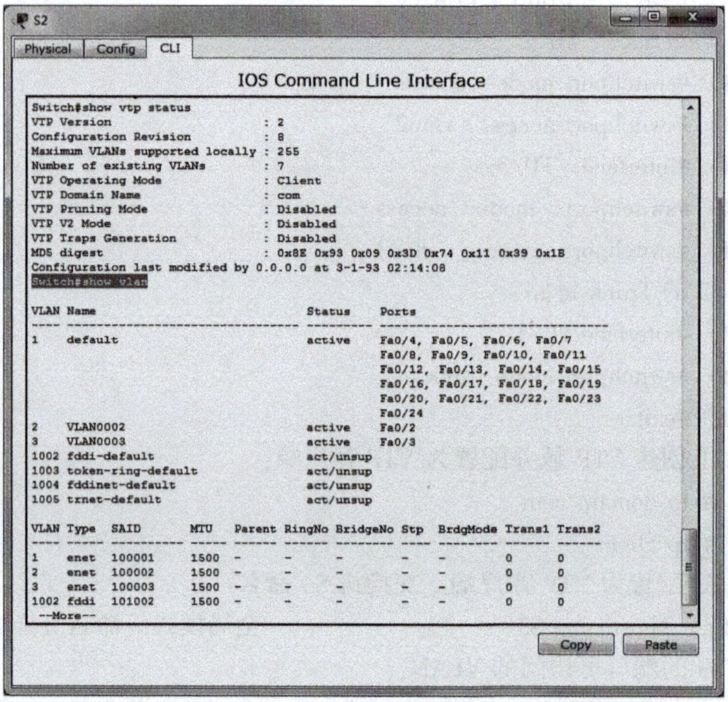

图 5-5　VTP 配置后的显示结果信息

5.5　VLAN 间通信

默认情况下，只有在同一个 VLAN 中的主机才能通信。要实现 VLAN 间的通信，必须使用第三层设备。能够实现不同 VLAN 间通信的方法，称为 VLAN 间路由。

5.5.1　VLAN 间路由的选择

VLAN 之间不能通信的主要原因是在局域网内通信时，必须在数据帧头中指定目标主机的 MAC 地址，而为了获取 MAC 地址，TCP/IP 协议通过广播的方法使用 ARP（地址转换协议）和 RARP（反向地址转换协议）解析 MAC 地址，划分 VLAN 后，不同的主机分隔于不同的 VLAN，也就是分布在不同的广播域，因此，不同的 VLAN 无法通过广播获取其他 VLAN 的广播报文，也就无法解析 MAC 地址，无法实现直接通信。

若要实现 VLAN 间的通信，则必须通过路由选择的方法实现，有两种方式可以实现 VLAN 间的路由：一种是通过路由器，一种是通过三层交换机。

5.5.2　通过路由器实现 VLAN 间的路由

1. 交换机与路由器的连接

通过路由器实现 VLAN 间的路由时，涉及如何连接交换机与路由器的问题。

第一种方式是将交换机的每一个 VLAN 分别连接到路由器的一个以太网端口上，这种方式要求路由器有足够多的以太网端口。该方式在网络规模较大时，划分了多个 VLAN，网络的成本较高。

第二种方式是在路由器与交换机之间用一条链路连接，并将该链路配置为 Trunk 连接，与路由器连接的交换机上连接了网络中所有的 VLAN，通过配置路由器的子端口实现 VLAN 之间的通信，这种方式也称为单臂路由。

单臂路由（router-on-a-stick）是指在路由器的一个端口上通过配置子端口（又称逻辑端口，并不真正存在的物理端口）的方式，实现原来相互隔离的不同 VLAN（虚拟局域网）之间的互联互通。这种方式即使在交换机上增加了 VLAN，也不需要增加交换机与路由器之间的物理链路，管理员只需要在路由器上增加一个子端口就可以了，该方式的扩展性强，不需要增加硬件成本。

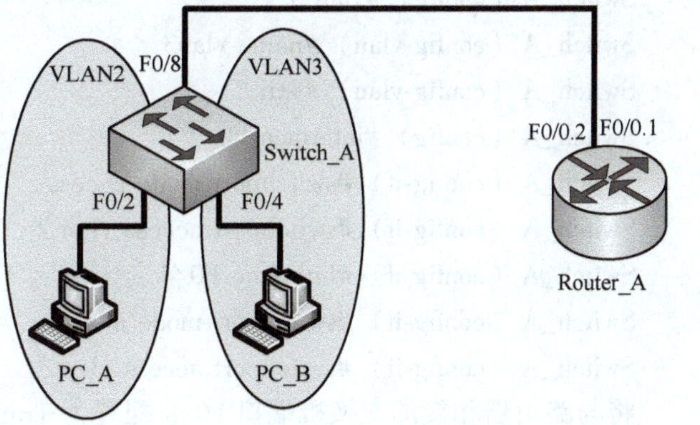

图 5-6　单臂路由实现 VLAN 间通信的网络拓扑

2. 单臂路由配置实例

如图 5-6 所示网络拓扑，要求在交换机上配置两个 VLAN，并通过单臂路由实现 VLAN2 和 VLAN3 之间的通信。

（1）IP 地址规划

设　备	端　口	IP 地址	子网掩码	默认网关
PC_A	网卡	192.168.1.10	255.255.255.0	192.168.1.254
PC_B	网卡	192.168.2.10	255.255.255.0	192.168.2.254
Router_A	F0/0.1	192.168.1.254	255.255.255.0	无
Router_A	F0/0.2	192.168.2.254	255.255.255.0	无

（2）Router_A 的配置　配置路由器的基本信息，命名 Router_A 和启用端口，一定不能配置路由器端口 IP 地址：

```
Router (config) #hostname Router_A                     /全局模式下命名路由器
Router_A (config) #interface F0/0
Router_A (config-if) #no ip address                    /路由器的主端口不能配置 IP 地址
Router_A (config-if) #no shutdown                      /启用端口
```

配置路由器子端口及子端口 IP 地址，每一个子端口对应一个 VLAN：

```
Router_A (config-if) #interface F0/0.1
Router_A (config-subif) #encapsulation dot1Q 2         /子端口要先封装为 dot1Q
Router_A (config-subif) #ip address 192.168.1.254 255.255.255.0
Router_A (config-subif) #interface F0/0.2
Router_A (config-subif) #encapsulation dot1Q 3
Router_A (config-subif) #ip address 192.168.2.254 255.255.255.0
```

（3）Switch_A 的配置　配置交换机的基本信息并进行 VLAN 的划分，将 PC_A 和 PC_B 分别划分到 VLAN2、VLAN3：

```
Switch (config) #hostname Switch_A                     /全局模式下命名交换机
Switch_A (config) #vlan 2                              /创建一个 VLAN，编号为 2
Switch_A (config-vlan) #name vlan2                     /命名新创建的 2 号 VLAN 为 VLAN2
Switch_A (config-vlan) #exit
Switch_A (config) #vlan 3
Switch_A (config-vlan) #name vlan3
Switch_A (config-vlan) #exit
Switch_A (config) #interface F0/2
Switch_A (config-if) #switchport mode access
Switch_A (config-if) #switchport access vlan 2         /端口绑定 VLAN2
Switch_A (config-if) #interface F0/4
Switch_A (config-if) #switchport mode access
Switch_A (config-if) #switchport access vlan 3
```

将与路由器相接的交换机端口 F0/8 配置为 Trunk 模式：

```
Switch_A (config-if) #interface F0/8
Switch_A (config-if) #switchport mode trunk
```

（4）配置主机 IP 地址　打开 PC_A 和 PC_B 网络连接属性，按 IP 地址规划表配置主机的 IP 地址、子网掩码、网关。

（5）测试网络连通性　从 PC_B 主机 ping 位于不同 VLAN 的 PC_A 主机（或是从 PC_A 主机 ping 位于不同 VLAN 的 PC_B 主机），看能否 ping 通，结果如图 5-7 所示。

测试结果：从 PC_A 能够 ping 通 PC_B，表示 VLAN 间的通信成功。

5.5.3　通过三层交换机实现 VLAN 间的路由

由于路由器的主要功能是实现不同局域网之间的互联，路由器的包转发速率较慢，因此采用路由器单臂路由实现 VLAN 间通信时，常常不能满足主干网上快速交换的需求。而三层交换机既具有二层的快速交换功能，也具备三层的路由功能，其转发数据包的速

图 5-7 不同 VLAN 间主机能 ping 通

率远快于路由器，因此局域网中常使用三层交换机实现 VLAN 间的通信。

1. 三层交换技术

三层交换技术（也称多层交换技术或 IP 交换技术）是相对于传统交换概念而提出的。传统的交换技术工作在 OSI 参考模型的第二层——数据链路层，而三层交换技术在 OSI 模型第三层中实现了数据包的高速转发，即三层交换技术为二层交换技术 + 三层转发技术。

三层交换机会维护两个表，一个是主机路由表，该表以 IP 地址为索引，表中存放了目的主机 IP 地址、下一跳的 MAC 地址、端口号等信息；另一个是网段路由表，该表存放了网段地址、下一跳 MAC 地址、端口号等信息。数据包在网络中传递时，将会在主机路由表中查找匹配的表项并将报文从指定的端口转发出去，若在主机路由表中没有找到匹配的表项，则会查找网段路由表，并将报文转发到匹配的端口。

2. 三层交换机实例

图 5-8 所示的网络拓扑利用三层交换机实现了 VLAN2 和 VLAN3 之间的通信。

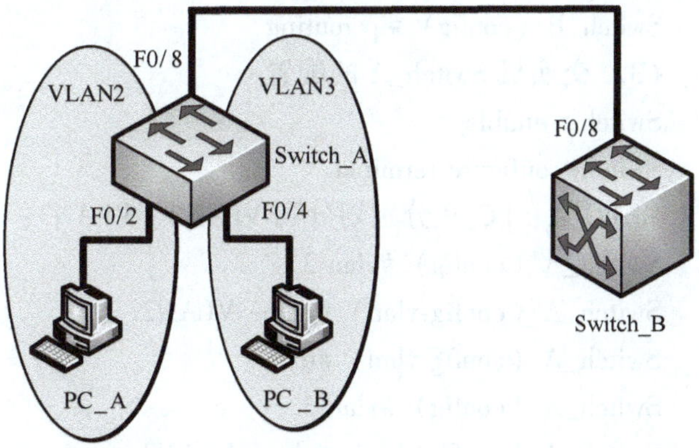

图 5-8 三层交换机实现 VLAN 间通信的网络拓扑

（1）IP 地址规划

设　备	端　口	IP 地址	子网掩码	默认网关
PC_A	网卡	192. 168. 1. 10	255. 255. 255. 0	192. 168. 1. 254
PC_B	网卡	192. 168. 2. 10	255. 255. 255. 0	192. 168. 2. 254
Switch_B	VLAN2	192. 168. 1. 254	255. 255. 255. 0	无
Switch_B	VLAN3	192. 168. 2. 254	255. 255. 255. 0	无

（2）交换机 Switch_B 的配置

Switch（config）#hostname Switch_B　　　/全局模式下命名交换机
Switch_B（config）#vlan 2
Switch_B（config-vlan）#name vlan2　　　/增加 VLAN 并命名
Switch_B（config-vlan）#exit
Switch_B（config）#vlan3
Switch_B（config-vlan）#name vlan3
Switch_B（config-vlan）#exit
Switch_B（config）#interface F0/8
Switch_B（config-if）#switchport trunk encapsulation dot1q　/将 Trunk 端口配置为 dot1q 封装
Switch_B（config-if）#switchport mode trunk
Switch_B（config-if）#exit
Switch_B（config）#interface vlan 2
Switch_B（config-if）#ip address 192. 168. 1. 254 255. 255. 255. 0
Switch_B（config-if）#no shutdown
Switch_B（config-if）#exit
Switch_B（config）#interface vlan 3
Switch_B（config-if）#ip address 192. 168. 2. 254 255. 255. 255. 0
Switch_B（config-if）#no shutdown
Switch_B（config-if）#exit
Switch_B（config）#ip routing　　　/启用三层交换机的 IP 路由功能

（3）交换机 Switch_A 的配置

Switch＞enable
Switch#configure terminal
将 PC_A、PC_B 分别划分到 VLAN2、VLAN3：
Switch_A（config）#vlan 2
Switch_A（config-vlan）#name VLAN2
Switch_A（config-vlan）#exit
Switch_A（config）#vlan 3
Switch_A（config-vlan）#name VLAN3
Switch_A（config-vlan）#exit
Switch_A（config）#interface F0/2

Switch_A (config-if) #switchport mode access

Switch_A (config-if) #switchport access vlan 2

Switch_A (config-if) #interface F0/4

Switch_A (config-if) #switchport mode access

Switch_A (config-if) #switchport access vlan 3

将与三层交换机相接的二层交换机 Switch_A 的 F0/8 端口设置为 Trunk 模式：

Switch_A (config-if) #interface F0/8

Switch_A (config-if) #switchport mode trunk

(4) 配置主机 IP 地址 打开 PC_A 和 PC_B 中的网络连接属性，按 IP 地址规划表配置主机的 IP 地址、子网掩码、默认网关。

(5) 测试网络连通性 从 PC_B 主机 ping 位于不同 VLAN 的 PC_A 主机（或从 PC_A 主机 ping 位于不同 VLAN 的 PC_B 主机），看能否 ping 通，结果如图 5-9 所示。

图 5-9 三层交换实现 VLAN 间通信

测试结果：从 PC_A 能够 ping 通 PC_B，表示 VLAN 间的通信成功。

5.6 无线局域网配置

第 2 章已介绍了无线局域网技术及其网络拓扑结构，本节主要介绍无线局域网的配置方法。

大部分无线设备提供了 GUI WEB 界面的配置，下面以 LINKSYS-WRT300N 为例介绍无线接入点的配置。

确保 PC 通过线缆连接到接入点，在 PC 的 IE 浏览器中输入无线接入点默认的 IP 地址，即可进入图形化配置界面。

1. 基本的网络配置

要进行基本的网络配置，可分别单击 Setup、Management 和 Wireless 按钮，并按随后出现的提示操作。

Setup：输入基本网络配置（IP 地址）。

Management：单击 Administration 选项卡，然后选择 Management 子选项，在其中更改无线路由器的密码。

Wireless：在 Basic Wireless Settings 选项卡中更改默认的 SSID。在 Wireless Security 选项卡中选择安全级别并完成选定安全模式的选项。

对某个屏幕完成更改后，单击 SaveSettings 按钮保存修改或者单击 CancelChanges 按钮撤消更改。

2. 基本的无线配置

单击 Wireless 选项卡，如图 5-10 所示，选择 Basic Wireless Settings 屏幕，在这里可以设置 Network Mode、SSID、Radio Band、Wide Channel 和 Standard Channel。

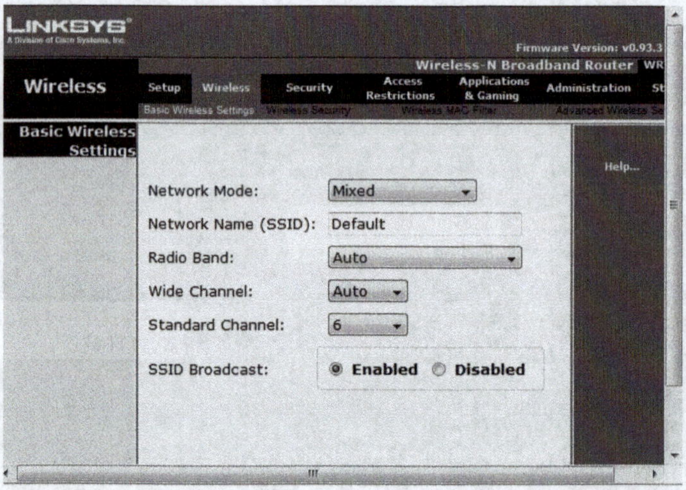

图 5-10 基本的无线配置

1）Network Mode：网络模式，选择网络上运行的无线标准。如果网络中同时拥有 802.11g 和 802.11b 设备，请保持默认设置 Mixed Mode（混合模式）；如果只有 802.11g 设备，请选择 GOnly；如果只有 802.11b 设备，请选择 B-Only；如果要禁用无线网络，请选择 Disable（禁用）。

2）Network Name（SSID）：无线网络的名称。

3）Radio Band：传输比特率。要在使用 Wireless-N、Wireless-G 和 Wireless-B 设备的网络中获得最佳的性能，请保持默认设置 Auto。如果仅有 Wireless-N 设备，请选择 Wide-40MHz Channel；如果仅有 Wireless-G 和 Wireless-B 设备，请选择 Standard-20MHz Channel。

4）Wide Channel：宽带信道，选择无线网络使用的信道。所有无线设备将使用该信道进行通信。

5）Standard Channel：标准信道。该项的选择取决于 Netwok Mode 和 Radio Band 两个选项，如果 Netwok Mode 选择了 Wireless – N 网络连接模式，在 Radio Band 设置中选择 Wide – 40MHz Channel，则只能选择 1 号标准信道。

6）SSID Broadcast：SSID 广播。在无线客户端勘测本地区域，查找要关联的无线网络时，它们会检测接入点广播的 SSID。若要广播 SSID，请保持默认设置 Enabled；如果不希望广播 SSID，请选择 Disabled。

3. 无线网络安全配置

如图 5-11 所示，LINKSYS WTR300N 支持 6 种无线安全模式，在 GUI 中按照从最弱到最强的顺序依次列出。

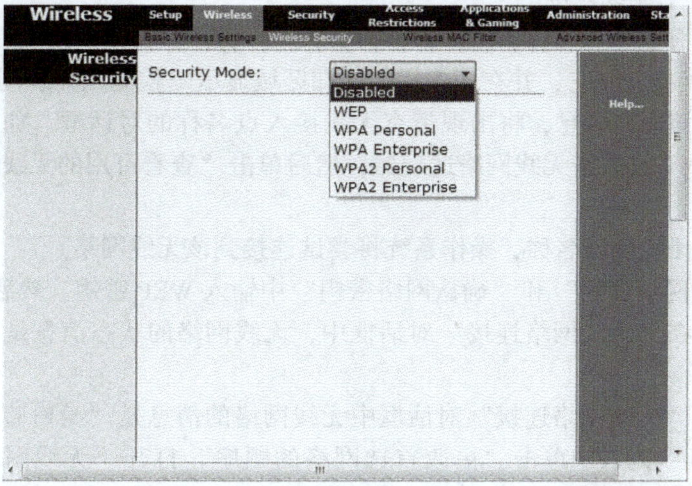

图 5-11 无线网络安全配置

Security Mode：选择您要使用的模式，即 Disabled、WEP、WPA Personal、WPA Enterprise、WPA2 Personal、WAP2 Enterprise。

每种 WPA 和 WPA2 模式都提供可配置的参数。如果选择 WPA2 Enterprise 安全模式，如图 5-12 所示，则需要配置接入点使之指向 RADIUS 服务器。

Encryption：使用的加密算法，包括 AES 和 TKIP，AES 是比 TKIP 更强大的加密算法。

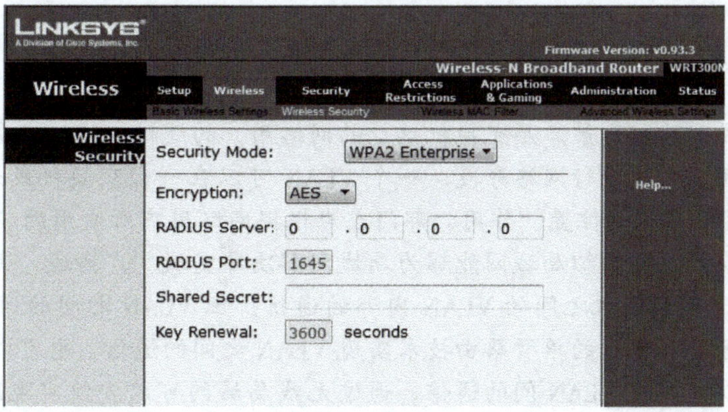

图 5-12 WPA2 Enterprise 安全模式

RADIUS Server：RADIUS 服务器的 IP 地址。

RADIUS Port：RADIUS 服务器使用的端口号，默认值为 1645。

Shared Secret：路由器和其他网络设备共享的密钥。密钥必须是 8 ~ 63 个字符。

Key Renewal：密钥更新间隔，该设置告诉路由器应每隔多久更改一次加密密钥，默认为 3600s。

4. 无线客户端的配置

假设无线客户端为 Windows XP 系统，通常情况下，客户端只需选择无线网络、设置 SSID 和加密方式即可。

步骤 1：在 Windows XP SP2 中安装无线网络适配器驱动，驱动安装完成后，在“网络连接”中会出现一个无线连接。

步骤 2：当计算机在家庭或小型企业的无线接入点（Access Point，AP）范围内时，Windows XP 应该能检测到它，并在任务栏的通知区域显示“检测到无线网络”通知消息。

步骤 3：单击该通知消息，将出现带有无线接入点名称的对话框。如果没有看到通知，在“网络连接”中右键单击无线网络适配器，然后单击“查看可用的无线连接”，也可显示该对话框。

步骤 4：双击无线网络名称，操作系统将尝试连接到该无线网络。

步骤 5：在“网络密钥”和“确认网络密钥”中输入 WEP 密钥，然后单击“连接”。

步骤 6：如果在“无线网络连接”对话框中，无线网络的状态消息是“已连接”，那么说明连接已成功了。

步骤 7：如果“无线网络连接”对话框中无线网络的消息是“身份验证没有成功”，则应当在“相关任务”列表中单击“更改首选网络的顺序”打开“无线网络属性”对话框，选择“无线网络配置”选项卡，在“首选网络”列表中单击无线网络名称，然后，单击“属性”按钮。

步骤 8：在“网络验证”下拉列表中选择“开放式”，在“数据加密”下拉列表中选择“WEP”，在“网络密钥”和“确认网络密钥”中，输入无线 AP 上配置的 WEP 加密密钥，在“密钥索引（高级）”中选择对应于无线 AP 上配置的加密密钥内存位置的密钥索引。

步骤 9：依次单击“确定”按钮，保存对无线网络和无线网卡的修改。无线客户端与无线 AP 的网络连接正式建立。

本章小结

虚拟局域网是对连接到第二层交换机端口的网络用户的逻辑分段，不受网络用户的物理位置限制而根据用户需求进行网络分段。一个 VLAN 可以在一台交换机或者跨交换机实现。VLAN 可以根据网络用户的位置、作用、部门或者根据网络用户所使用的应用程序和协议来进行分组。基于交换机的虚拟局域网能够为局域网解决冲突域、广播域、带宽问题。可以通过配置 VTP 实现不同交换机之间的 VLAN 内部的通信，但 VLAN 之间的通信则必须借助三层的功能，可以通过路由器的单臂路由技术实现 VLAN 之间的通信，也可以通过三层交换机用其三层路由的功能实现 VLAN 间的通信。通过无线局域网可以方便实现网络范围的扩展，但却存在安全问题，因此，在部署无线局域网时，最好通过加密方式限制用户的访问。

本章习题

一、选择题

1. 下列哪两种说法正确描述了 VLAN 的优点？（　　）

A. VLAN 通过调节流量控制和窗口大小来提升网络性能。

B. VLAN 使交换机可通过 VLANID 过滤将数据包路由到远程网络。

C. VLAN 通过减少交换机上所需的物理端口数量来降低网络开销。

D. VLAN 通过识别有权访问敏感数据和应用程序的用户来提升网络安全性。

E. VLAN 将网络划分为较小的逻辑网络，这降低了网络对广播风暴的敏感性。

2. 网络管理员希望将大楼 A 中的主机划分到编号分别为 20 和 30 的 VLAN 中，下列关于 VLAN 配置的说法中哪两项正确？（　　）

A. 可以为这些 VLAN 命名。

B. VLAN 信息保存在启动配置中。

C. 手动创建的非默认 VLAN 必须使用扩展范围的 VLAN 编号。

D. 网络管理员可在全局配置模式或 VLAN 数据库模式下创建 VLAN。

E. 两个 VLAN 都可命名为 BUILDING_A 以与处于不同地理位置的其他 VLAN 区分。

3. 命令 switchport mode dynamic desirable 有什么效果？（　　）

A. 由于本征 VLAN 不是默认 VLAN，DTP 将无法协商中继链路。

B. 除非相连的远程端口也配置为动态模式，否则该端口无法协商中继链路。

C. 相连的设备会动态确定必须通过该链路传输多个 VLAN 的数据的时机并根据需要打开中继链路。

D. 如果使用 switchport mode dynamic auto 命令或 switchport mode trunk 命令配置远程相连设备，则会形成中继链路。

4. 交换机端口 F0/1 被手动配置为中继端口，现在拟用于将一台主机连接到网络，网络管理员应该怎样重新配置交换机端口 F0/1？（　　）

A. 禁用 DTP。

B. 删除当前通过端口 F0/1 中继的所有 VLAN。

C. 关闭该端口，然后重新启用，使其恢复默认配置。

D. 在端口配置模式下输入 switchport mode access 命令。

5. 哪种说法正确描述了 VLAN 中主机的通信方式？（　　）

A. 不同 VLAN 中的主机使用 VTP 来协商中继链路。

B. 不同 VLAN 中的主机通过路由器通信。

C. 不同 VLAN 中的主机应位于同一个 IP 网络中。

D. 不同 VLAN 中的主机在帧标记过程中通过检查 VLANID 来确定该帧是否发往其所在网络。

6. 如果相邻交换机端口处于动态模式，那么哪些交换机端口模式可以让交换机成功形成中继链路？（　　）

A. 动态模式　　　　B. 打开或动态模式

C. 打开、自动或动态模式　　　　D. 打开、自动、动态或非协商模式

7. 网络管理员必须怎样做才能将快速以太网端口 F0/1 从 VLAN2 中删除并将其分配给 VLAN3？（　　）

A. 在全局配置模式下输入 no vlan2 和 vlan 3 命令。

B. 在端口配置模式下输入 switchport access vlan 3 命令。

C. 在端口配置模式下输入 switchport trunk native vlan 3 命令。

D. 在端口配置模式下输入 no shut down 使 f0/1 端口恢复默认配置，然后为 VLAN3 配置该端口。

8. VTP 以客户端模式工作时具有哪两项特点？（　　）

A. 无法添加 VLAN。

B. 可添加在本地有效的 VLAN。

C. 无论 VLAN 信息如何，将广播从所有端口转发出去。

D. 只能传递 VLAN 管理信息而无法接收更改。

E. 可向同一 VTP 域中的其他交换机转发 VLAN 信息。

9. 下列哪两种说法正确描述了 VTP 透明模式的工作情况？（　　）

A. 透明模式交换机可以创建 VLAN 管理信息。

B. 透明模式交换机添加的 VLAN 只在本地有效。

C. 透明模式下，交换机会将收到的所有 VLAN 管理信息传递给其他交换机。

D. 透明模式下，交换机可以接收其他交换机发来的 VLAN 管理更改。

E. 透明模式下，交换机会发出有关其 VLAN 状态的更新，将该状态通知给其他交换机。

10. 请参考图 5-13，当配置无线接入点时，网络管理员使用什么设置来配置独特的标识符，以供客户端设备用来将该无线网络与其他无线网络区分开来？（　　）

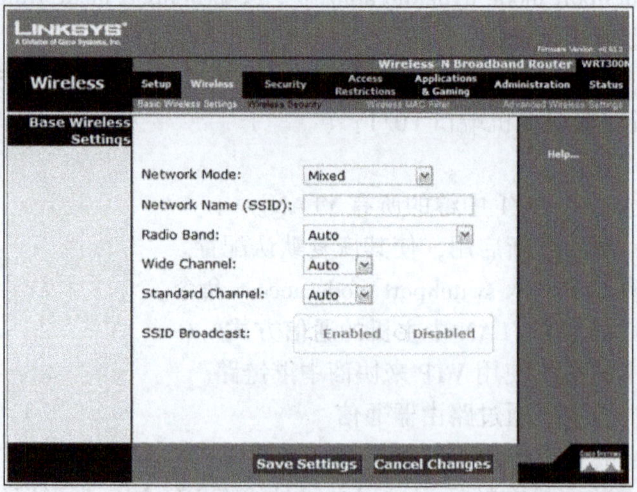

图 5-13　AP 基本信息选择

A. 网络模式　　　　B. 网络名称（SSID）　　　　C. 无线频段

D. 宽信道　　　　E. 标准信道

二、简答题

1. 什么是 VLAN？划分 VLAN 有几种方法？
2. 什么是 VTP？VTP 域有几种模式？各自的作用是什么？
3. 不同交换机之间的 VLAN 内部通信采用什么方式？
4. VLAN 间通信有几种方式？各有什么特点？
5. 无线局域网常见的拓扑结构有哪几种？

本章实训

实训项目 1 三层交换机实现 VLAN 间通信

依据给定的网络拓扑图，配置交换机的 VLAN 信息，并通过三层交换机实现 VLAN 间通信。

1. 实训目的

掌握在交换机上配置 VLAN 的方法；

掌握 Trunk 端口的配置方法；

掌握 VLAN 间路由的配置。

2. 实训内容

本实训项目的主要内容是进行 VLAN 的基本配置并实现 VLAN 间的通信，按给定的网络拓扑及图上标注，进行交换机的基本配置、VLAN 的创建与命名及交换机端口的 VLAN 分配，最后使用三层交换机实现 VLAN 间的通信。

3. 实训网络拓扑

实训网络拓扑（VLAN 内部和 VLAN 间的通信）如图 5-14 所示。

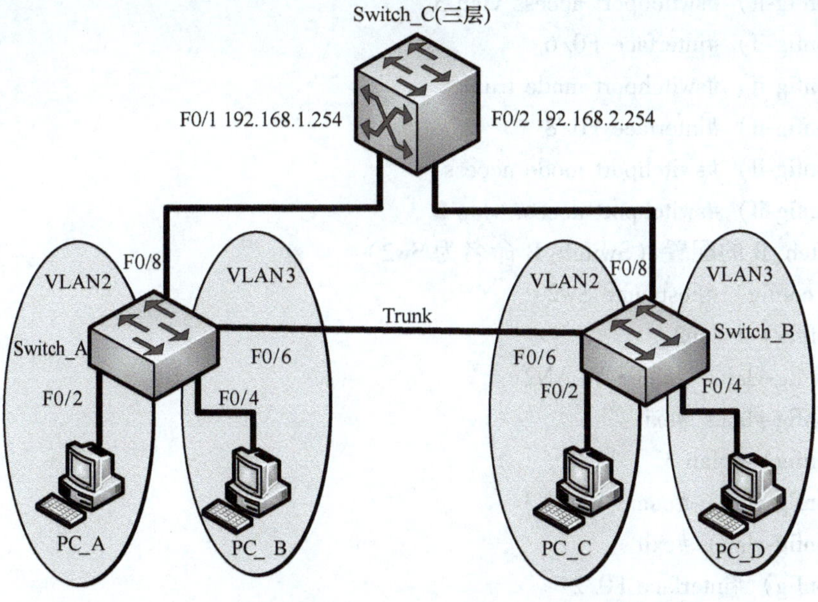

图 5-14 实训网络拓扑（VLAN 内部和 VLAN 间的通信）

4. IP 地址规划

设　备	端　口	IP 地址	子网掩码	默认网关
PC_A	网卡	192.168.1.10	255.255.255.0	192.168.1.254
PC_B	网卡	192.168.2.10	255.255.255.0	192.168.2.254
PC_C	网卡	192.168.1.11	255.255.255.0	192.168.1.254
PC_D	网卡	192.168.2.11	255.255.255.0	192.168.2.254
Switch_C	F0/1	192.168.1.254	255.255.255.0	无
Switch_C	F0/2	192.168.2.254	255.255.255.0	无

5. 实训步骤

（1）Switch_A 的配置（Switch_A 命名为 Sw1）

```
Switch（config）#hostname Sw1
Sw1（config）#vlan 2
Sw1（config-vlan）#name VLAN2
Sw1（config-vlan）#exit
Sw1（config）#vlan 3
Sw1（config-vlan）#name VLAN3
Sw1（config-vlan）#exit
Sw1（config）#interface F0/2
Sw1（config-if）#switchport mode access
Sw1（config-if）#switchport access vlan 2
Sw1（config-if）#interface F0/4
Sw1（config-if）#switchport mode access
Sw1（config-if）#switchport access vlan 3
Sw1（config-if）#interface F0/6
Sw1（config-if）#switchport mode trunk
Sw1（config-if）#interface F0/8
Sw1（config-if）#switchport mode access
Sw1（config-if）#switchport access vlan 2
```

（2）Switch_B 的配置（Switch_B 命名为 Sw2）

```
Switch（config）#hostname Sw2
Sw2（config）#vlan2
Sw2（config-vlan）#name VLAN2
Sw2（config-vlan）#exit
Sw2（config）#vlan 3
Sw2（config-vlan）#name VLAN3
Sw2（config-vlan）#exit
Sw2（config）#interface F0/2
Sw2（config-if）#switchport mode access
```

Sw2 （config-if）#switchport access vlan 2

Sw2 （config-if）#interface F0/4

Sw2 （config-if）#switchport mode access

Sw2 （config-if）#switchport access vlan 3

Sw2 （config-if）#interface F0/6

Sw2 （config-if）#switchport mode trunk

Sw2 （config-if）#interface F0/8

Sw2 （config-if）#switchport mode access

Sw2 （config-if）#switchport access vlan 3

（3）Switch_C 的配置（Switch_C 命名为 Sw3）

Switch （config）#hostname Sw3

Sw3 （config）#interface F0/2

Sw3 （config-if）#no switchport

Sw3 （config-if）#ipaddress 192. 168. 1. 254 255. 255. 255. 0

Sw3 （config-if）#interface F0/4

Sw3 （config-if）#no switchport

Sw3 （config-if）#ip address 192. 168. 2. 254 255. 255. 255. 0

Sw3 （config-if）#exit

Sw3 （config）#ip routing

（4）配置主机 IP 信息　打开 PC_A、PC_B、PC_C、PC_D 中的网络连接属性，按地址规划表配置主机的 IP 地址、子网掩码、网关。

（5）配置正确性测试　从 PC_A 上 ping 主机 PC_B 能够 ping 通，证明能够实现不同 VLAN 间的通信，测试结果如图 5-15 所示。

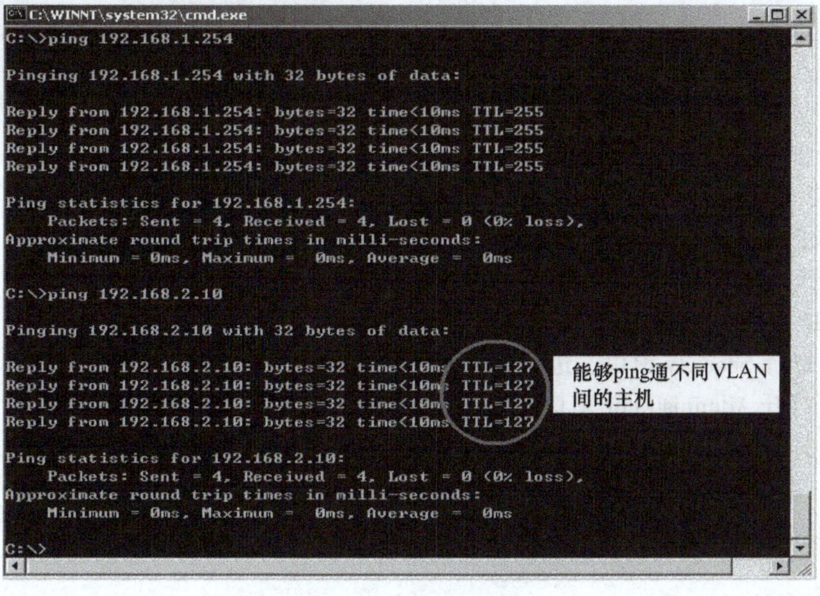

图 5-15　测试结果

除此之外，PC_A 还能够 ping 通 PC_C、PC_D，所有的主机间都能实现通信。

实训项目 2　无线局域网接入配置

1. 实训目的

掌握无线接入点的连接及配置。

2. 实训内容

通过 IE 浏览器，登录到无线路由器 Linksys-WRT300N 的 Web 配置界面中。

设置无线路由器 AP 的 IP 地址。

设置 AP 的网络模式、SSID 和通道。

配置无线接入点 AP 的安全选项。

3. IP 地址规划

设　备	端　口	IP 地址	子网掩码
PC	网卡	192.168.1.10	255.255.255.0
AP	以太网端口	192.168.1.245	255.255.255.0

4. 实训步骤

步骤 1：打开 IE 浏览器，远程登录到无线 AP 的管理界面，默认 IP 地址为 192.168.1.245，出现图 5-16 所示无线 AP 配置界面。

步骤 2：在 Setup 窗口下，选择动态 DHCP 分配 IP 地址，将 AP 的 IP 地址设置为规划的 IP 地址。

步骤 3：选择 Wireless 窗口，如图 5-17 所示，设置基本无线网络配置参数。

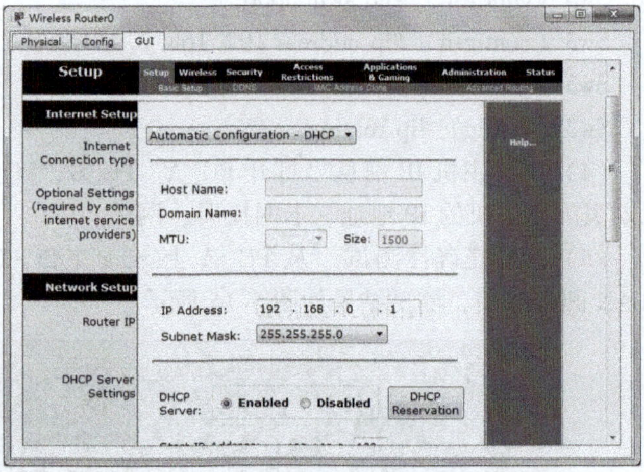

图 5-16　无线 AP 配置界面

设置如下参数：

网络模式（Network Mode）：Mixed。

设置无线网络名称（Network Name（SSID））：SBH-WIRELESS。

标准通道（Standard Channel）：1 ~2.412GHz。

允许 SSID 广播（SSID Broadcast）：Enabled。

步骤 4：选择 Security 窗口，进行 AP 安全设置。

步骤 5：打开 Administrator 窗口，如图 5-18 所示，可重置管理员密码。

步骤 6：打开 Status 窗口，可以查看本组无线 AP 的基本配置信息，如图 5-19 所示。

步骤 7：完成对 AP 的配置后，单击“Save Settings”保存设置的内容，此后便可以使用无线 AP 连接无线局域网了。

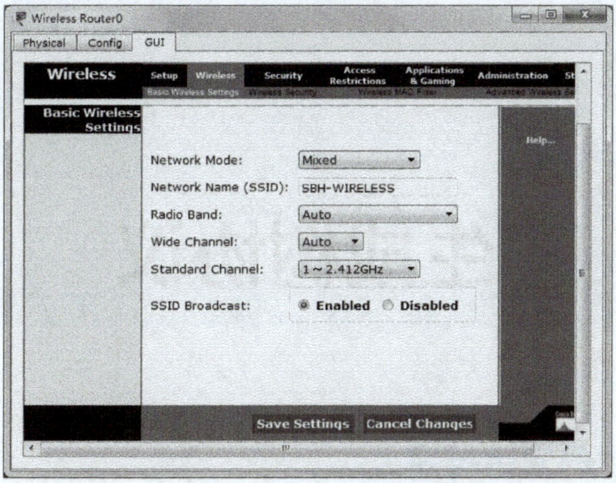

图 5-17　配置无线网络参数

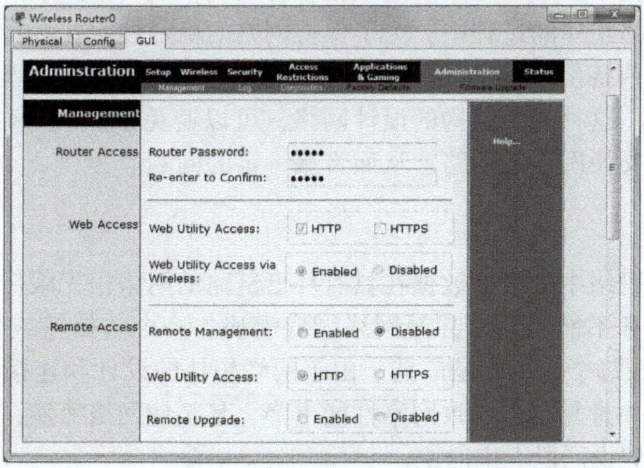

图 5-18　重置管理员密码

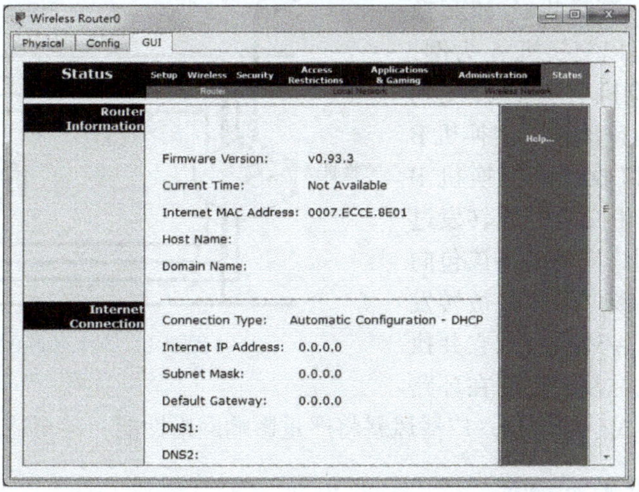

图 5-19　本组无线 AP 基本配置信息

第6章

生成树协议

6.1 交换网络中的冗余链路

在骨干网设备连接中，单一链路的连接很容易实现，但一个简单的故障就会造成网络的中断。因此在实际网络组建的过程中，为了保持网络的稳定性，在多台交换机组成的网络环境中，通常都使用一些备份连接，以提高网络的健壮性、稳定性，这里的备份连接也称为备份链路或者冗余链路。这种冗余结构的设计网络，可以避免单点故障带来的网络中断问题，但是冗余链路会造成交换网络的回路，从而带来一定的问题。

6.1.1 广播风暴

广播风暴就是当网络中的广播数据在具有环形链路的网络中无限传播，并占用大量网络带宽时，导致正常业务不能运行，甚至网络彻底瘫痪。一个数据帧或包被传输到本地网段（由广播域定义）上的每个节点就是广播。由于网络拓扑的设计和连接问题，或其他原因使广播数据包在网段内大量复制，导致网络性能下降，甚至使网络瘫痪，这就是广播风暴。

如图6-1所示，假设网段1中的主机A发出一个广播包后，该网段中所有节点都接收到它，交换机A和交换机B也不例外。这里以交换机A为例，由于是广播包，交换机A将它转发到所有其他端口，因此，该包被交换机B的位于网段2的端口收到。交换机B并不知道该数据帧是由交换机A转发过来的，交换机B收到该广播后将该包向其他所有端口转发，该广播包又被转发到网段1上。交换机A还会收到它并执行前面的过程。如此往复，广播在环路中无休止地传播，形成广播风暴。广播风暴将严重影响网络性能，甚至造成网络瘫痪。

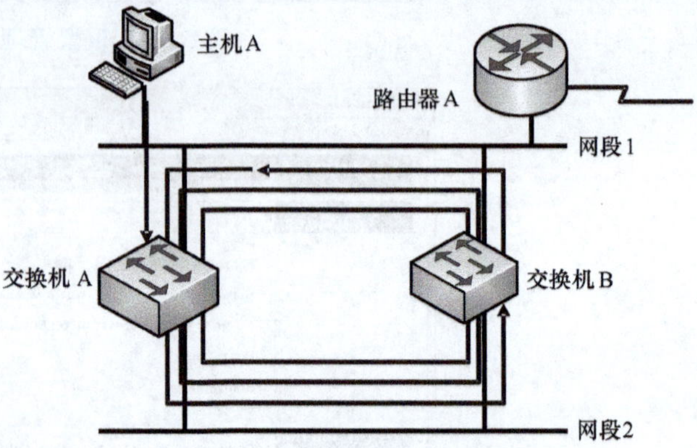

图6-1 产生环路的网络

6.1.2 MAC地址表不稳定

如图6-2所示，假设主机A向主机B发送数据，该数据包分别被交换机A和交换机B

的 F0/1 端口收到，通过学习数据帧中的源地址，两台交换机都认为主机 A 是与它们的 F0/1 口相连，并把该信息写入 MAC 地址表中。此时如果两台交换机的地址表中并没有主机 B 的地址条目，它们会把该数据包向其他所有端口转发，这样该数据包就会被转发到网段 2 上。交换机 B 通过其在网段 2 上的端口收到交换机 A 转发到网段 2 上的数据包后，再次读取源地址，发现仍然是主机 A 的地址，那么交换机 B 认为主机 A 与它的 F0/2 口相连，于是便修改自己的地址表，以反映出最新的状态。同理，交换机 A 从网段 2 上收到该数据包后也修改自己的地址表，把主机 A 对应在 F0/2 端口上。这样，随着数据包在环上不停地旋转，两台交换机会认为主机 A 不停地在两个网段上变换，造成 MAC 地址表不稳定。MAC 地址表不稳定会影响主机之间的通信，因为某些数据转发不到正确的目的地。

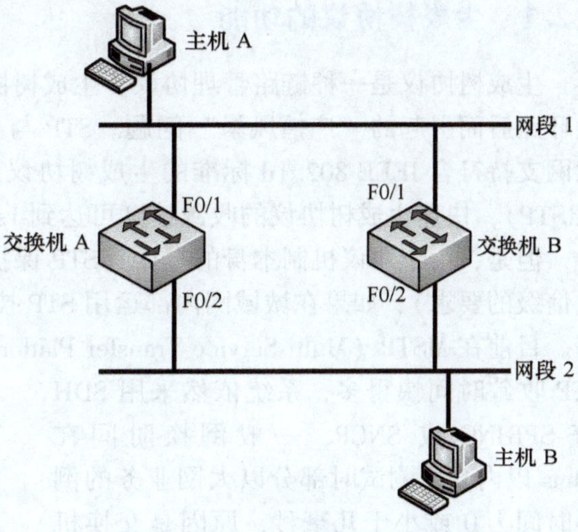

图 6-2 MAC 地址表不稳定的情况

6.1.3 多帧复制

在交换网络中存在环路时，由于交换机对未知单播帧多次复制传送到目的站点，可能会导致网络中的主机从不同的路径接收到了同一个数据，如图 6-3 所示，造成多帧复制。这种情况不但浪费了目的主机的资源，还会导致上层协议在处理这些数据帧时无法选择，严重时还可能导致不可恢复的错误。

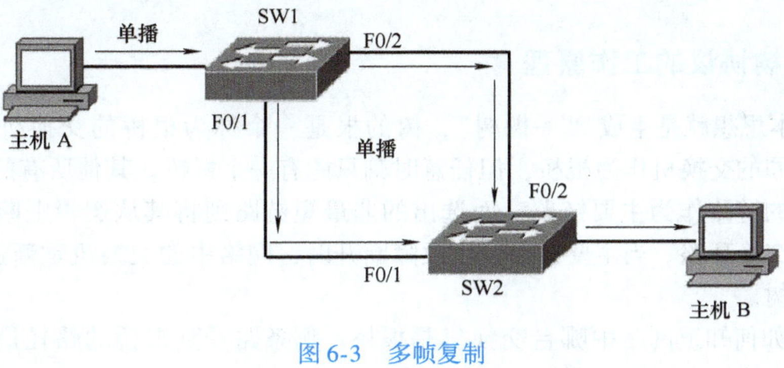

图 6-3 多帧复制

6.2 生成树协议

生成树协议（Spanning Tree Protocol，STP）可应用于在具有环路的网络中建立树形拓扑，消除网络中的环路，并且可以通过一定的方法实现路径冗余。生成树协议适合所有厂商的网络设备，在配置和体现功能强度上有所差别，但是在原理和应用效果上是一致的。

6.2.1 生成树协议的功能

生成树协议是一种链路管理协议，生成树协议的主要功能是解决网络中由于备份连接产生环路后而引起的“广播风暴”问题。STP 与 SDH 保护配合构成以太环网的双重保护。以太网支持符合 IEEE 802.1d 标准的生成树协议及符合 IEEE 802.1w 标准的快速生成树协议（RSTP），快速生成树协议的收敛速度可达到 1s。

但是，由于协议机制本身的局限，STP 保护速度慢（即使是 1s 的收敛速度也无法满足电信级的要求），如果在城域网内部运用 STP 技术，用户网络的动荡会引起运营商网络的动荡。目前在 MSTP（Multi-Service Transfer Platform）组成环网中，由于 SDH 保护倒换时间比 STP 收敛时间快得多，系统依然采用 SDH MS-SPRING 或 SNCP，一般倒换时间在 50ms 以内。但测试时部分以太网业务的倒换时间为 0 或小于几毫秒，原因是交换机内部具有较大缓存。

当网络中有环路时，生成树协议通过生成树算法 STA（Spanning Tree Algorithm）生成一个没有环路的网络。STA 通过阻塞一个或多个冗余端口的方式将环路网络修剪成无环路的树形网络，如图 6-4 所示，从而避免报文在环路网络中的增生和无限循环。当网络拓扑发生变化时，生成树协议将重新配置交换机的各个端口以避免链接丢失或者出现新的回路。

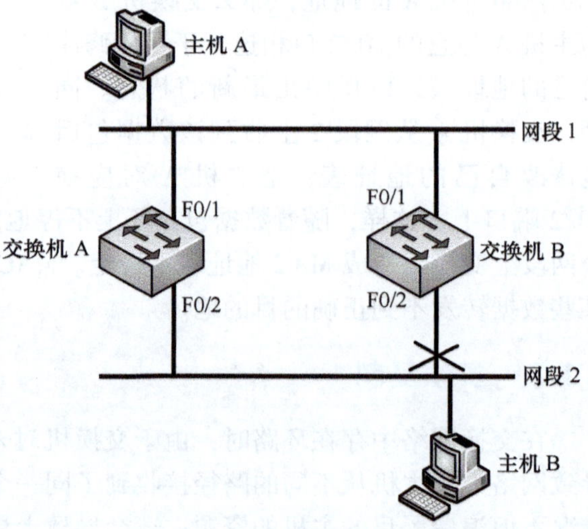

图 6-4 生成树协议启用

6.2.2 生成树协议的工作原理

STP 的基本思想就是生成“一棵树”，树的根是一个称为根桥的交换机，根据设置不同，会选择不同的交换机作为根桥，但任意时刻只能有一个根桥。其他所有的非根桥都寻找达到根桥最近的链路作为主要链路，而选出的非最短链路则将其从逻辑上断开，不转发数据，从而避免交换环路。当主要链路发生故障断开时，网络中的交换机重新进行 STP 计算，重新生成一棵树。

那么 STP 如何知道网络中哪台交换机是根桥？哪条路径到根桥的路径最短呢？为了确定这些信息，交换机之间必须进行一些信息交流，这些信息交流单元叫作桥接协议数据单元（Bridge Protocol Data Unit，BPDU）。STP 的 BPDU 是一种二层报文，其目的 MAC 地址是多播地址 01-80-C2-00-00-00，所有支持 STP 的交换机都会接收并处理收到的 BPDU 报文，从而互相告知交换机的桥 ID、链路性质、根桥 ID 等信息，以确定根桥，决定哪些端口处于转发状态，哪些端口处于阻断状态，以免引起网络环路。BPDU 报文中携带了用于生成树计算的所有有用信息，主要包含以下内容：

根交换机的 ID，由根交换机的优先级和 MAC 地址组合而成；

指定交换机到根交换机的最短路径开销；

指定交换机的 ID：由指定交换机的优先级和 MAC 地址组合而成；

指定端口的 ID：由指定端口的优先级和端口编号组成；

配置消息的生存期：MessageAge；

配置消息的最大生存期：MaxAge，默认为 20s；

配置消息发送的周期：HelloTime，默认为 2s；

端口状态迁移的延时：ForwardDelay，默认为 15s。

1. 确定根桥

当一台交换机第一次启动时，假定自己是根桥，在 BPDU 报文的根桥 ID 字段中填入自己的网桥 ID 并向外发送，交换机比较接收到的 BPDU 报文中根桥 ID 与自己的网桥 ID 的值哪个更小，且取小向外发送，最后值最小的交换机为根桥。

2. 确定最短路径

根桥发送一个根路径成本值为 0 的 BPDU 报文，当下一个交换机接收到 BPDU 报文时就把 BPDU 路径成本相加，依次类推，交换机计算完根路径成本后把值保存在它的内存里，当接收到一个较小的就替换它，最终确定到根桥的最短路径。生成树协议路径开销如表 6-1 所示。

表 6-1 生成树协议路径开销

链路速率	开销（修订后的 IEEE 规范）	开销（修订前的 IEEE 规范）
10Gbit/s	2	1
1Gbit/s	4	1
100Mbit/s	19	10
10Mbit/s	100	100

6.2.3 生成树协议的工作过程

生成树协议采用生成树算法来计算路径。生成树协议定期发送 BPDU 报文，首先在网络中选取一个根桥（唯一），然后在每个非根桥上选取一个根端口，最后在每个网段选取一个指定端口，这些工作完成后，交换机上的每个端口就都有了一个身份，其中成为指定端口和根端口的交换机端口进入转发状态，进行数据转发，而剩余的端口进入阻塞状态，不进行数据转发。

1. 选择根桥

整个网络有且仅有一个根桥。选择根桥的依据是交换机的网桥优先级，网桥优先级是用来衡量网桥在生成树算法中优先级的十进制数，取值范围是 0 ~ 65535，默认值是 32768。根桥 ID 由交换机优先级 + 交换机端口 MAC 地址组成（网桥 ID（8B）= 交换机优先级（2B）+ 交换机端口 MAC 地址（6B）），共计 8 个字节。一些交换机的优先级默认为 32768，可以修改。网桥 ID 值小的为根桥，当优先级相同时，MAC 地址小的为根桥。根桥默认每 2s 发送一次 BPDU 报文。

2. 选择根端口

在每个非根桥选取唯一一个根端口（根桥上没有根端口）：以根桥为参考点，对于多个路径，采用链路开销最小的路径作为活动路径，该交换机到根桥的端口，成为根端口；如果多条路径开销相同，采用端口 ID 最小的端口成为根端口。端口 ID 通常为端口的 MAC 地址。

3. 选择指定端口

每个网段上选择一个指定端口。在交换机中网桥 ID 值较小的端口成为指定端口，如果所在交换机的网桥 ID 值相同，比较端口的 ID 值，端口的 ID 值较小的成为指定端口。另外根桥的端口皆为指定端口，因为根桥上端口的根路径成本为 0。

被选定为根端口和指定端口的端口进入转发状态，落选端口进入阻塞状态，只侦听 BPDU 报文。阻塞端口在指定的时间间隔（默认 20s）收不到 BPDU 报文时，网桥交换机会重新运行生成树算法来选举根桥，在运行生成树算法的过程中，网络处于阻断状态，所有端口都不进行转发，计算过程默认为 50s。

6.2.4 生成树协议的端口状态

Blocking（阻塞状态）：此时，交换机端口为非指定端口，不会参与数据帧的转发。该端口通过接收 BPDU 来判断根桥的位置和根桥的 ID，以及在 STP 拓扑收敛结束之后，判断各交换机端口应该处于什么状态。在默认情况下，端口会在这种状态下停留 20s 时间。

Listening（侦听状态）：若一个端口可以成为根端口或指定端口，则转入侦听状态，此时，该端口不能接收或传输数据，也不能将 MAC 地址加入到它的地址表，只能接收或发送 BPDU 报文。

Learning（学习状态）：若一个端口准备参与数据帧的转发，并开始填写 MAC 表，表示此端口为学习状态。在默认情况下，端口会在这种状态下停留 15s 时间。

Forwarding（转发状态）：若一个端口已经成了活动拓扑的一个组成部分，它会转发数据帧，并同时收发 BPDU，表示此端口为转发状态。

Disabled（禁用状态）：若一个端口不参与生成树，也不转发数据帧，表示该端口为禁用状态。

在正常操作期间，端口处于转发或阻塞状态。当检测到网络拓扑结构有变化时，交换机会自动进行状态转换，在此期间端口暂时处于监听和学习状态。

6.2.5 生成树协议中的时间

当网络拓扑发生变化时，新的 BPDU 要经过一定的时延才能传播到整个网络，即存在转发延时，协议默认转发延时的值是 15s，在所有交换机收到这个变化的消息之前，若旧拓扑结构中处于转发状态的端口还没有发现应该在新的拓扑中停止转发，则可能造成临时环路。为了解决临时环路的问题，生成树协议使用了一个定时器策略，即从端口阻塞状态到转发状态中间加上一个只学习 MAC 地址但不参与转发的中间状态，两次状态切换的时间长度与转发延时相同，这样就可以保证在拓扑结构发生变化时不会产生临时环路，但这种情况实际上带来了至少两倍的转发延时的收敛时间。

STP 运作受 3 个计时器的控制：

HELLO 时间（BPDU 发送间隔）：端口定时发送 BPDU 的间隔时间，默认 2s。

Forward-Delay（转发延迟时间）：端口从侦听状态转为学习状态或从学习状态转为侦听状态的时间，默认 15s。

Max-Age（最大老化时间）：BPDU 报文消息生存的最长时间，默认 20s。当超过这个时间，报文消息将被丢弃。

端口状态转移时间：假设一个端口从禁用状态接入到网络中来，这时禁用状态转到阻塞状态，阻塞状态可以接收 BPDU 数据，在经过 20s 的信息老化时间后，端口进入侦听状态。再经过 15s 的 BPDU 数据比较，如果该端口接收到的 BPDU 数据为最优先的，则进入学习状态。这时如果收到的 BPDU 数据比自己的优先级更低，则再等 15s 的转发延迟，端口进入转发状态，整个过程需要 50s 左右。

生成树协议经过一段时间（默认值是 50s 左右）稳定之后，所有端口要么进入转发状态，要么进入阻塞状态。BPDU 仍然会定时从各个网桥的指定端口发出，以维护链路的状态。如果网络拓扑发生变化，生成树就会重新计算，端口状态也会随之改变。

6.2.6 生成树协议的缺点

生成树协议虽然解决了交换链路冗余的问题，但随着应用的深入和网络技术的发展，其缺点和潜在的问题也被暴露了出来，主要表现为如下几个方面。

1. 双工不匹配

在点到点链路上，双工不匹配是一种常见的配置错误。当链路的一侧采用手工方式配置为全双工模式，而另一侧却使用自动协商的默认配置时，就可能发生双工不匹配的情况。

2. 单向链路失效

单向链路失效是产生桥接环路一个常见的原因。如果光纤链路存在没有检测出来的故障或收发器故障，通常导致单向链路失效。在启用 STP 来提供网络冗余的情况下，对于两个链路伙伴之间所连接的物理链路，如果由于某种原因导致这条链路工作在单向通信的状态下，那么就可能导致桥接环路或路由选择黑洞，进而对维护网络稳定非常有害。

3. 帧破坏

帧破坏是导致 STP 故障的另外一种原因。如果端口存在数据传输错误率高的情况，其结果有可能就会导致 BPDU 的丢失，而这会使处于阻塞状态的端口过渡到转发状态。虽然如此，但因为 STP 默认参数是非常保守的，所以很少会发生上述情况。

4. 资源错误

即使在由专门的 ASIC 硬件执行大部分交换功能的高端交换机中，STP 仍然由 CPU 来执行。这就意味着，如果出于某种原因而过度使用了网桥的 CPU，那么就可能导致 CPU 没有足够的资源来发出 BPDU。通常情况下，STP 不是一种密集调用处理器的应用，而且 STP 的优先级高于其他进程。因此，出现资源问题的可能性并不大。

5. PortFast 配置错误

如果管理员在端口上启用了 PortFast 特性，那么当链路启动的时候，端口就会绕过 STP 的监听和学习状态，直接过渡到转发状态。但是如果在错误的端口上配置了 PortFast 特性，那么这种快速过渡就有可能导致桥接环路。PortFast 只能配置在接入层交换机中。

6.3 快速生成树协议

6.3.1 生成树协议的改进

为了解决 STP 收敛时间长这个缺陷，IEEE 推出了 802.1w 标准。在 IEEE 802.1w 标准里定义了快速生成树协议（Rapid Spanning Tree Protocol，RSTP）。它比 802.1d 多了两种端口类型：替换端口类型和备份端口类型。RSTP 在 STP 基础上做了三点重要改进，使得收敛速度更快（最快 1s 以内）。

1. 设置替换端口

为根端口和指定端口设置了快速切换用的替换端口（Alternate Port）和备份端口（Backup Port），在根端口或指定端口失效的情况下，替换端口或备份端口就会无时延地进入转发状态。

2. 简化端口点对点链路认证

在只连接了两个交换端口的点对点链路中，指定端口只需与下游网桥进行一次握手就可以无时延地进入转发状态。如果是连接了三个以上网桥的共享链路，下游网桥是不会响应上游指定端口发出的握手请求的，只能等待两倍 Forward Delay 时间进入转发状态。

3. 人工配置端口连接状态

直接与根桥相连而不是把其他网桥相连的端口定义为边缘端口（Edge Port）。边缘端口可以直接进入转发状态，不需要任何延时。由于网桥无法知道端口是否直接与终端相连，所以需要人工配置。

可见，RSTP 相对于 STP 的确改进了很多。为了支持这些改进，BPDU 的格式做了一些修改，但 RSTP 仍然向下兼容 STP，可以混合组网。虽然如此，RSTP 和 STP 一样同属于单生成树（Single Spanning Tree，SST），有它自身的诸多缺陷，主要表现在两个方面。

1）由于整个交换网络只有一棵生成树，在网络规模比较大的时候会导致较长的收敛时间，拓扑改变的影响面也较大。

2）近些年 IEEE 802. 1Q 逐渐成为交换机的主要应用标准协议。在网络结构对称的情况下，单生成树也没什么大碍。但是，在网络结构不对称的时候，单生成树就会影响网络的连通性。

6.3.2 STP 与 RSTP 的比较

当交换机或端口发生故障时，RSTP 能快速地恢复网络连接，一个新的根端口可快速地从帧听状态转换到转发状态。

在理想情况下，RSTP 是网络中使用的默认生成树协议，由于 STP 和 RSTP 之间的兼容性，由 STP 到 RSTP 可以实现无缝转换。

1. 兼容性

RSTP 可以与 STP 安全兼容，RSTP 可以根据收到的 BPDU 版本号自动判断与之相连接的交换机支持的是 STP 还是 RSTP，如果是与 STP 交换机互联就只能按 STP 的转发方法转发，即 30s 的延时，这样无法发挥 RSTP 的最大功效。

2. RSTP 的改进

RSTP 提供了协议迁移（Protocol Migration）功能，该功能的主要作用是当互相通信的两台交换机之间不明确是否支持 RSTP 时，发送信息的交换机强制发出 RSTP BPSU，从而避免了发送 STP BPDU 后产生误会而影响网络效率的情况。

6.4 VLAN 生成树协议

PVST 指 Per-VLAN Spanning Tree（每个 VLAN 生成树）。当网络中有多个 VLAN 时，必

须保证每一个 VLAN 都不存在环路，即每个 VLAN 都生成一棵树，而 PVST 能够保证每一个 VLAN 都不存在环路。PVST 可以控制每个 VLAN，决定哪些端口可以转发数据，从而实现负载均衡，缺点是如果 VLAN 数量过多，会给交换机带来较大的负担。

为了携带更多的信息，PVST BPDU 的格式和 STP/RSTP BPDU 格式不同，发送的目的地址也改成了思科保留地址 01-00-0C-CC-CC-CD，而且在 VLAN Trunk 的情况下 PVST BPDU 被打上了 802.1Q VLAN 标签，所以 PVST 协议并不兼容 STP/RSTP。

思科很快又推出了经过改进的 PVST+协议，并成为交换机产品的默认生成树协议。经过改进的 PVST+协议在 VLAN1 上运行的是普通 STP，在其他 VLAN 上运行 PVST 协议。PVST+协议可以与 STP/RSTP 互通，在 VLAN1 上生成树状态按照 STP 计算。在其他 VLAN 上，普通交换机只会把 PVST BPDU 当作多播报文按照 VLAN 号进行转发。

由于每个 VLAN 都有一棵独立的生成树，单生成树的种种缺陷都被克服了。同时，PVST 带来了新的好处，那就是二层负载均衡。

6.5 多实例生成树协议

多实例生成树协议（Multi-Instance Spanning Tree Protocol，MISTP）定义了实例（Instance）的概念，简单来说，STP/RSTP 是基于端口的，PVST/PVST+是基于 VLAN 的，而 MISTP 就是基于实例的。所谓实例就是多个 VLAN 的一个集合，通过多个 VLAN 捆绑到一个实例中去的方法可以节省通信开销和资源占用率。

在使用的时候可以把多个相同拓扑结构的 VLAN 映射到一个实例里，这些 VLAN 在端口上的转发状态将取决于对应实例在 MISTP 里的状态。值得注意的是网络里所有交换机的 VLAN 和实例映射关系必须都一致，否则会影响网络连通性。为了检测这种错误，MISTP BPDU 里除了携带实例号以外，还要携带实例对应的 VLAN 关系等信息。MISTP 不处理 STP/RSTP/PVST BPDU，所以不能兼容 STP/RSTP，甚至不能向下兼容 PVST/PVST+协议，在一起组网的时候会出现环路。为了让网络能够平滑地从 PVST+模式迁移到 MISTP 模式，思科在交换机产品里又做了一个可以处理 PVST BPDU 的混合模式 MISTP-PVST+。网络升级的时候需要先把设备都设置成 MISTP-PVST+模式，然后再全部设置成 MISTP 模式。

MISTP 带来的好处是显而易见的，它既有 PVST 的 VLAN 认知能力和负载均衡能力，又拥有可以和 SST 媲美的低 CPU 占用率。不过，极差的向下兼容性和协议的私有性阻挡了 MISTP 的大范围应用。

MISTP 精妙的地方在于把支持 MISTP 的交换机和不支持 MISTP 的交换机划分成不同的区域，分别称为 MST 域和 SST 域。在 MST 域内部运行多实例化的生成树，在 MST 域的边缘运行与 RSTP 兼容的内部生成树（Internal Spanning Tree，IST）。

MISTP 设备内部需要维护的生成树包括若干个 IST，IST 个数和连接了多少个 SST 域有关。另外，还有若干个多生成树实例（Multiple Spanning Tree Instance，MSTI）确定的 MISTP 生成树，其个数由配置了多少个实例决定。

MISTP 相对于之前的生成树协议而言，优势非常明显。MISTP 具有 VLAN 认知能力，可以实现负载均衡，可以实现类似 RSTP 的端口状态快速切换，可以捆绑多个 VLAN 到一个实例中以降低资源占用率。MISTP 更大的优势是具备 PVST 的 VLAN 认知能力和负载均衡能力，但向下的不兼容性和协议的私有性阻挡了 MISTP 的大范围应用。而且，MISTP 是 IEEE 标准协议，推广的阻力相对小得多。

6.6 生成树协议的配置

6.6.1 生成树协议常用命令

1. 打开、关闭 STP

（1）启用 STP

Switch（config）#spanning-tree vlan vlan-list

（2）禁用 STP

Switch（config）#no spanning-tree vlan vlan-list

（3）在端口上启用 STP Root Guard 功能

Switch（config-if）#spanning-tree guard {root|none}

如果连接到某端口上的另一个交换机试图成为根桥，则该端口不会转入监听状态，当端口上检测不到 BPDU 时，就会返回到正常运行状态。

（4）启用和关闭 STP 快速端口

switch（config-if）#spanning-tree portfast

switch（config-if）#no spanning-tree portfast

通过启用快速端口，可以大大减少处于侦听和学习状态的时间，快速端口几乎可以立刻进入转发状态。快速端口使工作站或者服务器连接到网络的时间减至最短。

2. 设置生成树协议的模式

Switch（config）#spanning-tree mode [pvst|rapid-pvst|mst]

依据交换机厂商实际情况，可以将交换机的生成树协议设置为 MISTP、RSTP、PVST 等模式，该命令设置生成树协议模式的默认值为 PVST。若选 rstp 参数，则允许 RSTP+；若选 mst 参数，则表示允许 MISTP 和 RSTP；若选 rapid-pvst 参数，则允许 Rapid-pvst+。

3. 设置交换机或端口优先级

（1）设置优先级

Switch（config）#spanning-tree vlan *vlan-id* primary *primary*

设置交换机的优先级关系到哪个交换机可以作为整个网络或某个 VLAN 的根桥的问题，同时也关系到整个网络或某个 VLAN 的拓扑结构。一般情况下，管理员会将核心交换机的优先级设置高些（数值越小，优先级越高），有利于网络的稳定。

vlan-id 的取值范围：1～4096。

primary 设置有 16 个选项，均为 4096 的倍数，分别为 0、4096、8192、12288、16384、20480、24576、28672、32768、36864、40960、45056、49152、53248、57344、61440，默认值为 32768。

例如：Switch（config）#spanning-tree vlan *vlan-id* root *primary*

该命令的参数 *primary* 表示将主网桥优先级置为 24576。

Switch（config）#spanning-tree vlan *vlan-id* root *secondary*

该命令的参数 *secondary* 表示将备份网桥优先级置为 28672。

（2）设置端口在所有 VLAN 或指定 VLAN 中的优先级

Switch（config-if）#spanning-tree vlan *vlan-id* port-priority *priority*

该命令设置指定端口在所有 VLAN 或指定 VLAN 中的优先级。

vlan-id 的取值范围：1 ~ 4096。

priority 设置有 16 个选项，均为 16 的倍数，即 0、16、32、48、64、…、240，默认的情况为 128。

4. 设置 VLAN 信息

（1）设置指定 VLAN 转发延迟时间（端口状态改变的时间间隔）

Switch（config）#spanning-tree vlan *vlan-list* forward-time delay

delay 的取值范围为 4 ~ 15s，默认为 15s。

（2）设置指定 VLAN 的 max-age（BPDU 报文消息生存的最长时间）

Switch（config）#spanning-tree vlan *vlan-list* max-age agingtime

agingtime 取值范围为 6 ~ 40s，默认值为 20s。*vlan-list* 为 VLAN 范围。

（3）设置 VLAN Hello 时间

Switch（config）#spanning-tree vlan *vlan-id* hello-time seconds

设置每一个 VLAN 的 Hello 间隔，seconds 的取值范围是 1 ~ 10s，默认为 2s。

（4）修改转发延迟计时器

Switch（config）#spanning-tree vlan *vlan-id* forward-time seconds

可以修改每一个 VLAN 的转发间隔，seconds 取值范围是 1 ~ 10s，默认为 2s。

5. 设置端口路径代价的默认计算方法

Switch（config）#spanning-tree pathcost method {long|short}

其中，{long|short} 代表设置的值是长整型（32 位）或短整型（16 位），默认值为短整型。如果是 10Gbit/s 或更高带宽的端口，则应将网络中所有交换机上的端口代价值设置为 long，恢复默认值命令为 Switch（config）no spanning-tree pathcost method。

6. 显示 STP 信息

（1）显示 STP 详细信息

Switch#shows panning-tree [active | detail]

detail 参数可以显示每个 VLAN 中每个端口的详细信息。

（2）显示 STP 端口信息

Switch#show spanning-tree interface *interface-id*

（3）显示 STP VLAN 信息

Switch#show spanning-tree vlan *vlan-id*

6.6.2 生成树协议配置实例分析

按图 6-5 所示网络拓扑，配置网络中的快速生成树协议，使网络取消环路，形成树形网络结构。

1. 交换机 Switch1 基本配置

将 Switch1 命名为 SW1，在 SW1 上配置 VTP 和 Trunk：

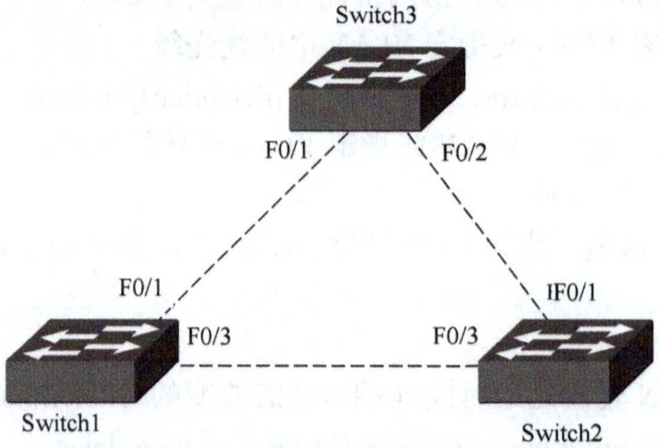

图 6-5 配置快速生成树网络拓扑

```
Switch（Config）#  hostname SW1
SW1#vlan database                                  /进入 VLAN DATEBASE
SW1（vlan）#vtp server                             /配置成为 VTP SERVER 端
SW1（vlan）#vtp domain ambow. com                  /配置 VTP 域
SW1（vlan）#vtp pruning                            /打开 VTP 修剪
SW1（vlan）#vtp v2 - mode                          /使用 V2 版的 VTP
SW1（vlan）#vtp password ambow                     /配置 VTP 密码
SW1（vlan）#vlan 10 name vlan - 10                 /创建 VLAN10，并命名为 vlan - 10
SW1（vlan）#vlan 20 name vlan - 20                 /创建 VLAN20，并命名为 vlan - 20
SW1（vlan）#exit
SW1（config）#interface F0/1                       /配置中继端口
SW1（config-if）#switchport trunk encapsulation isl
SW1（config-if）#switchport mode trunk
SW1（config-if）#exit
SW1（config）#interface F0/3                       /配置中继端口
SW1（config-if）#switchport trunk encapsulation isl
SW1（config-if）#switch port mode trunk
SW1（config）#spanning-tree vlan 10，20             /开启生成树协议
SW1（config）#spanning-tree mode rstp              /采用 RSTP 生成树模式
SW1（config-if）#exit
```

2. 交换机 Switch2 基本配置

将 Switch2 命名为 SW2，之后在 SW2 上配置 VTP 和 Trunk：

```
Switch（Config）#  hostname SW2
SW2#vlan database                                  /进入 VLAN DATEBASE
SW2（vlan）#vtp client                             /配置成为 VTP CLIENT 端
SW2（vlan）#vtp domain ambow. com                  /配置 VTP 域
SW2（vlan）#vtp pruning                            /打开 VTP 修剪
SW2（vlan）#vtp v2 - mode                          /使用 V2 版的 VTP
```

```
SW2 (vlan) #vtp password ambow                    /配置 VTP 密码
SW2 (vlan) #exit
SW2 (config) #interface F0/1                      /配置中继端口
SW2 (config-if) #switchport trunk encapsulation isl
SW2 (config-if) #switchport mode trunk
SW2 (config-if) #exit
SW2 (config) #interface F0/3                      /配置中继端口
SW2 (config-if) #switchport trunk encapsulation isl
SW2 (config-if) #switchport mode trunk
SW2 (config) #spanning-tree vlan 10, 20           /开启生成树协议
SW2 (config) #spanning-tree mode rstp             /采用 RSTP 模式
SW2 (config-if) #exit
```

3. 交换机 Switch3 基本配置

将 Switch3 命名为 SW3，之后在 SW3 上配置 VTP 和 Trunk：

```
SW3#vlan database                                 /配置中继端口
SW3 (vlan) #vtp client                            /配置成为 VTP CLIENT 端
SW3 (vlan) #vtp domain ambow. com                 /配置 VTP 域
SW3 (vlan) #vtp pruning                           /打开 VTP 修剪
SW3 (vlan) #vtp v2 - mode                         /使用 V2 版的 VTP
SW3 (vlan) #vtp password ambow                    /配置 VTP 密码
SW3 (vlan) #exit
SW3 (config) #interface F0/11                     /配置中继端口
SW3 (config-if) #switchport trunk encapsulation isl
SW3 (config-if) #switchport mode trunk
SW3 (config-if) #exit
SW3 (config) #interface F0/12                     /配置中继端口
SW3 (config-if) #switchport trunk encapsulation isl
SW3 (config-if) #switchport mode trunk
SW3 (config) #spanning-tree vlan 10, 20           /开启生成树协议
SW3 (config) #spanning-tree mode rstp             /采用 RSTP 模式
SW2 (config-if) #exit
```

4. 划分 VLAN 的配置

```
SW1 (config) #interface F0/1
SW1 (config-if) #switchport mode access
SW1 (config-if) #switchport access vlan 10        /将 F0/1 端口划入 VLAN10
SW1 (config-if) #exit
SW2 (config) #interface F0/2
SW2 (config-if) #switchport mode access
SW2 (config-if) #switchport access vlan 20        /将 F0/2 端口划入 VLAN10
```

本章小结

在网络建设过程中，为了保证网络的正常运行，往往要将骨干链路设计为冗余链路，这样网络中就可能产生环路并产生广播风暴。使用生成树协议，可以保证当桥接网络环境中存在多条冗余物理链路时，只有一条链路处于活动状态。快速生成树 RSTP 解决了 STP 收敛速率慢的问题，提高了网络的效率。

本章习题

选择题

1. 在具有一个生成树实例的已收敛的网络中，将存在哪两项要素？(   )

A. 每个网络有一个根桥　　B. 所有非指定端口转发

C. 每个非根桥有一个根端口　　D. 每个网段有多个指定端口

E. 每个网络有一个指定端口

2. 交换机使用哪两个条件来选择根桥？(   )

A. 网桥的优先级　　B. 交换速度

C. 端口数量　　D. 基本 MAC 地址

E. 交换机位置　　F. 内存大小

3. 端口处于哪种 STP 状态下时会记录 MAC 地址但不转发用户数据？(   )

A. 阻塞　　B. 学习

C. 侦听　　D. 禁用

4. 生成树拓扑收敛过程的第一步是什么？(   )

A. 选举根桥　　B. 阻塞非指定端口

C. 选择指定中继端口　　D. 确定每个网段的指定端口

5. 网络管理员可采取什么措施来影响 STP 交换机根桥选举？(   )

A. 将交换机上的所有端口都配置为静态根端口

B. 将交换机的 BPDU 的值更改为比网络中的其他交换机的 BPDU 低的值

C. 为交换机分配比网络中其他交换机的 IP 地址小的 IP 地址

D. 将交换机的优先级的值设置为比网络中的其他交换机的优先级低的值

6. 在交换机间存在冗余连接的第二层交换环境中，下列有关 STP 的默认运行情况的说法中哪两项正确？(   )

A. 根桥是具有最高速端口的交换机

B. 当两个端口开销相等时，有关阻塞哪个端口的决策取决于端口优先级和身份标识

C. 所有中继端口均为指定端口，不会被阻塞

D. 根桥上的所有端口均被设置为根端口

E. 每台非根交换机仅拥有一个根端口

7. 当开发 PVST + 时，修改了网桥 ID 是为了加入什么信息？(   )

A. 网桥的优先级　　B. MAC 地址

C. 协议　　　　　　　　　　　　　D. VLAN ID

8. 有关 STP 与 RSTP 的比较，以下哪个说法是正确？（　　）

A. STP 和 RSTP 使用同一种 BPDU 格式

B. STP 会指定备份端口，RSTP 只有根端口、替换端口和指定端口

C. STP 的端口状态与端口相互独立，RSTP 的端口状态与端口角色绑定在一起

D. STP 会等待网络收敛后再将端口设置为转发状态，RSTP 会立即将替换端口设置为转发状态

9. 交换机通过哪两种形式使用 BPDU 中的信息？（　　）

A. 用于在交换机之间协商中继链路

B. 用于设置冗余链路的双工模式

C. 用于确定到达根桥的最短路径

D. 用于通过在相连的交换机间共享桥接表来防止环路

E. 用于确定将哪些端口作为生成树的一部分来转发帧

10. 生成树协议中的哪两项功能会影响交换网络在发生拓扑变化后达到收敛所需的时间？（　　）

A. 最大老化时间计时器　　　　　　B. 生成树抑制计时器

C. 转发延时　　　　　　　　　　　D. 生成树路径开销

E. 阻塞延时

本章实训——配置冗余网络的多实例生成树协议

1. 实训目的

理解多实例生成树协议 MISTP 的配置及原理，并掌握 MISTP 的配置方法。

2. 实训内容

根据图 6-6 所示的网络拓扑，在网络中存在冗余链路的情况下，进行 VLAN 的划分，实现不同交换机之间 VLAN 内部的通信，启用生成树协议，避免网络环路的产生。

3. 实训网络拓扑

两台二层交换机通过两个端口连接，实现冗余链路，MISTP 生成树协议网络拓扑如图 6-6 所示。

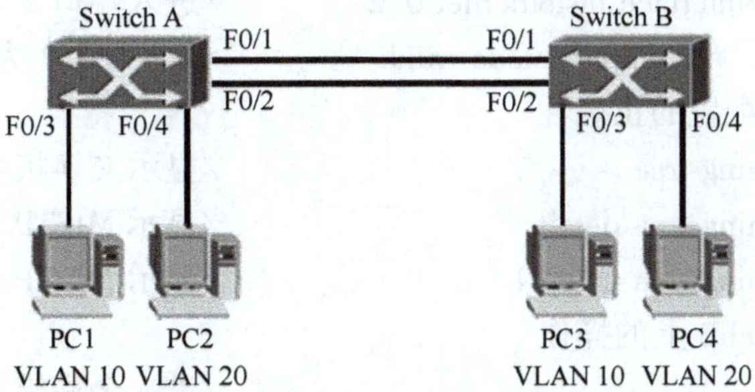

图 6-6　MISTP 生成树协议网络拓扑

4. IP 地址规划

设　备	端　口	IP 地址	子网掩码	默认网关
PC1	网卡	192.168.1.10	255.255.255.0	无
PC2	网卡	192.168.2.10	255.255.255.0	无
PC3	网卡	192.168.1.11	255.255.255.0	无
PC4	网卡	192.168.2.11	255.255.255.0	无
SwitchA	F0/1	无		
	F0/2	无		
SwitchB	F0/1	无		
	F0/2	无		

5. 实训步骤（参考）

（1）在交换机 SwitchA 上的操作

Switch > enable　　/进入全局模式
Switch #configure terminal　　/进入特权模式
Switch（config）#hostname SwitchA　　/把交换机命名为 SwitchA
SwithcA（config）#spanning-tree　　/开启生成树协议
SwithcA（config）#spanning-tree mode mstp　　/采用 MISTP 生成树模式
SwithcA（config）#spanning-tree priority 8192　　/设置交换机 SwithcA 为根
SwithcA（config）#vlan 10　　/创建 VLAN10
SwithcA（config-vlan）#exit
SwithcA（config）#vlan 20　　/创建 VLAN20
SwithcA（config-vlan）#exit
SwithcA（config）#interface fastethernet 0/3　　/进入端口 3
SwithcA（config-if）#switchport access vlan 10　　/分配端口 3 给 VLAN10
SwithcA（config）#interface fastethernet 0/4　　/进入端口 4
SwithcA（config-if）#switchport access vlan 20　　/分配端口 4 给 VLAN20
SwithcA（config）#interface fastethernet 0/1　　/进入端口 1
SwithcA（config-if）#switchport mode trunk　　/定义 F0/1 为 Trunk 端口
SwithcA（config）#interface fastethernet 0/2　　/进入端口 2
SwithcA（config-if）#switchport mode trunk　　/定义 F0/2 为 Trunk 端口

（2）检查 SwitchA 配置的正确性

SwithcA#show spanning-tree　　/显示交换机生成树的状态
SwithcA#show spanning-tree detail　　/显示 MISTP 的详细配置信息
SwithcA#show spanning-tree mistp 1　　/显示 MISTP 的实例 1 配置

（3）在交换机 SwitchB 上的操作

Switch > enable　　/进入全局模式
Switch#configure terminal　　/进入特权模式
Switch（config）#hostname SwitchB　　/把交换机命名为 SwitchB

```
SwitchB（config）#spanning-tree                      /开启生成树协议
SwitchB（config）#spanning-tree mode mistp           /采用 MISTP 生成树模式
SwitchB（config）#vlan 10                            /创建 VLAN10
SwitchB（config-vlan）#exit
SwitchB（config）#vlan 20                            /创建 VLAN20
SwitchB（config-vlan）#exit
SwitchB（config）#interface fastethernet 0/3         /进入端口 3
SwitchB（config-if）#switchport access vlan 10       /分配端口 3 给 VLAN10
SwitchB（config）#interface fastethernet 0/4         /进入端口 4
SwitchB（config-if）#switchport access vlan 20       /分配端口 4 给 VLAN20
SwitchB（config）#interface fastethernet 0/1         /进入端口 1
SwitchB（config-if）#switchport mode trunk           /定义 F0/1 为 Trunk 端口
SwitchB（config）#interface fastethernet 0/2         /进入端口 2
SwitchB（config-if）#switchport mode trunk           /定义 F0/2 为 Trunk 端口
```

（4）检查 SwitchB 配置的正确性

```
SwitchB#show spanning-tree                           /显示交换机生成树的状态
SwitchB#show spanning-tree detail                    /显示 MISTP 全局配置
SwitchB#show spanning-tree mistp 1                   /显示 MISTP 实例 1 配置
```

6. 查看并测试配置结果

1）验证交换机 SwitchB 的端口 1 和 2 的状态。

```
SwitchB# show spanning-tree interface fastethernet 0/1
SwitchB# show spanning-tree interface fastethernet 0/2
```

2）如果交换机 SwitchA 与交换机 SwitchB 的端口 1 之间的链路关闭的话，验证交换机 SwitchB 端口 2 的状态，并观察状态转换时间。

```
SwitchB#show spanning-tree interface fastethernet 0/2
```

3）如果交换机 SwitchA 与交换机 SwitchB 之间的一条链路关闭（拔掉网线），验证 PC1 与 PC3 是否仍能互相 ping 通，并观察 ping 的丢包情况。

```
C:\>ping 192.168.0.136 -t
```

第7章

路由技术

路由技术主要是指路由协议，路由协议可以分为静态路由协议和动态路由协议。动态路由协议分为两大类：内部网关协议（Interior Gateway Protocol，IGP）和外部网关协议（Exterior Gateway Protocol，EGP）。

7.1　路由协议和可路由协议

7.1.1　TCP/IP 网络层概述

TCP/IP 参考模型自 20 世纪 70 年代诞生以来已经经历了 50 多年的实践检验，成功地促进了 Internet 的发展，Internet 的发展又进一步扩大了 TCP/IP 的影响。

TCP/IP 中负责路由选择的是网络互联层（Internet Layer），俗称 IP 层，该层处理互联网主机之间的通信。主机接收来自传输层的请求，并传输某个具有目的地址信息的分组。该层把分组封装到 IP 数据报中，填入数据报的首部（也称为报头，IP 首部格式如图 7-1 所示），使用路由算法来选择是直接把数据报发送到目标机还是把数据报发送给路由器，然后把数据报交给下面网络接口层中对应的网络接口模块。网络互联层处理接收到的数据报，检验其正确性，使用路由算法来决定数据报是在本地进行处理还是继续传送到一下网络。网络互联层最重要的协议是 IP，图 7-1 IP 报头中的源地址和目的地址在路由选择中起到了很重要的作用。

00 01 02 03 04 05 06 07 08 09 10 11 12 13 14 15 16 17 18 19 20 21 22 23 24 25 26 27 28 29 30 31 (bit)

版本	报头长度	服务类型	总长度
标识数据包分段情况		标识数据包是否允许分段	段偏移量
生存期		协议	头部校验和
源地址			
目标地址			
可选项			
数据			

图 7-1　IP 首部格式

7.1.2　路由协议

路由协议（Routing Protocol）是使得路由器能够和其他路由器进行通信，从而创建和更新自己路由表的协议。路由协议通过在路由器之间共享路由信息来支持可路由协议。路由信息在相邻路由器之间传递，确保所有路由器知道到其他路由器的路径。总之，路由协议创建了路由表，描述了网络拓扑结构；路由协议与路由器协同工作，执行路由选择和数据包转发功能。

7.1.3 可路由协议

可路由协议（Routed Protocol）是指数据包通过路由器能够从一个子网上的主机被转发到另一个子网上的主机所使用的网络层协议。可路由协议主要有 IP、IPX 协议、APPLE TALK 协议，它们都能提供第三层的支持，它们的地址都有网络地址和主机地址之分。

7.2 路由协议的分类

动态路由是指路由协议可以自动根据实际情况生成路由表的方法。路由协议依据其生成路由表采用的算法，可以分为距离矢量路由协议和链路状态路由协议；依据其工作在网络中的位置，可以分为内部网关路由协议和外部网关路由协议。

7.2.1 依据生成路由表采用的算法分类

动态路由的主要优点是，在网络中存在到达目的站点的多条路径的情况，路由器启用路由选择协议（如 RIP 或 IGRP）之后，如果正在进行数据传输的一条路径发生了中断，路由器可以自动地选择另外一条路径传输数据。依据计算路由信息方法不同，路由协议可分成两种基本路由协议。

1. 距离矢量路由协议

距离矢量（Distance Vector）路由协议计算网络中链路的距离矢量，然后根据计算结果进行路由选择，典型的距离矢量路由协议有 IGRP、RIP 等。路由器定期向邻居路由器发送消息，消息的内容就是自己的整个路由表，如到达目的网络所经过的距离、下一跳地址等信息。运行距离矢量算法的路由器会根据相邻路由器发送过来的信息，更改自己的路由表。

2. 链路状态路由协议

典型的链路状态（Link State）路由选择协议有 OSPF 等，链路状态路由协议的目的是得到整个网络的拓扑结构。运行链路状态路由协议的每个路由器都要提供链路状态的拓扑结构信息，信息的内容包括路由器所连接的网段链路和该链路的物理状态。路由器根据网络拓扑结构变化的返回信息，及时修改路由配置，以适应新的路由选择。

7.2.2 依据协议的工作区域分类

依据路由器在网络中工作位置不同，路由协议可以分为内部网关协议（Interior Gateway Protocol，IGP）和外部网关协议（Exterior Gateway Protocol，EGP）两大类，如图 7-2 所示。

由于历史的原因，当前的 Internet 由一系列的自治系统组成（一个自治系统往往对应一个组织实体，比如一个公司或大学），各自治系统通过一个核心路由器连到主干网上，每个自治系统都有自己的路由技术。用于自治系统间端口上的路由协议称为外部网关协议；而用于自治系统内部的路由协议称为内部网关协议。

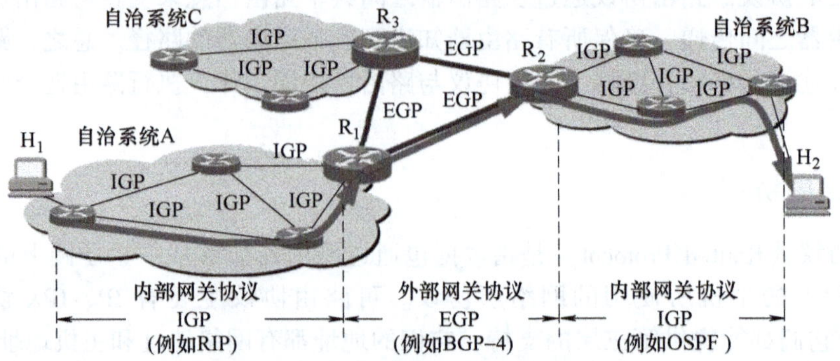

图 7-2 内部网关协议与外部网关协议

1. 自治系统（Autonomous System，AS）

一个 AS 是一组共享相似的路由策略并在单一管理域中运行的路由器的集合。在同一种路由协议上使用不同的自治系统，可以有效地分割路由信息，即自治系统 A 中的路由器不会与自治系统 B 中的路由器交换路由信息。一个 AS 可以是一些运行单个 IGP 的路由器集合，也可以是一些运行不同路由选择协议但都属于同一个组织机构的路由器集合。不管是哪种情况，外部世界都将整个 AS 看作是一个实体。

2. 内部网关协议

IGP 是运行在一个自治系统内部的路由协议，在同一个自治系统内交换路由信息，RIP、OSPF 和 IS-IS 都属于 IGP。IGP 的主要目的是发现和计算自治系统内的路由信息。

3. 外部网关协议

EGP 是运行在各个自治系统之间的路由协议，用于连接不同的自治系统，在不同的自治系统之间交换路由信息，该协议主要使用路由策略和路由过滤等方法控制路由信息在自治系统间的传播。

各个 ISP 都有自己的自治系统，但各个自治系统都通过 EGP 连接在一起。IGP 和 EGP 的主要差别在于：IGP 用来在自治系统内交换路由信息，而 EGP 主要在自治系统之间交换路由信息。常用的外部网关协议是 BGP（Border Gateway Protocol，边界网关协议）和 BGP-4。

7.2.3 路由选择的度量标准

路由选择是指选择通过互联网络从源节点向目的节点传输信息的通道，而且信息至少通过一个中间节点。在确定最佳路径的过程中，路由选择算法需要初始化和维护路由选择表。路由选择表中包含的路由选择信息根据路由选择算法的不同而不同。一般在路由表中包括这样一些信息：目的网络地址、相关网络节点、对某条路径满意程度、预期路径信息等。路由器之间通过传输多种信息来维护路由表，修正路由信息就是最常见的一种。修正路由信息通常是由全部或部分路由选择表组成，路由器通过分析来自所有其他路由器的最新信息构造一个完整的网络拓扑结构详图。

路由选择算法用不同的度量标准来确定最佳路由，每个路由选择算法用它自己的方法来解释什么样的路由是最佳路由。路由选择算法为每一条通过网络的路径生成一个数值，称为度量标准，复杂的路由选择算法能够把路由选择建立在多种度量标准的基础上，组成一个复杂的度量标准，通常情况下，度量值越小，路径越佳。

路由选择的度量标准是以单一的路径特征为基础，使用较普遍的度量标准如下。

1. 带宽

带宽（Bandwidth）表示链路的数据容量，是指该信号所包含的各种不同频率成分所占据的频率范围，表示在单位时间内能够在线路上传送的数据量，常用的单位是 bit/s。目前常见的网络带宽有 10Mbit/s、100Mbit/s、1000Mbit/s、10Gbit/s 等。

2. 跳数

跳数（Hop Count）指在网络中进行数据传输过程中，数据包从源网络到达目的网络所需要经过的路由器的个数，数据包每通过一个路由器，计一跳。一条路径中如果有 10 跳，就表示到达目的网络的路径中经过了 10 个路由器。如果到达目的网络有多条路径，路由器会选择跳数最少的路径。

3. 延迟

延迟（Delay）指在传输介质中传输所用的时间，即从报文开始进入网络到它离开网络之间的时间，延迟取决于中间链路的带宽、每个路由器的端口队列、网络拥塞程度及物理距离等因素。各式各样的数据在网络介质中通过网络协议（如 TCP/IP）进行传输，如果信息量过大而不加以限制，超额的网络流量就会导致设备反应缓慢，造成网络延迟。

4. 负载

负载（Load）是指网络资源上的活动量，为了保证网络工作的效率，通常会采用负载均衡的方法扩展网络设备和服务器的带宽、增加吞吐量、加强网络数据处理能力、提高网络的灵活性和可用性。

5. 可靠性

可靠性（Reliability）通常是指每个网络链路的出错率。

6. 代价

代价（Cost）是指以网络的带宽、费用或其他衡量标准为基础确定的网络代价，一般由网络管理员指定。

7. 最大传输单元

最大传输单元（Maximum Transmission Unit，MTU）是指链路允许传输的数据包的最大长度。

7.2.4 管理距离

管理距离（Administrative Distance）是指一种路由协议的路由可信度。每一种路由协议按可靠性从高到低，依次分配一个信任等级，这个信任等级就叫管理距离。管理距离实际上是衡量路由可信程度的优先级，思科管理距离的范围是 0~255，数值越小优先级越高，0 是最可信赖的，而 255 则意味着不会有业务量通过这个路由。对于使用不同的路由协议到同一个目的地的路由信息，当路由器使用不同的路由协议时，由于度量的标准不同或手工配置的原因，路由器首先根据管理距离，通过不同的优先级，选择可信程度更高的路由。表 7-1 列出了思科支持的不同路由协议的管理距离。

表 7-1 不同路由协议的管理距离

路由协议	默认的管理距离值	路由协议	默认的管理距离值
直连路由	1	IS-IS	115
静态路由	2	RIP	120
EIGRP 汇总路由	5	EGP	140
eBGP	20	外部 EIGRP	170
内部 EIGRP	90	iBGP	200
IGRP	100	未知	255
OSPF	110		

7.3 静态路由和动态路由

为了实现网络中的数据传输，路由器中必须拥有一个能决定路由转发的路由表信息，该信息主要通过三种方式获得。

1. 直接路由

与路由器直接连接的网络，路由器学习后会直接将其添加到路由表中，直接路由是路由器端口直连的网段，因此，该项信息可信程度比较高，不会受人员误操作的影响。

2. 静态路由

静态路由是在路由器中手工添加的固定路由信息。除非网络管理员干预，否则静态路由不会发生变化。由于静态路由不能对网络的改变做出反应，静态路由不占用路由器的 CPU 和 RAM，也不占用线路带宽，一般用于网络规模不大、拓扑结构固定的网络中。静态路由的优点是简单、高效、可靠。在所有的路由中，静态路由优先级最高。当动态路由与静态路由发生冲突时，以静态路由为准。

3. 动态路由

动态路由是指网络中的路由器之间相互通信，传递路由信息，利用收到的路由信息更新路由器表的过程，它能实时地适应网络结构的变化。如果路由更新信息表明网络发生了变化，路由选择算法就会重新计算路由，并发出新的路由更新信息。这些更新信息通过各个网络，引起各路由器重新启动其路由算法，并更新各自的路由表以动态地反映网络拓扑变化。动态路由适用于网络规模大、网络拓扑复杂的网络。当然，各种动态路由协议会不同程度地占用网络带宽和 CPU 资源。

静态路由和动态路由均有各自的特点和适用范围，在网络中动态路由通常作为静态路由的补充。当一个分组在路由器中进行寻径时，路由器首先查找静态路由，如果查到则根据相应的静态路由转发分组，否则再查找动态路由。

根据是否在一个自治系统内部使用，动态路由协议分为内部网关协议（IGP）和外部网关协议（EGP）。这里的自治系统指一个具有统一管理机构、统一路由策略的网络。自治系统内部采用的路由选择协议称为内部网关协议，常用的有 RIP、OSPF；外部网关协议主要用于多个自治系统之间的路由选择，常用的是 BGP 和 BGP-4。

7.4 常用的路由协议及特点

1. 路由信息协议

路由信息协议（Route Information Protocol，RIP）最初是为 Xerox 网络系统的 Xeroxparc 通用协议而设计的，是 Internet 中常用的路由协议。RIP 采用距离矢量算法，即路由器根据距离选择路由，所以也称为距离矢量协议。路由器收集所有可到达目的地的不同路径，并且保存有关到达每个目的地的最少站点数的路径信息，除到达目的地的最佳路径外，任何其他信息均予以丢弃。同时，路由器也把所收集的路由信息用 RIP 通知相邻的其他路由器，这样正确的路由信息逐渐被扩散到了全网。

RIP 使用非常广泛，它简单、可靠，便于配置。但是 RIP 只适用于小型的同构网络，因为它允许的最大站点数为 15，任何超过 15 个站点的目的地均被标记为不可达，而且 RIP 每隔 30s 一次的路由信息广播也是造成网络广播风暴的重要原因之一。

2. 内部网关路由协议

内部网关路由协议（Interior Gateway Routing Protocol，IGRP）是一种在自治系统（Autonomous System，AS）中提供的动态距离矢量路由协议，该协议由思科公司 20 世纪 80 年代中期设计。IGRP 使用延迟、带宽、可靠性和负载等方式度量路由的开销。

3. 增强内部网关路由协议

增强内部网关路由协议（Enhanced Interior Gateway Routing Protocol，EIGRP）是 20 世纪 90 年代由思科推出的，EIGRP 进一步提高了 IGRP 的操作效率。它是一个高级的距离矢量协议，具有更快的收敛性和低带宽的开销。EIGRP 也会使用一些链路状态路由协议的功能，因此 EIGRP 也被称为混合路由协议。

4. 开放式最短路径优先路由协议

20 世纪 80 年代中期，RIP 已不能适应大规模异构网络的互联，开放式最短路径优先（Open Shortest Path First，OSPF）协议随之产生。它是互联网工程任务组（IETF）的内部网关协议工作组为 IP 网络而开发的一种路由协议。

OSPF 协议是一种基于链路状态的路由协议，需要每个路由器向其同一管理域的所有其他路由器发送链路状态广播信息。在 OSPF 的链路状态广播信息中包括所有端口的信息、所有的量度和其他一些变量。利用 OSPF 的路由器首先必须收集有关的链路状态信息，并根据一定的算法计算出到每个节点的最短路径。而基于距离矢量的路由协议仅向其邻接路由器发送有关路由的更新信息。

与 RIP 不同，OSPF 协议将一个自治系统再进一步划分为区，相应地有两种类型的路由选择方式：当源和目的地在同一区时，采用区内路由选择；当源和目的地在不同区时，则采用区间路由选择。这就大大减少了网络开销，并增加了网络的稳定性。当一个区内的路由器出了故障时并不影响自治系统内其他区路由器的正常工作，这也给网络的管理、维护带来了方便。

5. BGP 和 BGP-4 路由协议

BGP 是为 TCP/IP 互联网设计的外部网关协议，用于多个自治系统之间。它既不是基于纯粹的链路状态算法，也不是基于纯粹的距离矢量算法。它的主要功能是与其他自治系统的

BGP 交换网络可达信息。各个自治系统可以运行不同的内部网关协议。BGP 更新信息包括网络号/自治系统路径的成对信息。自治系统路径包括到达某个特定网络自治系统的信息，这些更新信息通过 TCP 传送出去，以保证传输的可靠性。

为了满足 Internet 日益扩大的需要，BGP 还在不断地发展。在最新的 BGP-4 中，还可以将相似路由合并为一条路由。

7.5 路由选择算法的设计原则

在进行网络规划和路由选择算法设计时，路由器协议是决定网络性能的重要因素之一，通常情况下，路由选择算法需要考虑如下几个原则。

1. 最优化原则

根据网络中使用的度量标准和度量标准权值确定最佳路由。

2. 简单性原则

如果路由器运行路由协议时占用 CPU 和存储器的开销很小，即可达到理想有效的路由选择目标。

3. 健壮性原则

路由选择算法应该在面临非正常或不可预见的情况时还能够正常运行，例如，在硬件故障、负载压力大、执行错误等情况下也能正常运行。

4. 收敛快原则

收敛是指所有路由器都有统一的路由认知的过程，当一个网络事件引起路由有效性变化时，需要重新计算并重建网络连接性，收敛慢的路由选择算法可能导致数据不能被传送到目的网络。

5. 灵活性原则

路由选择算法应该很快适应各种各样的变化。

6. 扩展性原则

当网络的规模进行扩展时，要求路由选择协议的可扩展性设计得很好，从而不会影响网络的性能。例中 RIP 因为只支持 15 跳的网络规模，因此，不适合扩展较大的网络，OSPF 协议的可扩展性就好得多。

本章小结

路由技术主要是指路由选择算法和路由选择。其中，路由选择算法可以分为静态路由选择算法和动态路由选择算法。Internet 的路由选择协议的特点是：属于自适应的选择协议（即动态的）；是分布式路由选择协议；采用分层次的路由选择协议，即分自治系统内部和自治系统外部路由选择协议。Internet 的路由选择协议划分为两大类：内部网关协议（IGP：具体的动态路由协议有 RIP、IGRP、EIGRP、OSPF 协议等）和外部网关协议（EGP：目前使用最多的是 BGP）。内部网关协议根据其算法可以分为距离矢量路由协议和链路状态路由协议，距离矢量路由协议采用路由器的个数进行度量选择最佳路径，而链路状态路由协议则根据链路状态信息的集合进行度量。

本章习题

一、填空题

1. 路由器是工作在 OSI 模型的________层的网络设备。
2. 依据路由器在网络中的工作位置不同，路由协议可以分为两类：______、______。
3. OSPF 协议是________。
4. RIP 连接的网络中________不可达。
5. 依据采用的算法不同，路由协议可划分为________、________两大类。

二、简答题

1. 简单说明路由协议与可被路由的协议的区别。
2. 简述链路状态路由协议的度量标准有几种。
3. 简述路由选择算法设计的原则。
4. 路由器的路由表信息可以通过哪几种方式获得？
5. 网络中为什么要使用动态路由？优势有哪些？

第8章

动态路由协议及配置

根据是否在一个自治系统内部使用，动态路由协议分为内部网关协议和外部网关协议。自治系统指一个具有统一管理机构、统一路由策略的网络。自治系统内部采用的路由选择协议称为内部网关协议，常用的内部网关协议有 RIP、OSPF、EIGRP 等；外部网关协议主要用于多个自治系统之间的路由选择，常用的外部网关协议是 BGP 和 BGP-4。

8.1 RIP 及配置

8.1.1 RIP 概述

路由信息协议（Router Information Protocol，RIP）属于内部网关协议，是一种动态路由选择协议，用于一个自治系统内的路由信息的传递。RIP 基于距离矢量算法（Distance Vector Algorithms），它使用跳数（Hop）来衡量到达目标地址的路由距离。这种协议的路由器只关心自己周围的世界，只与自己相邻的路由器交换信息，范围限制在 15 个路由器之内，再远，它就不关心了。RIP 应用于 OSI 网络七层模型的网络层，管理距离为 120。

在默认情况下，RIP 使用一种非常简单的度量制度——距离，距离就是通往目的站点所需经过的路由器个数，取值为 1~15，数值 16 表示无穷大。RIP 进程使用 UDP 的 520 端口来发送和接收 RIP 分组。RIP 分组每隔 30s 以广播的形式发送一次，为了防止出现广播风暴，其后续的分组将做随机延时后发送。在 RIP 中，如果一个路由信息在 180s 内未被刷新，则相应的距离就被设定成无穷大，并从路由表中删除该表项。RIP 分组分为两种：请求分组和响应分组。

1. RIP 版本

RIP 目前运行的有两个版本 RIPv1 和 RIPv2。

（1）RIPv1 和 RIPv2 版本的特点　RIPv1 被提出的较早，其中有许多缺陷，该协议是有类路由协议，不支持子网掩码。为了改善 RIPv1 的不足，在 RFC1388 中提出了改进的 RIPv2，并在 RFC1723 和 RFC2453 中进行了修订。RIPv2 定义了一套有效的改进方案，是一种无类路由协议，新的 RIPv2 支持子网路由选择、支持无类型域间选路（CIDR）、支持组播，并提供了验证机制。

（2）RIPv1 和 RIPv2 的区别

- RIPv1 是有类路由协议，RIPv2 是无类路由协议。
- RIPv1 不支持 VLSM，RIPv2 可以支持 VLSM。

- RIPv1 没有认证的功能，RIPv2 可以支持认证，并且有明文和 MD5 两种认证。
- RIPv1 没有手工汇总的功能，RIPv2 可以在关闭自动汇总的前提下，进行手工汇总。
- RIPv1 是广播更新，RIPv2 是组播更新。
- RIPv1 对路由没有标记的功能，RIPv2 可以对路由打标记（Tag），用于过滤和做策略。
- RIPv1 发送的 update 包最多可以携带 25 条路由条目，RIPv2 在有认证的情况下最多只能携带 24 条路由。
- RIPv1 发送的 update 包里面没有 next-hop 属性，RIPv2 有 next-hop 属性，可以用于路由更新的重定向。

2. RIP 的主要特征

RIP 协议是 TCP/IP 最早使用的路由协议，主要有以下特征：

- RIP 是一种距离矢量路由协议。
- RIP 使用跳数作为路径选择的唯一度量。
- 将跳数超过 15 的路由通告为不可达。
- 每 30s 广播一次消息。

3. RIP 的局限性

RIP 是一种配置方便、算法简单的动态路由协议，但它也存在一定的局限性。

- 协议中规定，一条有效的路由信息的度量（Metric）不能超过 15，这就使得该协议不能应用于很大型的网络，应该说正是由于设计者考虑到该协议只适合于小型网络所以才进行了这一限制。对于 Metric 为 16 的目标网络来说，即认为其不可到达。
- 该路由协议应用到实际中时，很容易出现“计数到无穷大”的现象，这使得路由收敛很慢，在网络拓扑结构变化以后需要很长时间路由信息才能稳定下来。
- 该协议以跳数，即报文经过的路由器个数为衡量标准，并以此来选择路由，这一措施欠合理性，因为没有考虑网络延时、可靠性、线路负荷等因素对传输质量和速度的影响。

4. 路由表组成

使用 RIP 报文中列出的项，RIP 主机彼此之间可以交流路由信息。这些信息存储在路由表中，路由表为每一个知道的、可达的目的地保留一项。每个目的地表项是到达那个目的地最低开销路由。每个目的地表项数可以随路由生产商的不同而变化，每个路由表项包括以下各域。

（1）目的 IP 地址域　任何路由表中所包含的最重要信息是到所知目的地的 IP 地址。一旦一台路由器收到一个数据报文，就会查找路由表中的 IP 地址以决定从哪里转发报文。

（2）度量标准域　路由表中的度量标准域指出报文从起始点到特定目的地的总耗费。路由表中的度量是从路由器到特定目的地之间网络链路的耗费总和。

（3）下一跳 IP 地址域　下一跳 IP 地址域包括至目的地的网络路径上下一个路由器端口的 IP 地址。只有目的地 IP 地址所在的网络与路由器不直接相连时，路由表中才出现此项。

（4）路由变化标识域　路由变化标识域指出至目的地的路由是否在最近发生了变化。这个域是重要的，因为 RIP 只为每一个目的地记录一条路由。

（5）路由计时器域　有两个计时器与每条路由相联系，一个是超时计时器，一个是路由刷新计时器。这两个计时器一同工作来维护路由表中存储的每条路由的有效性。

5. RIP 的工作原理

RIP 用两种报文传输信息，即更新报文（Updates）和请求报文（Requests）。启用 RIP 功能的路由器每隔 30s 使用 UDP520 端口向与其直接连接的路由器广播更新报文。更新报文封装了该路由器的路由信息和跳数信息。路由表的每条路由信息由三部分组成：目的网段、到达该网段的距离、路由器的出端口。请求报文用于寻找网络上能发出 RIP 报文的其他设备。RIP 启动后，邻居路由器收到 RIP 协议的报文后，通过以下 4 个阶段，即可完成网络所有路由器的路由表的形成。

（1）路由器初始启动　当路由器冷启动后，在开始交换路由信息之前，路由器将首先发现与其自身直连的网络以及子网掩码，并在路由表中添加直连网段、到达目的网段的距离（跳数）和端口。由于直连网段没有经过任何路由器，因此跳数为 0，如图 8-1 所示。此时，路由器的路由表只能显示自己相邻的网络的信息，无法获得如何到达远程网络的路由信息。

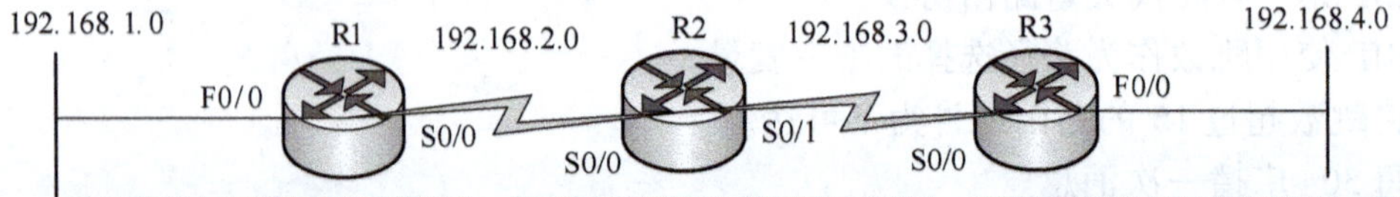

网段 (Network)	接口 (Interface)	跳数 (Hop)
192.168.1.0	F0/0	0
192.168.2.0	S0/0	0

网段 (Network)	接口 (Interface)	跳数 (Hop)
192.168.2.0	S0/0	0
192.168.3.0	S0/1	0

网段 (Network)	接口 (Interface)	跳数 (Hop)
192.168.3.0	S0/0	0
192.168.4.0	F0/0	0

图 8-1　路由器初始启动路由表

（2）初次路由信息交换　路由器开启 RIP 路由协议后，便开始与相邻的路由器（已开启 RIP 路由协议）交换路由更新。路由器将包含其直连网络的信息发送给邻居，收到更新后，路由器会检查更新，从中找出新信息，并将当前路由表中没有的路由信息添加到路由表中。

如图 8-2 所示，R1、R2 和 R3 开始初次交换。三台路由器都向其邻居发送各自的路由表，此路由表仅包含其直连网络。

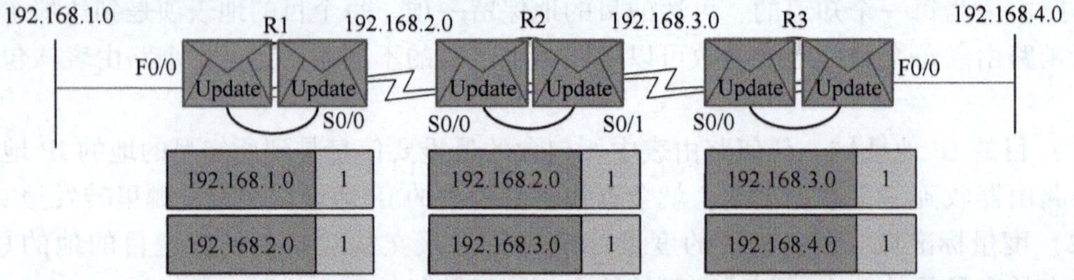

网段 (Network)	接口 (Interface)	跳数 (Hop)
192.168.1.0	F0/0	0
192.168.2.0	S0/0	0

R1路由器的路由表

网段 (Network)	接口 (Interface)	跳数 (Hop)
192.168.2.0	S0/0	0
192.168.3.0	S0/1	0

R2路由器的路由表

网段 (Network)	接口 (Interface)	跳数 (Hop)
192.168.3.0	S0/0	0
192.168.4.0	F0/0	0

R3路由器的路由表

图 8-2　启动 RIP 路由信息更新过程

其中，各路由器信息更新时，每台路由器处理更新的方式和数据包转发的端口情况说明如下。

R1 路由器：

- 将网段 192.168.1.0 的更新信息从 S0/0 端口发送出去。
- 将网段 192.168.2.0 的更新信息从 F0/0 端口发送出去。
- 接收来自 R2 的网段 192.168.3.0 且度量为 1 的更新。
- 在路由表中存储网段 192.168.3.0 及其度量 1。

R2 路由器：

- 将网段 192.168.3.0 的更新信息从 S0/0 端口发送出去。
- 将网段 192.168.2.0 的更新信息从 S0/1 端口发送出去。
- 接收来自 R1 的网段 192.168.1.0 且度量为 1 的更新。
- 在路由表中存储网段 192.168.1.0 及其度量 1。
- 接收来自 R3 的有关网段 192.168.4.0 且度量为 1 的更新。
- 在路由表中存储网段 192.168.4.0 及其度量 1。

R3 路由器：

- 将网段 192.168.4.0 的更新从 S0/0 端口发送出去。
- 将网段 192.168.3.0 的更新从 F0/0 发送出去。
- 接收来自 R2 的网段 192.168.2.0 且度量为 1 的更新。
- 在路由表中存储网段 192.168.2.0 及其度量 1。

经过第一轮信息更新交换后，每台路由器都能通过相邻的路由器获知与其直接连接的邻居网段，如图 8-3 所示。但是，R1 尚不知道网段 192.168.4.0，R3 也不知道网段 192.168.1.0，因此，路由还没完全收敛。

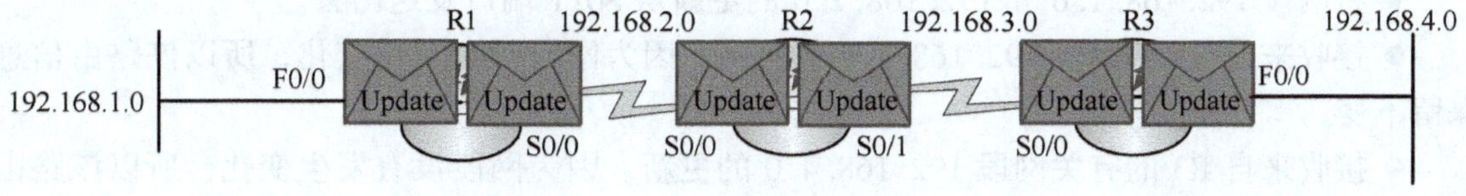

网段 (Network)	接口 (Interface)	跳数 (Hop)
192.168.1.0	F0/0	0
192.168.2.0	S0/0	0
192.168.3.0	S0/0	1

R1 路由器更新的路由表

网段 (Network)	接口 (Interface)	跳数 (Hop)
192.168.1.0	S0/0	0
192.168.2.0	S0/1	0
192.168.3.0	S0/0	1
192.168.4.0	S0/1	1

R2 路由器更新的路由表

网段 (Network)	接口 (Interface)	跳数 (Hop)
192.168.3.0	F0/0	0
192.168.4.0	S0/0	0
192.168.2.0	S0/0	1

R3 路由器更新的路由表

图 8-3 启用 RIP 后的路由表

（3）路由信息交换　路由器经过初次交换，已经获知与其直连的网段，以及与其邻居直连的网段，根据 RIP 的工作原理，每间隔 30s 会向相邻的网段广播路由表更新的报文，继续收敛，如图 8-4 所示，并完成最终的路由表。

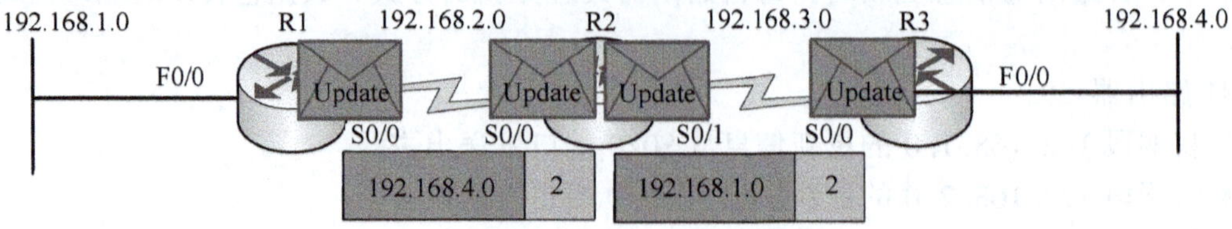

网段 (Network)	接口 (Interface)	跳数 (Hop)
192.168.1.0	F0/0	0
192.168.2.0	S0/0	0
192.168.3.0	S0/0	1
192.168.4.0	S0/0	2

R1 路由器最终的路由表

网段 (Network)	接口 (Interface)	跳数 (Hop)
192.168.2.0	S0/0	0
192.168.3.0	S0/1	0
192.168.1.0	S0/0	1
192.168.4.0	S0/1	1

R2 路由器最终的路由表

网段 (Network)	接口 (Interface)	跳数 (Hop)
192.168.3.0	F0/0	0
192.168.4.0	S0/0	0
192.168.2.0	S0/0	1
192.168.1.0	S0/0	2

R3 路由器最终的路由表

图 8-4 信息交换更新后最终的路由表

R1 路由器：

- 将网段 192. 168. 1. 0 的更新从 S0/0 端口发送出去。
- 将网段 192. 168. 2. 0 和 192. 168. 3. 0 的更新从 F0/0 端口发送出去。
- 接收来自 R2 的网段 192. 168. 4. 0 且度量为 2 的更新。
- 在路由表中存储网段 192. 168. 4. 0 及其度量 2。
- 来自 R2 的同一个更新包含有关网段 192. 168. 3. 0 且度量为 1 的信息。因为网段没有发生变化，所以该路由信息保留不变。

R2 路由器：

- 将网段 192. 168. 3. 0 和 192. 168. 4. 0 的更新从 S0/0 端口发送出去。
- 将网段 192. 168. 1. 0 和 192. 168. 2. 0 的更新从 S0/1 端口发送出去。
- 接收来自 R1 的网段 192. 168. 1. 0 的更新。因为网段没有发生变化，所以该路由信息保留不变。
- 接收来自 R3 的有关网段 192. 168. 4. 0 的更新。因为网段没有发生变化，所以该路由信息保留不变。

R3 路由器：

- 将网段 192. 168. 4. 0 的更新从 S0/0 端口发送出去。
- 将网段 192. 168. 2. 0 和 192. 168. 3. 0 的更新从 F0/0 端口发送出去。
- 接收来自 R2 的网段 192. 168. 1. 0 且度量为 2 的更新。
- 在路由表中存储网段 192. 168. 1. 0 及其度量 2。
- 来自 R2 的同一个更新包含有关网段 192. 168. 2. 0 且度量为 1 的信息。因为网段没有发生变化，所以该路由信息保留不变。

（4）路由收敛　当所有路由表包含相同网络信息时路由器收敛完成，无新信息时收敛结束。网络收敛所需的时间与网络的规模直接成比例。可以根据路由协议传播此类信息的速度即收敛速度，来比较路由协议的性能。网络在达到收敛前无法完全正常工作，因此，网络管理员更喜欢使用收敛时间较短的路由协议。

8.1.2 配置 RIP

1. RIP 常用的配置命令

（1）启用 RIP　思科路由器通过下面的全局配置命令开启路由协议：

Router（config）# router rip

Router（config-router）#

输入此命令后，路由器就运行 RIP 进程，切换到路由配置模式。

（2）通告 RIP 网段　创建 RIP 路由表是通过在路由配置模式下输入 network 命令来完成的。network 命令的格式为：

Router（config-router）#network < network-number >

network-number 参数是路由器上的直连网段的网络号。每台路由器必须指定直连的网络地址，以使 RIP 向其邻居通告自己的网段信息。网络号是路由器上端口的 IP 地址的网络地址。在 network 命令中不需要使用子网掩码来标识网络，如路由器的端口地址为 192.168.1.1，无论其子网掩码是多少，其网络地址都为 192.168.1.0。

注：RIP 协议会将 network 命令中网络的地址参数信息发送到相邻路由器，也可以接收相邻路由器发布的路由更新消息。如果一个端口的网段没有用 network 语句定义到 RIP 进程，则该网络将不会被发布到其他启用 RIP 的路由器中。

（3）指定 RIP 报文版本　Router（config-router）#version < 1 | 2 >

RIP 有两个版本，可以用命令指定 RIP 进程接收报文的版本，具体命令如下：

Router（Config）# router rip　　　　　　/接收版本 1 和版本 2，发送版本 1

Router（Config）# router rip Version 1　　/仅接收和发送版本 1 的报文

Router（Config）# router rip Version 2　　/仅接收和发送版本 2 的报文

（4）关闭自动汇总功能　Router（config-router）#no auto-summary

思科路由器默认启用路由汇总。路由汇总是把长掩码路由与仍符合初始路由要求的更短掩码路由汇总的过程。由于 RIPv2 是无类路由协议，该版本的 RIP 更新报文携带子网掩码信息，no auto-summary 命令关闭自动汇总，强制 RIPv2 更新报文为每个子网发布完整掩码。

（5）指定 RIP 邻居路由　Router（config-router）# neighbor ipaddress

ipaddress 是邻居路由器的 IP 地址。由于 RIP 属于广播型协议，因此，在非广播的网络中，要使用本命令指明 RIP 邻居路由器，以保证路由器和邻居之间正常交换 RIP 路由信息。

（6）禁止端口转发路由更新信息　Router（config-router）# passive-interface iftype ifnumber

iftype ifnumber 表示端口类型和端口编号，例如 S0/1，S 表示串口类型，0/1 为编号。本命令用于定义一个端口为被动端口，只接收路由更新信息，不能从该端口上发送路由更新信息，从而防止网络中其他路由器学习到这些路由，被动端口主要用于过滤距离矢量路由的更新。

（7）修改路由保持时间　Router（config-router）#hold-time seconds

Seconds 表示路由表保持更新时间，单位为 s，思科路由器默认的保持时间为 180s，减少该值可以加快收敛速度。

（8）修改更新时间　Router（config-router）# update-time time

Seconds 表示路由表更新时间，单位为 s，思科路由器默认情况下，每 30s 发一次更新广播信息，在网络拓扑相对稳定的情况下，增大更新时间可以节省带宽的消耗，而网络拓扑不稳定的情况下，减少更新时间可以加快收敛速度。

（9）指定端口发送 RIP 报文版本　Router（config-if）# ip rip send version <[1][2]>

本命令可以让指定的端口发送指定版本的 RIP 报文,例如 ip rip send version 1，表示只发送 RIPv1 版本的报文，ip rip send version 12 则表示两种版本的报文都可以发。

（10）指定端口接收 RIP 报文版本　Router（config-if）#ip rip receive version <[1][2]>

本命令可以让指定的端口接收指定版本的 RIP 报文,例如 ip rip receive version 1，表示只接收 RIPv1 版本的报文，ip rip receive version 12 则表示两种版本的报文都可以接收。

（11）在指定端口上启用或禁止水平分割　Router（config-if）#ip split-horizon

本命令用于在指定端口上启用水平分割功能，使用 no ip split-horizon 命令禁止水平分割。

2. 查看路由协议相关信息命令

Router#show ip route　　　　/查看路由表

Router#show ip route rip　　　　/查看路由器的 RIP 路由表信息

Router#show ip rip database　　　　/显示 RIP 收集到的所有路由信息

Router#show ip protocols　　　　/查看 IP 路由协议信息

8.1.3 RIP 配置实例

图 8-5 所示网络拓扑中，两台路由器通过以太网端口连接，并分别通过一台交换机连接到终端计算机，要求在路由器上配置 RIP，实现全网的连通。

1. 任务目的

掌握在路由器上配置动态路由协议的方法。

理解默认网关、默认路由的意义。

掌握查看路由表和端口的命令。

理解路由表和端口中各内容的含义。

2. 网络拓扑

RIP 配置网络拓扑如图 8-5 所示。

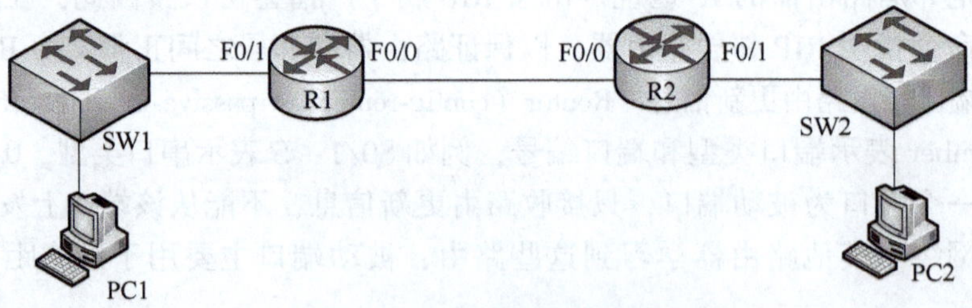

图 8-5　RIP 配置网络拓扑

3. IP 地址规划

设备名称	设备端口	IP 地址	网 关
R1	F0/0	192.168.2.1/24	
	F0/1	192.168.1.254/24	
R2	F0/0	192.168.2.2/24	
	F0/1	192.168.3.254/24	
PC1	NIC	192.168.1.1/24	192.168.1.254
PC2	NIC	192.168.3.1/24	192.168.3.254

4. 项目实施步骤

对网络中的 PC 和路由器进行如下的配置操作：

1）配置终端（计算机）网卡的 IP 地址、子网掩码、默认网关。

2）配置路由器端口的 IP 地址、子网掩码，并开启端口。

3）启用路由器的 RIP 路由协议。

4）路由器通告 RIP 进程中的网段。

5）使用 write 命令保存路由器上的当前配置。

具体配置操作命令如下：

（1）R1 路由器的配置（路由器命名为 R1）

```
Router>enable
Router#configure terminal
Router（config）#hostname R1                                /为路由器命名
R1（config）#interface FastEthernet 0/1
R1（config-if）#ip address 192.168.1.254 255.255.255.0      /配置 IP 地址、子网掩码
R1（config-if）#no shutdown                                 /开启路由器端口
R1（config-if）#exit
R1（config）#interface FastEthernet 0/0
R1（config-if）#ip address 192.168.2.1 255.255.255.0
R1（config-if）#no shutdown
R1（config-if）#exit
R1（config）#router rip                                     /开启 RIP 路由器协议
R1（config-router）#network 192.168.2.0                     /在 RIP 进程中通告 10 网段
R1（config-router）#network 192.168.1.0                     /在 RIP 进程中通告 192.168 网段
R1（config-router）#end
R1#write
```

（2）R2 路由器的配置（路由器命名为 R2）

```
Router>enable
Router#configure terminal
```

```
Router（config）#hostname R2
R2（config）#interface FastEthernet 0/1
R2（config-if）#ip address 192.168.3.254 255.255.255.0
R2（config-if）#no shutdown
R2（config-if）#exit
R2（config）#interface FastEthernet 0/0
R2（config-if）#ip address 192.168.2.2 255.255.255.0
R2（config-if）#no shutdown
R2（config-if）#exit
R2（config）#router rip
R2（config-router）#network 192.168.3.0
R2（config-router）#network 192.168.2.0
R2（config-router）#end
R2#write
```

（3）PC 的设置　参照 IP 地址规划表配置 PC1 和 PC2 主机的 IP 地址、子网掩码、网关。

本实例中，交换机的作用只是网络连接，因此，不需要在交换机上做任何配置，如果交换机原来有配置信息，需清除原来的配置信息。

5. 测试 RIP 网络连接性

（1）查看 R1 路由器的路由表信息　通过 Show 命令从 R1 上查看路由表信息，若能够从 R1 上看到到达 PC2 的 RIP 的路由协议信息，表示 RIP 路由协议已经在 R1 路由器上生效。

```
R1#show ip route
Codes：C-connected，S-static，R-RIP，M-mobile，B-BGP
       D-EIGRP，EX-EIGRP external，O-OSPF，IA-OSPF inter area
       N1 - OSPF NSSA external type 1，N2 - OSPF NSSA external type 2
       E1 - OSPF external type 1，E2 - OSPF external type 2
       i-IS-IS，su-IS-IS summary，L1-IS-IS level-1，L2-IS-IS level-2
       ia-IS-IS inter area，*-candidate default，U-per-user static route
       o-ODR，P-periodic downloaded static route
Gateway of last resort is not set
C  192.168.1.0/24 is directly connected，FastEthernet0/1
C  192.168.2.0/24 is directly connected，FastEthernet0/0
R  192.168.3.0/24 [120/1] via 192.168.2.2，00：00：19，FastEthernet0/0
```

从显示结果来看，R1 上启用了 RIP 路由协议，到达 PC2 主机所在网段（192.168.3.0）的信息是通过 RIP 协议实现的，表示 RIP 路由已经生效。

（2）查看路由器上启用的 RIP

```
R1#show ip route rip
10.0.0.0/30 is subnetted, 1 subnets
```

```
R  192.168.2.0/24 [120/1] via 10.1.0.2, 00:00:26, FastEthernet0/0
```

显示信息的含义如下：

R：表示该路由器是通过 RIP 建立的。

192.168.2.0/24：表示该条路由是到达目的网络的 IP 地址和子网掩码。

[120/1]：表示该目的网络所需要的管理距离/度量值。

via 10.1.0.2：表示到达目的网络要经过的下一跳的 IP 地址。

00：00：26：表示该条路由已更新的时间。

FastEthernet0/0：表示到达目的网络经过的路由器的出口为 F0/0 端口。

(3) 查看 IP 路由协议信息

```
R1#show ip protocols
    Routing Protocol is "rip"                      /启用的协议为 RIP
    Sending updates every 30 seconds, next due in 25 seconds
    Invalid after 180 seconds, hold down 180, flushed after 240
    Outgoing update filter list for all interfaces is not set
    Incoming update filter list for all interfaces is not set
    Redistributing: rip
Default version control: send version 1, receive any version
    /默认发送版本 1，接收版本 1 和版本 2
      Interface            Send Recv TriggereDRIP Key-chain
      FastEthernet0/1      1   2  1           /端口 F0/1 发送版本 1，接收版本 1、2
      FastEthernet0/0      1   2  1
    Automatic network summarization is in effect
    Maximum path: 4
    Routing for Networks:                          /路由可到达的网络
        192.168.2.0
        192.168.1.0
    Passive Interface (s):
    Routing Information Sources:
    Gateway      Distance     Last Update  /路由信息源：从 198.168.2.2 接收
                                           /路由更新
    198.168.2.2    120        00:00:11     /管理距离：默认为 120
    Distance: (default is 120)
```

(4) 用 ping 命令测试终端设备之间的连通性　从 PC2 到 PC1 执行 ping 命令（或是从 PC1 到 PC2 执行 ping 命令），测试两台 PC 能否 ping 通，能够 ping 通，表示设置成功，RIP 配置成功，路由器通过 RIP 生成了可到达全网的路由表，测试结果如图 8-6 所示。

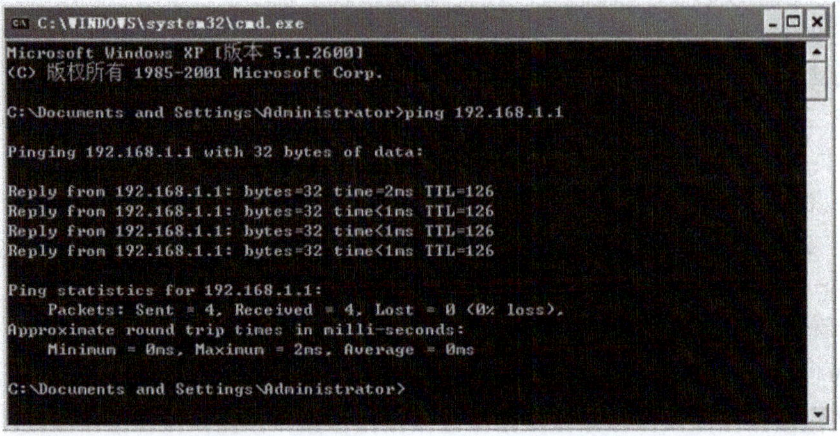

图 8-6 两台 PC 之间 ping 通的测试结果

8.2 IGRP 和 EIGRP 及配置

8.2.1 IGRP、EIGRP 概述

1. 内部网关路由协议

内部网关路由协议（Interior Gateway Routing Protocol，IGRP）是一种距离矢量路由协议，是在自治系统中提供路由选择功能的思科专有路由协议，它通过延迟、带宽、可靠性和负载等综合信息度量链路情况。在 20 世纪 80 年代中期，最常用的内部网关路由协议是路由信息协议（RIP）。但 RIP 协议仅使用路由器的个数度量网络的链路情况，因此随着网络的不断发展，其受到的限制也越加明显。

为具有更大的灵活性，IGRP 支持多路径路由选择服务。在冗余链路的情况下，两条同等带宽线路如果其中一条线路传输失败，系统会自动切换到另一条线路上。多路径可以是具有不同标准的多条线路。例如，一条线路比另一条线路优先 3 倍（即标准低 3 级），那么意味着这条线路可以使用 3 次。只有符合某特定最佳路径范围或在差量范围之内的路径才可以用作多路径。

（1）IGRP 度量标准　IGRP 度量标准的计算公式如下：度量标准值 = [K1 × 带宽 + (K2 × 带宽)/(256 − 负载) + K3 × 延迟] × [K5/(可靠性 + K4)]，默认的常数值是 K1 = K3 = 1，K2 = K4 = K5 = 0。因此，IGRP 的度量标准计算公式简化为：度量标准值 = 带宽（路径中的最低带宽）+ 延迟（路径上的累积端口延迟）。

（2）IGRP 的特点　IGRP 是距离矢量路由协议，要求每个路由器以规定的时间间隔向其相邻的路由器发送其路由表的全部或部分信息。随着路由信息在网络上扩散，路由器就可以计算出到所有节点的距离。IGRP 使用一组跳跃点（metric）的组合（向量，包括网络延迟、带宽、可靠性和负载）进行路由距离的度量，网管可以为每种 metric 设置权值，IGRP 可以用管理员设置的或默认的权值来自动计算最佳路由。IGRP 为其 metric 提供了较宽的值域，例如可靠性和负载可在 1 ~ 255 之间取值；带宽值域从 1200bit/s 到 10Gbit/s；延迟可取值1～24。宽的值域可以提供满意的metric设置，更重要的是，metric各组件以用户定义的算法结合，因此，网管可以以直观的方式影响路由选择。

（3）多路径路由　为了提供更多的灵活性，IGRP允许多路径路由。两条等带宽线路可以以循环（round-robin）方式支持一条通信流，当一条线路断掉时自动切换到第二条线路。此外，即使各条线路的metric不同，也可以使用多路径路由。例如，如果一条路径比另一条传输速率快3倍，它将以3倍使用率运行。只有具有一定范围内的最佳路径metric值的路由才用作多路径路由。

（4）计时器　IGRP维护一组计时器和含有时间间隔的变量，包括更新计时器、失效计时器、保持计时器和清空计时器。更新计时器规定路由更新消息应该以什么频度发送，IGRP中此值默认为90s。失效计时器规定在没有特定路由的路由更新消息时，在声明该路由失效前路由器应等待多久，IGRP中此值默认为更新计时器的3倍。保持计时器规定保持（hold-down）周期，IGRP中此值默认为更新计时器的3倍加10s，即280s。清空计时器规定路由器清空路由表之前等待的时间，IGRP的默认值为路由更新周期的7倍。

2. 增强内部网关路由协议EIGRP

EIGRP为增强内部网关路由协议（Enhanced Interior Gateway Routing Protocol，EIGRP）。EIGRP是增强版的IGRP协议，是思科把所有的距离矢量路由协议和链路状态路由协议的最佳特性融合在一起的路由协议。EIGRP像IGRP一样配置并且使用与IGRP相同的度量，增强部分是通过加入散播更新算法（DUAL）来提供的。DUAL是在J. J. Garcia的指导下由SRI公司开发的，用来获得理论上保证无环网络快速收敛的路由协议。

（1）EIGRP的特性

◇ 快速收敛。

◇ 减少了带宽消耗，增大了网络规模。

◇ 采用不定期更新，即只在路由器改变计量标准或拓扑时更新。

◇ 网络拓扑变化时发送部分更新路由。

◇ 更新条目中包含掩码，支持VLSM，支持不连续子网。

◇ 具有相同的自治系统号的EIGRP和IGRP之间，可无缝交换路由信息。

EIGRP协议对所有的EIGRP路由进行任意掩码长度的路由聚合，从而减少路由信息传输，节省带宽。另外EIGRP协议可以通过配置，在任意端口的边界路由器上支持路由聚合。EIGRP不做周期性更新，当路径度量标准改变时，只发送局部更新（Partial Updates）信息。局部更新信息的传输自动受到限制，从而使得只有那些需要信息的路由器才会更新。基于以上原因，EIGRP损耗的带宽比IGRP少得多。

当一个路由器启动了EIGRP路由协议时，它向所有EIGRP的端口发送Hello包时使用地址224. 0. 0. 10，使用Hello包有两个目的：发现邻居路由器，并在发现邻居路由器后判断这个邻居是不是不可达的或无效的。

一旦一个新邻居被一个Hello包发现，路由器就会记录下所发现邻居的IP地址和端口。这个路由器接着向这个邻居发送一个更新，包含所有它知道的路径，它的邻居也会做同样的工作，这个信息被存储在EIGRP拓扑表中。

EIGRP协议每5min发送一次Hello包，Hello包使得路由器动态地快速发现邻居的消失。如果在保持计数器超期之前还没有从它邻居路由器处收到Hello包，那么这个邻居就被宣布取消。此时邻居链接被删除，并且所有与那个邻居相连的路径均被取消。

（2）EIGRP 度量值 EIGRP 度量值是由带宽、延迟、可靠性、负载来计算的，EIGRP 度量值＝IGRP 的度量值×256。计算公式为

256×{[K1×带宽＋(K2×带宽)/(256－负载)＋K3×延迟]＋[K5/(可靠性＋K4)]}

式中，K1＝K3＝1；K2＝K4＝K5＝0，将公式简化如下：

EIGRP 度量值＝带宽＋延迟

具体公式如下：

度量值＝[10000000÷最小带宽＋∑(所有端口延迟)÷10]×256

（3）EIGRP 的特征 运行 EIGRP 的路由器之间形成邻居关系，并交换路由信息。相邻路由器之间通过发送和接收 Hello 包来保持联系，维持邻居关系。Hello 包的发送间隔默认值为 5s。

◇ 运行 EIGRP 的路由器存储所有与其相邻路由器的路由表信息，以便快速适应路由变化。

◇ 如果没有合适的路由存在，EIGRP 将查询其相邻的路由器，以便发现可以替换的路由。

◇ 采用不定期更新，即只在路由器改变计量标准或拓扑出现变化时发送部分更新信息。

◇ 支持可变长子网掩码和不连续的子网，支持对自动路由汇总功能的设定。

◇ 支持多种网络层协议，除 IP 外，还支持 IPX、AppleTalk 等协议。

◇ 在运行 EIGRP 的路由器内部，有一个相邻路由器表、一个拓扑结构表和一个路由表。

◇ 使用 DUAL 算法，具有很好的路由收敛特性。

◇ 具有相同自治系统号的 EIGRP 和 IGRP 之间可彼此交换路由信息。

EIGRP 的配置与 IGRP 配置有相似之处，但由于它对 VLSM 的支持和众多的其他特性使得在高级配置以及查看和监测命令方面与 IGRP 有许多不同之处，这是在配置 EIGRP 的实验中应注意的。

（4）EIGRP 路由协议的优点

1）精确路由计算和多路由支持。EIGRP 协议继承了 IGRP 的最大的优点——矢量路由权。EIGRP 协议在路由计算中要对网络带宽、网络时延、信道占用率和信道可信度等因素做全面的综合考虑，所以 EIGRP 的路由计算更为准确，更能反映网络的实际情况。同时 EIGRP 协议支持多路由，使路由器可以按照不同的路径进行负载分担。

2）较少带宽占用。使用 EIGRP 协议的对等路由器之间周期性地发送很小的 Hello 报文，以此来保证从前发送报文的有效性。路由的发送使用增量发送方法，即每次只发送发生变化的路由。发送的路由更新报文采用可靠传输，如果没有收到确认信息则重新发送，直至确认。EIGRP 还可以对发送的 EIGRP 报文进行控制，减少 EIGRP 报文对端口带宽的占用率，从而避免连续大量发送路由报文而影响正常数据业务的事情发生。

3）快速收敛。路由计算的无环路和路由的收敛速度是路由计算的重要指标。EIGRP 由于使用了 DUAL 算法，使得 EIGRP 协议在路由计算中不可能有环路路由产生，同时路由计算的收敛时间也有很好的保证。因为，DUAL 算法使得 EIGRP 在路由计算时，只会对发生变化的路由进行重新计算，对一条路由，也只有此路由影响的路由器才会介入路由的重新计算。

4）MD5 认证。为确保路由获得的正确性，运行 EIGRP 协议进程的路由器之间可以配置 MD5 认证，对不符合认证的报文丢弃不理，从而确保路由获得安全。

5）路由聚合。EIGRP 协议可以通过配置，对所有的 EIGRP 路由进行任意掩码长度的路由聚合，从而减少路由信息传输，节省带宽。

6）实现负载分担。去往同一目的地的路由表项，可根据端口的速率、连接质量和可靠性等属性，自动生成路由优先级，报文发送时可根据这些信息自动匹配端口的流量，达到几个端口负载分担的目的。

7）配置简单。使用 EIGRP 协议组建网络，路由器配置非常简单，它没有复杂的区域设置，也无需针对不同网络端口类型实施不同的配置方法。使用 EIGRP 协议只需使用 router eigrp 命令在路由器上启动 EIGRP 路由进程，然后再使用 network 命令使能网络范围内的端口即可。

（5）EIGRP 路由协议主要缺点

1）没有区域概念。EIGRP 没有区域的概念，所以 EIGRP 适用于网络规模相对较小的网络，这也是矢量距离路由算法（RIP 协议就是使用这种算法）的局限所在。

2）定时发送 Hello 报文。运行 EIGRP 的路由器之间必须通过定时发送 Hello 报文来维持邻居关系，这样做增加了路由器运行的开销。

3）基于分布式的 DUAL 算法。EIGRP 的无环路计算和收敛速度是基于分布式的 DUAL 算法的，这种算法实际上是将不确定的路由信息散播（向邻居发 query 报文），得到所有邻居的确认后（reply 报文）再收敛的过程，从收敛速度上看不够理想。

4）EIGRP 是思科公司的私有协议。思科公司是该协议的发明者和唯一具备该协议解释及修改权的厂商，所以它的互操作性和可靠性得不到保障。

8.2.2 配置 EIGRP

1. 启用 EIGRP/IGRP 命令

思科路由器通过下面的全局配置命令开启 EIGRP 路由协议：

Router（config）# router eigrp/igrp < autonomous-system >

Router（config-router）#

输入此命令后，路由器就开始运行 EIGRP 进程，切换到路由配置模式。

注：autonomous-system 变量是一个经过注册的或是一个仅在内部使用的自治系统号码，该号码被用来标识 EIGRP 网络的路由。这个值的范围是 1 ~ 65535，并且也被用于标识路由器上执行的 EIGRP 进程。它也可以被称为所定义的 EIGRP 路由进程的进程 ID。为了使路由器交换和更新 EIGRP 路由表，每台使用 EIGRP 的路由器都必须指定相同的自治系统号码。

2. 通告 EIGRP/IGRP 网段

Router（config-router）# network < network-number > < wildcard-mask >

network-number 参数可以是端口的 IP 地址、子网或者 EIGRP 路由所用端口的网络地址。除此之外，network-number 还可以直接是 A、B 或 C 类地址。

wildcard-mask 参数是反向 IP 地址掩码，也称为通配符掩码，用来决定 IP 地址的范围。ip-address 和 wildcard-mask 一起定义一个 IP 地址块。

8.2.3 EIGRP 配置实例

图 8-7 所示三台路由器通过以太网端口连接，并分别在每台路由器上创建一个 Loopback 的本地回环接口，用于模拟一个网段，要求配置路由器的 EIGRP，并实现全网的连通。

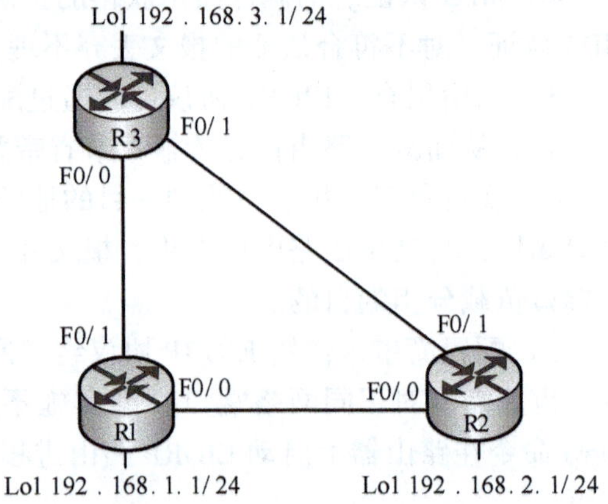

图 8-7 EIGRP 配置网络拓扑

1. 任务目的

掌握在路由器上配置动态路由协议 EIGRP 的方法。

理解默认网关、默认路由的意义。

掌握查看路由表和端口的命令。

理解路由表和端口中各内容的含义。

2. 网络拓扑

EIGRP 配置网络拓扑如图 8-7 所示。

3. IP 地址规划

设备名称	设备端口	IP 地址	网　关
R1	F0/0	10.0.1.1/30	
	F0/1	10.0.2.1/30	
	Loopback1（或 Lo1）	192.168.1.1/24	
R2	F0/0	10.0.1.2/30	
	F0/1	10.0.3.2/30	
	Loopback1（或 Lo1）	192.168.2.1/24	
R3	F0/0	10.0.2.2/30	
	F0/1	10.0.3.1/30	
	Loopback1（或 Lo1）	192.168.3.1/24	

4. 项目实施步骤

配置终端（计算机）网卡的 IP 地址、子网掩码、网关：

1）配置路由器端口的 IP 地址、子网掩码，开启端口。

2）启用路由器的 EIGRP 路由协议。

3）路由器通告 EIGRP 进程中的网段。

4）使用 write 命令保存路由器上的当前配置。

5. 项目配置实施

（1）R1 路由器的配置（路由器命名为 R1）

```
Router>enable
Router#configure terminal
Router (config) #hostname R1                        /配置路由器名称
R1 (config) #interface FastEthernet 0/0
R1 (config-if) #ip address 10.0.1.1 255.255.255.252 /配置端口 IP 地址、子网掩码
R1 (config-if) #no shutdown                         /开启路由器端口
```

R1 （config-if） #exit
R1 （config） #interface FastEthernet 0/1
R1 （config-if） #ip address 10. 0. 2. 1 255. 255. 255. 252
R1 （config-if） #no shutdown
R1 （config-if） #exit
R1 （config） #interface Loopback 1 /配置 Loopback1 端口 IP 地址
R1 （config-if） #ip address 192. 168. 1. 254 255. 255. 255. 0
R1 （config-if） #no shutdown
R1 （config-if） #exit
R1 （config） #router eigrp 1 /开启 EIGRP 路由器协议
R1 （config-router） #network 10. 0. 1. 1 0. 0. 0. 3

/定义在 10. 0. 1. 0/30 的网段运行 EIGRP，IP 地址为 10. 0. 1. 1 端口的 EIGRP 功能将被激活，该端口将发送和接收 EIGRP 路由更新，将其他网段信息从 10. 0. 1. 1/30 的网络端口上发布出去

R1 （config-router） #network 10. 0. 2. 1 0. 0. 0. 3 /定义在 10. 0. 2. 0/30 网段运行 EIGRP 协议，并向网络中通告该网信息
R1 （config-router） #network 192. 168. 1. 0 0. 0. 0. 255 /定义在 192. 168. 1. 0/24 网段运行 EIGRP 协议，并向网络中通告该网信息
R1 （config-router） #end /将运行配置文件保存到路由器的 NVRAM 中
R1#write

（2） R2 路由器的配置（路由器命名为 R2）

Router > enable
Router#configure terminal
Router （config） #hostname R2
R2 （config） #interface FastEthernet 0/0
R2 （config-if） #ip address 10. 0. 1. 2 255. 255. 255. 252
R2 （config-if） #no shutdown
R2 （config-if） #exit
R2 （config） #interface FastEthernet 0/1
R2 （config-if） #ip address 10. 0. 3. 2 255. 255. 255. 252
R2 （config-if） #no shutdown
R2 （config-if） #exit
R2 （config） #interface loopback 1
R2 （config-if） #ip address 192. 168. 2. 254 255. 255. 255. 0
R2 （config-if） #no shutdown
R2 （config-if） #exit

```
R2 (config) #router eigrp 1
R2 (config-router) #network 10. 0. 1. 0 0. 0. 0. 3
R2 (config-router) #network 10. 0. 3. 0 0. 0. 0. 3
R2 (config-router) #network 192. 168. 2. 0 0. 0. 0. 255
R2 (config-router) #end
R2#write
```

(3) R3 路由器的配置（路由器命名为 R3）

```
Router > enable
Router#configure terminal
Router (config) #hostname R3
R3 (config) #interface FastEthernet 0/0
R3 (config-if) #ip address 10. 0. 2. 2 255. 255. 255. 252
R3 (config-if) #no shutdown
R3 (config-if) #exit
R3 (config) #interface FastEthernet 0/1
R3 (config-if) #ip address 10. 0. 3. 1 255. 255. 255. 252
R3 (config-if) #no shutdown
R3 (config-if) #exit
R3 (config) #interface loopback 1
R3 (config-if) #ip address 192. 168. 3. 254 255. 255. 255. 0
R3 (config-if) #no shutdown
R3 (config-if) #exit
R3 (config) #router eigrp 1
R3 (config-router) #network 10. 0. 2. 0 0. 0. 0. 3
R3 (config-router) #network 10. 0. 3. 0 0. 0. 0. 3
R3 (config-router) #network 192. 168. 3. 0 0. 0. 0. 255
R3 (config-router) #end
R3#write
```

6. 验证 EIGRP 配置正确性

当路由器上建立起邻居关系时，会在屏幕上跳出以下这段话：

R2 (config-router) #% DUAL5 NBRCHANGE: IP EIGRP 1: Neighbor 10. 0. 1. 1 (FastEthernet0/0) is up: new adjacency

(1) 查看 EIGRP 的邻居信息　通过查看邻居命令，可以看到状态（state）为 FULL，表示邻居建立成功。

```
R1# show ip eigrp neighbors
IP-EIGRP neighbors for process 1       /与邻居建立进程号为 1 的 EIGRP 关系
H  Address     Interface     Hold Uptime     SRTT   RTO   Q    Seq
                             (sec)           (ms)         Cnt  Num
0  10.0.1.2      Fa0/0       14   00:07:55   40     1000  0    12
```

```
1  10.0.2.2      Fa0/1     14  00:06:01  40    1000  0  15
```

(2) 查看路由表信息　使用 Show 命令查看 R1 的路由表信息，从下面显示的信息可以看到，到达 10.0.0.0/8、10.0.3.0/30、192.168.2.0/24、192.168.3.0/24 网段的路由信息前面有字母“D”，表示动态路由协议 EIGRP 已经生效。

```
R1#show ip route
Codes: C-connected, S-static, I-IGRP, R-RIP, M-mobile, B-BGP
       D-EIGRP, EX-EIGRP external, O-OSPF, IA-OSPF inter area
       N1-OSPF NSSA external type 1, N2-OSPF NSSA external type 2
       E1. OSPF external type1, E2-OSPF external type 2, E-EGP
       i-IS-IS, L1-IS-IS level-1, L2-IS-IS level-2, ia-IS-IS inter area
       *-candidate default, U-per-user static route, o-ODR
       P-periodic downloaded static route
Gateway of last resort is not set
    10.0.0.0/8 is variably subnetted, 4 subnets, 2 masks
D   10.0.0.0/8 is a summary, 00:20:50, Null0
C   10.0.1.0/30 is directly connected, FastEthernet0/0
C   10.0.2.0/30 is directly connected, FastEthernet0/1
D   10.0.3.0/30 [90/30720] via 10.0.1.2, 00:13:13, FastEthernet0/0
                [90/30720] via 10.0.2.2, 00:11:15, FastEthernet0/1
C  192.168.1.0/24 is directly connected, Loopback1
D  192.168.2.0/24 [90/156160] via 10.0.1.2, 00:13:06, FastEthernet0/0
D  192.168.3.0/24 [90/156160] via 10.0.2.2, 00:10:23, FastEthernet0/1
```

(3) 查看 R1 上 EIGRP 路由表信息　若能够从 R1 上看到到达其他网段的 EIGRP 的路由表信息，表示 EIGRP 路由协议已经生效。

```
R1#show ip route eigrp
    10.0.0.0/8 is variably subnetted, 4 subnets, 2 masks
D   10.0.0.0/8 is a summary, 00:22:52, Null0
D   10.0.3.0/30 [90/30720] via 10.0.1.2, 00:15:16, FastEthernet0/0
                [90/30720] via 10.0.2.2, 00:13:18, FastEthernet0/1
D  192.168.2.0/24 [90/156160] via 10.0.1.2, 00:15:08, FastEthernet0/0
D  192.168.3.0/24 [90/156160] via 10.0.2.2, 00:12:25, FastEthernet0/1
```

其中 D 表示该路由表是通过 EIGRP 生成的，其他信息与 RIP 一样。

注：由于到达 10.0.3.0/30 网段的管理距离都为 90，且度量值相等，因此出现了两条路由，被称之为等价路由，当有数据要传送到 10.0.3.0/30 网段时，数据包会在两条等价链路上交替传递，从而达到负载均衡的目的。

(4) 显示 IP 路由协议信息

```
R1#show ip protocols
Routing Protocol is"eigrp 1"            /路由协议为 EIGRP，自治区域号为1
  Outgoing update filter list for all interfaces is not set
```

```
…
Routing for Networks:                 /可路由到的网络如下
  10.0.1.0/30
  10.0.2.0/30
  192.168.1.0
Routing Information Sources:
 Gateway        Distance       Last Update
 10.0.2.2        90            3525166
 10.0.1.2        90            3544291
Distance: internal 90 external 170
```

(5) 使用 ping 命令测试全网的连通性　采用扩展 ping 的方式，将 R3 上的 Loopback 端口的 IP 地址设置为源 IP 地址，ping 路由器 R1 上的 Loopback 端口，测试能否 ping 通，能够 ping 通，表示设置成功。

```
R3#ping  192.168.1.254
Sending 5, 100-byte ICMP Echos to 192.168.1.254, timeout is 2 seconds:
Packet sent with a source address of 192.168.3.254
!!!!!                                  /全网连通，数据包全部接收到
Success rate is 100 percent (5/5), round-trip min/avg/max = 1/3/7ms
```

8.3　OSPF 协议

8.3.1　OSPF 协议概述

OSPF（Open Shortest Path First，开放式最短路径优先）是由互联网工程任务组（IETF）在 1998 年开发的一个内部网关协议，用于在单一自治系统内决策路由。OSPF 是对链路状态路由协议的一种实现，隶属内部网关协议，故应用于自治系统内部。OSPF 是链路状态协议，能够适应大型全局 IP 网络的扩展，而基于距离矢量的 IP 路由协议如 RIP 和 IGRP 则不能适应这种扩展。

OSPF 协议是一种典型的链路状态路由协议，一般用于同一个路由域内。作为一种链路状态的路由协议，OSPF 将链路状态组播数据传送给区域内的所有路由器，这一点与距离矢量路由协议不同。运行距离矢量路由协议的路由器是将部分或全部的路由表传递给与其相邻的路由器。

1. OSPF 基本概念

自治系统（AS）：包括一个单独的管理实体下所控制的一组路由器，例如属于一个特定公司的所有路由器。

链路状态通告（LSA）：LSA 用来描述路由器的本地状态，LSA 包括的信息有关于路由器端口的状态和所形成的邻接状态，LSA 充满了网络。LSA 所包含的信息靠域中的每一个路由器来发送，这些域形成了路由器所在网络的拓扑数据库，到达一个目的地的最短路径，可从 LSA 的信息中算出。

区域（Area）：一个区域是指几个路由器的集合，每个区域使用一个统一的拓扑数据库，OSPF 用区域把一个 AS 分成多个链路状态域，因为一个区域的拓扑结构对另一个区域是不可见的，一个区域不会被扩散，这个特征大大降低了一个 AS 中的路由交换数量，区域被用来包含链路状态的更新并使管理者能建立分层网络。

费用（Cost）：是一种标准，路由器用来比较各条路径到同一目的地的耗费。OSPF 根据带宽来计算使用一种链接的费用，带宽越宽，费用越低越好。

路由器标识（Router ID）：是一个 32 位数字，它能够被用来独一无二地识别 AS 中的路由器，在启动时刻计算的路由器标识是路由器中的最高回送地址，如果没配备回送端口，将使用最高的 IP 地址。

邻接（Adjacency）：OSPF 在相邻路由器间建立邻接，使之能交换路由信息，在多路访问网络中，每个路由器与指定的路由器形成邻接。

区域间路径（Inter-Area Route）：是产生于一个非本地区域中的路径，存在于当前的 OSPF 路由域中。

区域内路径（Intra-Area route）：是一个区域内的路径。

邻居（Neighbor）：是一些共享同一网络的路由器，例如在一个以太网端口上的两个路由器称为邻居。

扩散（Flooding）：是一种在路由器间分发 LSA 的技术。

Hello：一个 Hello 包用于建立和维护邻居间的关系，Hello 包用来在网中选择一个 DR。

2. OSPF 协议的特性

OSPF 协议使用 IP 分组直接封装 OSPF 的协议报文，协议号是 89，有如下几个方面的特性。

收敛性：OSPF 路由收敛性使用一种泛洪（Flooding）机制在一个新的路由区域中更新邻居 OSPF 路由器。只有受影响的路由才被更新，并且由于进行路由汇总，如果某路由是到达另一区域的汇总路由的一部分，则更新操作只局限于受影响的区域。

支持可变长子网掩码：RIPv1 和 IGRP 不支持可变长子网掩码，这使得 OSPF 成为用于管理一个受限地址域中大型 IP 网络的可行选择。

网络直径：在 RIP、IGRP 和 EIGRP 网络中，网络直径（跳跃）是有限的。区域和根据区域建立层次网络的概念使得 OSPF 具有无限长的直径。

高效地使用带宽：OSPF 是一个链路状态路由协议，只有受影响的路由更新报文才被送往邻居路由器，而不是传送整个路由表。OSPF 使用组播链路状态更新（link-state Updates，LSU）报文实现路由更新，并且只有当网络已经发生变化时才传送 LSU。

高级路由选择：OSPF 使用带宽作为确定两个网络间优选路径的决定因子。RIPv1 和 RIPv2 依赖于跳跃数。

3. 指定路由器和备用指定路由器

（1）指定路由器（DR）　指定路由器（Designated Router，DR）是一个运行开放最短路径优先（OSPF）协议的路由器，用来降低网络中邻接的数目，在一些多路访问网络中，通过 OSPF 协议可以减少邻接网络拓扑数据库的规模，DR 与多路访问网络中的其他所有路由器形成邻接，这些路由器把它们的 LSA 发给 DR，而 DR 的任务是把这些 LSA 发送到整个网络。DR 的思想是路由器都有一个发送信息的汇点，同时，每个路由器与网络中其他路由器交换信息。

（2）备用指定路由器（BDR）　备用指定路由器（Backup Designated Router，BDR）应

用于一个多路访问网络中，它的任务是在 DR 失效时接管它。在每个广播和非广播多路访问（NMBMA）网络上都有一台备用指定路由器 BDR，它与 DR 一样与网络上所有的路由器邻接，并在上一台 DR 失效时成为 DR。如果网络中没有 BDR，则当 DR 失效时，就要在新的 DR 与其他路由器之间建立新的邻接，从而增加了新洪泛和新 LSA 的时间。

（3）非指定路由器（DROther） 既不是 DR 也不是 BDR 的路由器被称为非指定路由器 DROther，这种提法是相对端口而言的，路由器的一个端口在某个区域可能是 DR，而在另一个区域则可能是 BDR 或 DROther。

（4）Hello 协议 Hello 协议是一种网络层协议，它使得网络设备能够互相标识自己的身份，并表明自己仍然处于工作状态。网络上的设备在接收到 Hello 请求后返回 Hello 应答。网络设备按照指定的时间间隔发送 Hello 数据包，以表明自己仍处于工作状态。通过检查 Hello 数据包，网络设备可以学习到其他设备的逻辑地址（IP）或物理地址（MAC）地址。

4. OSPF 的网络类型

OSPF 协议对路由的计算以本路由器周围网络拓扑结构为基础，根据路由器所使用的链路层协议的不同，OSPF 协议定义了 4 种网络类型：

（1）点到点网络（Point-to-Point Network，P2P） 两台路由器直接连接的串行网络，OSPF 会自动检测端口类型（发现封装模式为 HDLC 或 PPP，就认为是点到点），OSPF 数据包使用 224.0.0.5 发送，Hello 报文发送间隔为 10s，失效时间为 40s。

（2）广播网络（Broadcast Network） 支持多台路由器接入的网络，有能力通过广播发送一条信息就能到达所有接入的路由器，网络上的路由器可以通过 OSPF 的 Hello 协议动态发现，如果可能，OSPF 协议将进一步使用组播进行通信。网络中选举 DR/BDR，自动发现邻居。Hello 报文间隔为 10s，失效为 40s。

（3）非广播多点接入网络（Non-Broadcast Multi-Access Network，NBMA） 非广播多点接入网络为支持多台路由器接入的网络，但没有广播能力。网络中的邻居路由器通过 OSPF 的 Hello 协议来维持，但由于没有广播能力，默认情况下 OSPF 不能通过 NBMA 网络接口自动与邻居建立邻接关系，需要管理员手工配置相关命令发现邻居。在非广播多点接入网络上，OSPF 协议的数据通常需要被轮流发送到每一台邻居路由器上。在非广播网络中，OSPF 运行定义了两种模式：非广播多路接入和点到多点。

（4）点到多点非广播网络（Point-to-Multipoint Non-Broadcast Network） 如果在 VC 上没有启用组播和广播功能，即定义 Map 时没有使用关键字 broadcast，那么就要应用 Point-to-Multipoint Non-Broadcast Network 相应地取消组播 hello 功能，代以手动配置邻居。

8.3.2 配置 OSPF 协议

1. OSPF 协议常用配置命令

（1）启用 OSPF 思科路由器通过下面的全局配置命令开启 OSPF 路由协议：

Router（config）# router ospf < process-id >

Router（config-router）# /路由器运行 OSPF 进程，切换到路由配置模式

注：process-id 定义 router ospf 的进程号，用于路由器标识不同的 OSPF 自治系统号，也就是说使用不同 process-id 的路由器能够建立起邻居关系，但是不同进程之间的路由信息不能交换。通过为每个进程使用唯一的 process-id，多个 OSPF 进程能够在任何给定的路由器上

执行，process-id 参数的取值范围是 1 ~ 65535。

（2）启用 OSPF 网段通告 Router（config-router）#network < network-number > < wild-card-mask > area < area-id >

network-number：该参数定义端口的 IP 地址、子网或者 OSPF 路由所用端口的网络地址。

wildcard-mask：该参数是反向 IP 地址掩码，又称为通配符掩码，用来决定 IP 地址的范围。ip-address 和 wildcard-mask 一起定义一个 IP 地址块。如 172.16.0.0/16 的子网掩码是 255.255.0.0，其反向 IP 地址掩码为 0.0.255.255。

area-id：该参数指 OSPF 的区域 ID。其值可以使用 0 ~ 4294967295 范围内的十进制数，也可以使用 0.0.0.0 ~ 255.255.255.255 范围内的 IP 地址的形式。

说明：

wildcard-mask 使用点分十进制格式，如下例所示：

network 172.16.0.0 0.0.255.255 area 0

网络地址值 172.16.0.0 和掩码 0.0.255.255 一起使用。在路由器上使用 B 类网络地址，分配到一个端口的 IP 地址，如 172.16.1.1，是 172.16.0.0/16 所定义的地址块的一部分，那么 IP 地址为 172.16.1.1 端口的 OSPF 功能将被激活，该端口将发送和接收 LSA 及 Hello 协议报文，该报文的发送用于建立邻居邻接关系和确定 DR/BDR。

2. 单区域 OSPF 配置实例分析

如图 8-8 所示，两台路由器通过以太网端口连接，并分别通过一台交换机连接到终端计算机，要求配置路由器的 OSPF 协议，并通告 OSPF 协议的网段，最终实现全网的连通。

（1）任务目的 掌握在路由器上配置动态路由协议 OSPF 的方法；理解默认网关、默认路由的意义；掌握查看路由表和端口的命令；理解路由表和端口中各内容的含义。

（2）网络拓扑 OSPF 协议配置网络拓扑如图 8-8 所示。

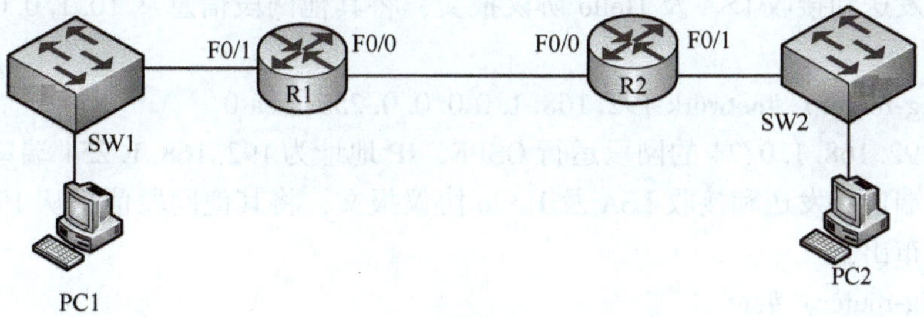

图 8-8 OSPF 协议配置网络拓扑

（3）IP 地址规划

设备名称	设备端口	IP 地址	网关
R1	F0/0	10.1.0.1/30	
	F0/1	192.168.1.254/24	
R2	F0/0	10.1.0.2/30	
	F0/1	192.168.2.254/24	
PC1	NIC	192.168.1.1/24	192.168.1.254
PC2	NIC	192.168.2.1/24	192.168.2.254

(4) 项目实施步骤

1) 配置终端(计算机)网卡的 IP 地址、子网掩码、网关。

2) 配置路由器端口的 IP 地址、子网掩码,开启端口。

3) 启用路由器的 OSPF 路由协议。

4) 路由器通告 OSPF 进程中的网段。

5) 使用 write 命令保存路由器上的当前配置。

(5) 项目配置实施

1) R1 路由器的配置(路由器命名为 R1):

Router > enable

Router#configure terminal

Router (config) #hostname R1 /为路由器命名

R1 (config) #interface FastEthernet0/1

R1 (config-if) #ip address 192. 168. 1. 254 255. 255. 255. 0 /配置端口 IP 地址、子网掩码

R1 (config-if) #no shutdown /开启路由器端口

R1 (config-if) #exit

R1 (config) #interface FastEthernet 0/0

R1 (config-if) #ip address 10. 1. 0. 1 255. 255. 255. 252

R1 (config-if) #no shutdown

R1 (config-if) #exit

R1 (config) #router ospf 1 /开启 OSPF 路由器协议

R1 (config-router) #network 10. 1. 0. 0 0. 0. 0. 3 area 0

/定义在 10. 1. 0. 0/30 的网段运行 OSPF,IP 地址为 10. 1. 0. 1 端口的 OSPF 功能将被激活,该端口将发送和接收 LSA 及 Hello 协议报文,将其他网段信息从 10. 1. 0. 0/30 网络端口上发布出去

R1 (config-router) #network 192. 168. 1. 0 0. 0. 0. 255 area 0

/定义在 192. 168. 1. 0/24 的网段运行 OSPF,IP 地址为 192. 168. 1. 254 端口的 OSPF 功能将被激活,该端口将发送和接收 LSA 及 Hello 协议报文,将其他网段信息从 192. 168. 1. 0/24 网络端口上发布出去

R1 (config-router) #end

R1#write /保存运行配置文件

2) R2 路由器的配置(路由器命名为 R2):

Router > enable

Router#configure terminal

Router (config) #hostname R2

R2 (config) #interface FastEthernet 0/1

R2 (config-if) #ip address 192. 168. 2. 254 255. 255. 255. 0

R2 (config-if) #no shutdown

R2 (config-if) #exit

R2 (config) #interface FastEthernet 0/0

R2（config-if）#ip address 10.1.0.2 255.255.255.252
R2（config-if）#no shutdown
R2（config-if）#exit
R2（config）#router ospf 1
R2（config-router）#network 10.1.0.0 0.0.0.3 area 0
R2（config-router）#network 192.168.2.0 0.0.0.255 area 0
R2（config-router）#end
R2#write　　　　　　　　　　　　　　　/保存运行配置文件

3）PC 的配置：按地址表配置 PC1 与 PC2 主机的 IP 地址、子网掩码和网关，交换机上没有任何设置。

（6）查看 OSPF 配置信息，验证 OSPF 配置正确性　当路由器上建立起邻居关系时，会在屏幕上跳出以下这段话：

R2#00：03：11：% OSPF-5-ADJCHG：Process 1，Nbr 10.1.0.2 on FastEthernet0/0 from LOADING to FULL，Loading Done

1）查看 OSPF 邻居信息。查看 OSPF 的邻居信息，看到状态（state）为 FULL，表示邻居建立成功。

R1#show ip ospf neighbor

```
Neighbor ID    Pri  State        Dead Time  Address      Interface
10.1.0.2       1   FULL/DR     00:00:30   10.1.0.2    FastEthernet0/0
```

注：思科默认的 Hello 时间是 10s，死亡时间（Dead Time）是 Hello 时间的 4 倍，默认为 40s。这个时间采用倒计时的方式，当路由器经过 40s 没有收到邻居的 Hello 报文时，即认为邻居已近死亡，OSPF 路由器将状态设置为 Down，此状态表示路由器还没有与其他路由器交换信息。

在端口模式下，可以通过命令修改 Hello 时间和死亡时间：

ip ospf hello-interval <time>　　　　　　/修改 hello 时间
ip ospf dead-interval <time>　　　　　　　/修改死亡时间

2）查看路由表信息。从 R1 或 R2 上查看路由信息，若能够从 R1 上看到到达 PC1、PC2 的 OSPF 的路由信息，表示路由协议已经生效，其中 C 表示直连网络，O 表示通过 OSPF 协议到达的网络。

R1#show ip route　　　　/查看在路由器上启用的所有路由表信息

```
Codes: C-connected, S-static, R-RIP, M-mobile, B-BGP
       D-EIGRP, EX-EIGRP external, O-OSPF, IA-OSPF inter area
       N1-OSPF NSSA external type 1, N2-OSPF NSSA external type 2
       E1-OSPF external type 1, E2-OSPF external type 2
       i-IS-IS, su-IS-IS summary, L1-IS-IS level-1, L2-IS-IS level-2
       ia-IS-IS inter area, *-candidate default, U-per-user static route
       o-ODR, P-periodic downloaded static route
Gateway of last resort is not set
     10.0.0.0/30 is subnetted, 1 subnets
```

```
C    10.1.0.0 is directly connected, FastEthernet0/0
C    192.168.1.0/24 is directly connected, FastEthernet0/1
O    192.168.2.0/24 [110/2] via 10.1.0.2, 00: 01: 49, FastEthernet0/0
```

3）查看 OSPF 路由表。查看 R1 上 OSPF 路由，若能够从 R1 上看到到达 PC2 的 OSPF 的路由信息，表示 OSPF 路由已经生效。

```
R1#show ip route ospf
O        192.168.2.0 [110/2] via 10.1.0.2, 00: 04: 56, FastEthernet0/0
```

其中，O 表示该条路由表是由 OSPF 协议产生，其他信息的含义与 RIP 一致。

4）显示网络协议信息。显示网络协议信息，能够看到以下信息：

```
R1#show ip protocols          //只查看 OSPF 起作用的路由表信息
Routing Protocol is "ospf 1"
Outgoing update filter list for all interfaces is not set
Incoming update filter list for all interfaces is not set
Router ID 192.168.1.254
Number of areas in this router is 1.1 normal 0 stub 0 nssa
Maximum path: 4
Routing for Networks:
  192.168.1.0 0.0.0.255 area 0
  10.1.0.0 0.0.0.3 area 0
Routing Information Sources:
  Gateway        Distance      Last Update
  10.1.0.2           110       00: 08: 08
Distance: (default is 110)
```

（7）使用 ping 命令测试两台主机的连通性　从 PC2 到 PC1 执行 ping 命令（或是从 PC1 到 PC2 执行 ping 命令）测试能否 ping 通，能够 ping 通，表示设置成功，如图 8-9 所示。

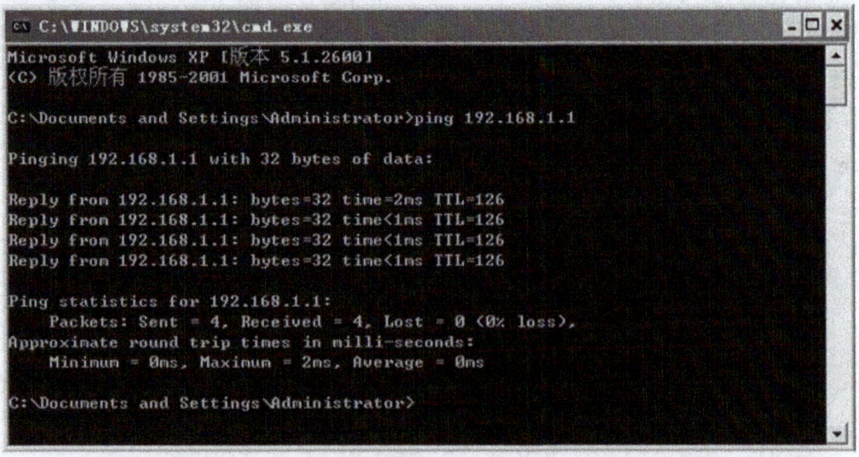

图 8-9　两台 PC 之间可以 ping 通

8.3.3 多区域的 OSPF 协议

由于 OSPF 使用多个数据库和复杂的算法，因此它会消耗路由器更多的内存和更多的 CPU 处理。当互联网的规模不断增大时，对路由器的性能要求将会不断增加，甚至达到路由器性能的极限。虽然，OSPF 的路由协议比 RIP 等其他协议、全路由表的更新更加有效率，但是对于一个大型的网络，它仍然会给大量的数据链路带来无法承担的负担。

为了解决上述问题，OSPF 协议利用区域的概念来缩小对大型网络的影响。区域是一组逻辑上的 OSPF 路由器和链路，它可以有效地把一个 OSPF 区域划分为几个子区域。在一个区域内的路由器将不需要了解它们所在区域外部的拓扑信息。

区域内的路由器仅需要和它所在区域的其他路由器具有相同的链路状态数据库，而没有必要和整个互联网内的所有路由器共享相同的链路状态数据库，因此减小了链路状态数据库的大小，节约了带宽，提高了路由的效率，缩减了部分路由器的 OSPF 路由条目，降低了路由收敛的复杂度。同时，可以在区域边界上，实现路由信息的汇总、过滤、控制，最终实现全网互通。此外还提高了网络的稳定性，当某个区域的某条路由出现抖动时，可以减少受影响的波及面。

1. 区域类型

（1）骨干区域（Back Bone Area） 当有多个区域时，骨干区域是所有其他区域的中心，通常为 Area0。其他所有区域必须连接到骨干区域以交换信息，骨干区域负责分发非骨干区域之间的路由选择信息。

（2）标准区域（Standard Area） 它是默认的区域类型，接收链路更新路由消息、路由汇总消息、外部路由消息等。

（3）末梢区域（Stub） 它是指不接收本 OSPF 区域外的路由信息的一种区域，如果需要把本区域的路由信息发布到区域外，通常使用默认路由 0.0.0.0。使用 Stub 区域可以减少区域内链路状态数据库（LSDB）的规模，降低区域内部路由选择表的大小，配置命令如下：

Router（config-router）#area <area-id> stub

（4）完全末梢区（Total Stub） 它是指不接收本 OSPF 区域外的和本自治系统内其他区域的路由汇总的一种区域，如需路由到区域外，通常使用默认路由 0.0.0.0。使用 Total Stub 可以减少 OSPF 数据库和路由表的规模。配置命令如下：

Router（config-router）#area <area-id> stub no-summary

（5）非完全末梢区（Not-So-Stubby Area，NSSA） 它是指接收有限数量的外部路由，且仅限于那些需要提供域间连接的路由。该区域用来在 Stub 区域的基础上允许引进非直连的外部路由选择信息。当区域位于自治系统边界路由器（Autonomous System Border Router，ASBR）和区域边界路由器（Area Border Router，ABR）之间，且 ASBR 连接到非 OSPF 协议网络，ABR 连接到 OSPF 网络骨干区域时使用 NSSA。配置命令如下：

Router（config-router）#area <area-id> nssa

2. 区域中路由器分类

（1）骨干路由器（Backbone Router） 它指至少有一个端口是连接到骨干区域上的路由器，OSPF 中必须有骨干区域。由此可见，ABR 路由器也可以是骨干路由器。

（2）区域边界路由器（Area Border Router，ABR） 它指连接一个或多个区域到骨干区域的路由器，这些路由器会作为域间通信的路由网关。ABR 路由器至少有一个端口属于骨干区域，而且在 ABR 路由器上，必须维护与之相连的每个区域的链路状态数据库。ABR 路由器需要汇总与它相连的区域的拓扑信息并发送给骨干区域，同时把这些汇总信息传送给其他区域，因此 ABR 路由器需要比其他路由器的内存和性能更好。

（3）内部路由器（Internal Router） 它指所有端口都属于同一个区域的路由器。

（4）自治系统边界路由器（Autonomous System Boundary Router，ASBR） 它指连接两个自治系统的路由器，即连接两种不同路由选择协议的网关路由器，它的用途是把学习到的路由协议通过重分配的方式引入到 OSPF 域的路由器，反之亦然。ASBR 路由器可以是 OSPF 自治系统内部的任何路由器，也可以是内部路由器、骨干路由器或 ABR 路由器。

3. 设置多区域 OSPF 的原则

作为骨干区域的 Area 0 必须存在；所有区域，即使是端区，也必须和骨干区域相连；如果存在多个骨干区域，那么它们必须在逻辑上连续。

Area0 只有一个是最好的，当有多个时会出现骨干区域分裂，此时需要使用虚拟链路连接。虚拟链路只能作为一种应急的临时策略，新网络设计最好不要使用虚拟链路，图 8-10 所示为多区域 OSPF 的网络。

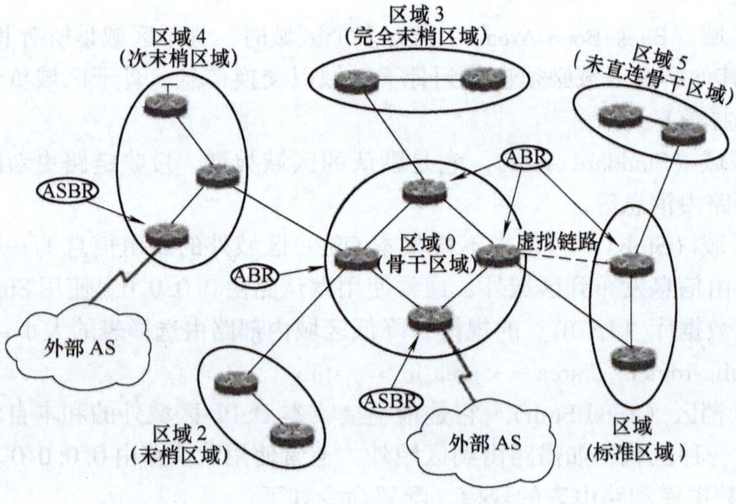

图 8-10 多区域 OSPF 的网络

8.3.4 多区域的 OSPF 协议配置实例

如图 8-11 所示的网络拓扑中，四台路由器通过以太网端口连接，其中 R1 和 R2 为区域边界路由器（ABR），并在路由器 R1 和 R2 上分别设置一个 Loopback 端口，模拟 192.168.1.0 网段和 192.168.2.0 网段。R3 和 R4 分别通过一台交换机连接到终端计算机，要求将 R1 和 R2 所在的区域设置为骨干区域 Area0，R2 和 R3 相连的区域设置为标准区域 Area1，R1 和 R4 相连的区域设置为标准区域 Area2，通过 OSPF 路由器协议实现全网的连通。

1. 任务目的

掌握在路由器上配置动态路由协议 OSPF 的多区域的设置方法。

能够根据网络状况，灵活划分区域。
掌握查看路由表和端口的命令。
理解路由表和端口中各内容的含义。

2. 网络拓扑

多区域 OSPF 网络拓扑如图 8-11 所示。

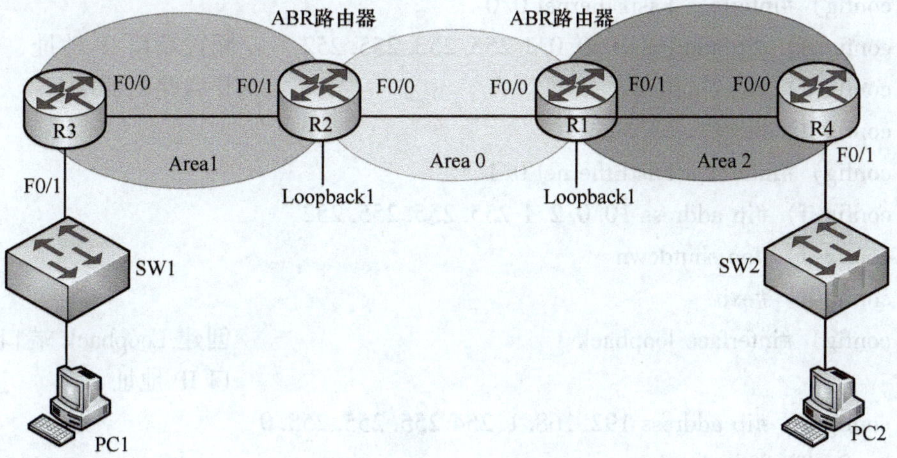

图 8-11 多区域 OSPF 网络拓扑

3. IP 地址规划

设备名称	设备端口	IP 地址	网 关
R1	F0/0	10.0.0.1/30	
	F0/1	10.0.2.1/30	
	Loopback 1	192.168.1.254/24	
R2	F0/0	10.0.0.2/30	
	F0/1	10.0.1.2/30	
	Loopback 1	192.168.2.254/24	
R3	F0/0	10.0.1.1/30	
	F0/1	192.168.3.254/24	
R4	F0/0	10.0.2.2/30	
	F0/1	192.168.4.254/24	
PC1	NIC	192.168.1.1/24	192.168.1.254
PC2	NIC	192.168.4.1/24	192.168.4.254

4. 项目实施步骤

1）配置终端（PC1 和 PC2）的网卡的 IP 地址、子网掩码、网关。
2）配置路由器端口的 IP 地址、子网掩码，开启端口。
3）启用路由器的 OSPF 路由协议。
4）路由器通告 OSPF 进程中的网段，并按要求划分区域。
5）使用 write 命令保存路由器上的当前配置。

5. 项目配置实施

（1）R1 路由器的配置（路由器命名为 R1）

Router > enable

Router#configure terminal

Router（config）#hostname R1 /为路由器命名

R1（config）#interface FastEthernet 0/0

R1（config-if）#ip address 10. 0. 0. 1 255. 255. 255. 252 /配置端口 IP 地址、子网掩码

R1（config-if）#no shutdown /开启路由器端口

R1（config-if）#exit

R1（config）#interface FastEthernet 0/1

R1（config-if）#ip address 10. 0. 2. 1 255. 255. 255. 252

R1（config-if）#no shutdown

R1（config-if）#exit

R1（config）#interface loopback 1 /创建 Loopback 端口，配置端口 IP 地址

R1（config-if）#ip address 192. 168. 1. 254 255. 255. 255. 0

R1（config-if）#no shutdown

R1（config-if）#exit

R1（config）#router ospf 1 /开启 OSPF 路由器协议

R1（config-router）#network 10. 0. 0. 0 0. 0. 0. 3 area 0

/定义在 10. 0. 0. 0/30 的网段运行 OSPF，将 IP 地址在 10. 0. 0. 1/30 网段的端口划分在骨干区域 Area0

R1（config-router）#network 192. 168. 1. 0 0. 0. 0. 255 area 0

/定义在 192. 168. 1. 0/24 的网段运行 OSPF，将 IP 地址在 192. 168. 1. 0/24 网段的端口划分在骨干区域 Area0

R1（config-router）#network 10. 0. 2. 1 0. 0. 0. 3 area 2

/定义在 10. 0. 2. 0/30 的网段运行 OSPF，将 IP 地址在 10. 0. 2. 0/30 网段的端口划分在标准区域 Area2

R2（config-router）#end

R1# write /保存配置文件

（2）R2 路由器的配置（路由器命名为 R2）

Router > enable

Router#configure terminal

Router（config）#hostname R2

R2（config）#interface fastEthernet 0/0

R2（config-if）#ip address 10. 0. 0. 2 255. 255. 255. 252

R2（config-if）#no shutdown

R2（config-if）#exit

R2（config）#interface fastEthernet 0/1

R2 (config-if) #ip address 10. 0. 1. 2 255. 255. 255. 252
R2 (config-if) #no shutdown
R2 (config-if) #exit
R2 (config) #interface loopback 1
R2 (config-if) #ip address 192. 168. 2. 254 255. 255. 255. 0
R2 (config-if) #no shutdown
R2 (config-if) #exit
R2 (config) #router ospf 1
R2 (config-router) #network 10. 0. 0. 0 0. 0. 0. 3 area 0
R2 (config-router) #network 10. 0. 1. 0 0. 0. 0. 3 area 1
R2 (config-router) #network 192. 168. 2. 0 0. 0. 0. 255 area 0
R2 (config-router) #end
R2# write /保存配置文件

(3) R3 路由器的配置(路由器命名为 R3)

Router > enable
Router#configure terminal
Router (config) #hostname R3
R3 (config) #interface FastEthernet 0/0
R3 (config-if) #ip address 10. 0. 1. 1 255. 255. 255. 252
R3 (config-if) #no shutdown
R3 (config-if) #exit
R3 (config) #interface FastEthernet 0/1
R3 (config-if) #ip address 192. 168. 3. 254 255. 255. 255. 0
R3 (config-if) #no shutdown
R3 (config-if) #exit
R3 (config) #router ospf 1
R3 (config-router) #network 10. 0. 1. 0 0. 0. 0. 3 area 1
R3 (config-router) #network 192. 168. 3. 0 0. 0. 0. 255 area 1
R3 (config-router) #end
R3# write /保存配置文件

(4) R4 路由器的配置(路由器命名为 R4)

Router > enable
Router#configure terminal
Router (config) #hostname R4
R4 (config) #interface FastEthernet 0/0
R4 (config-if) #ip address 10. 0. 2. 2 255. 255. 255. 252
R4 (config-if) #no shutdown
R4 (config-if) #exit
R4 (config) #interface fastEthernet 0/1

```
R4 (config-if) #ip add 192.168.4.254 255.255.255.0
R4 (config-if) #no shutdown
R4 (config-if) #exit
R4 (config) #router ospf 1
R4 (config-router) #network 10.0.2.0 0.0.0.3 area 2
R4 (config-router) #network 192.168.4.0 0.0.0.255 area 2
R4 (config-router) #end
R4#  write              /保存配置文件
```

(5) 配置 PC 的 IP 地址 参照 IP 地址规划表，配置 PC1、PC2 主机的 IP 地址、子网掩码、默认网关。交换机上不需要做任何配置，如果交换机有原来的配置文件，请清除。

6. 验证多区域 OSPF 配置正确性

从 ABR 路由器 R1 上查看路由信息，若能够从 R1 上看到到达其他网段的 OSPF 的路由信息，表示 OSPF 路由已经生效。

(1) 查看网络中路由表信息

```
R1#show ip route
Codes: C-connected, S-static, I-IGRP, R-RIP, M-mobile, B-BGP
       D-EIGRP, EX-EIGRP external, O-OSPF, IA-OSPF inter area
       N1-OSPF NSSA external type 1, N2-OSPF NSSA external type 2
       E1-OSPF external type 1, E2-OSPF external type 2, E-EGP
       i-IS-IS, L1-IS-IS level-1, L2-IS-IS level-2, ia-IS-IS inter area
       *-candidate default, U-per-user static route, o-ODR
       P-periodic downloaded static route
Gateway of last resort is not set
        10.0.0.0/30 is subnetted, 3 subnets
C       10.0.0.0 is directly connected, FastEthernet0/0
O IA    10.0.1.0 [110/2] via 10.0.0.2, 00:02:18, FastEthernet0/0
C       10.0.2.0 is directly connected, FastEthernet0/1
C       192.168.1.0/24 is directly connected, Loopback1
        192.168.2.0/32 is subnetted, 1 subnets
O       192.168.2.254 [110/2] via 10.0.0.2, 00:26:29, FastEthernet0/0
O IA    192.168.3.0/24 [110/3] via 10.0.0.2, 00:02:18, FastEthernet0/0
O       192.168.4.0/24 [110/2] via 10.0.2.2, 00:00:36, FastEthernet0/1
```

注：OSPF 汇总两种类型的路由：区域内（IA）路由和外部路由。IA 路由是由区域边界路由器（ABR）汇总的，而外部路由是由自治系统边界路由器（ABSR）汇总的。

在区域边界路由器 R1 的路由表中能够看到目的网段为 10.0.1.0 和 192.168.3.0 的两条路由信息是从 Area 1 上学习来的，对于区域边界路由器 R1，除了该路由器端口直接相连的 OSPF 区域之外，其他都属于外部路由。

从路由器 R3 上查看路由信息，若能够从 R3 上看到到达其他网段的 OSPF 的路由信息，表示 OSPF 路由已经生效。

```
R3#show ip route
Codes: C-connected, S-static, I-IGRP, R-RIP, M-mobile, B-BGP
       D-EIGRP, EX-EIGRP external, O-OSPF, IA-OSPF inter area
       N1 - OSPF NSSA external type 1, N2 - OSPF NSSA external type 2
       E1 - OSPF external type 1, E2 - OSPF external type 2, E-EGP
       i-IS-IS, L1-IS-IS level-1, L2-IS-IS level-2, ia-IS-IS inter area
       *-candidate default, U-per-user static route, o-ODR
       P-periodic downloaded static route
Gateway of last resort is not set
       10.0.0.0/30 is subnetted, 3 subnets
O IA   10.0.0.0 [110/2] via 10.0.1.2, 00:08:53, FastEthernet0/0
C      10.0.1.0 is directly connected, FastEthernet0/0
O IA   10.0.2.0 [110/3] via 10.0.1.2, 00:08:53, FastEthernet0/0
       192.168.1.0/32 is subnetted, 1 subnets
O IA   192.168.1.254 [110/3] via 10.0.1.2, 00:08:53, FastEthernet0/0
       192.168.2.0/32 is subnetted, 1 subnets
O IA   192.168.2.254 [110/2] via 10.0.1.2, 00:08:53, FastEthernet0/0
C      192.168.3.0/24 is directly connected, FastEthernet0/1
O IA   192.168.4.0/24 [110/4] via 10.0.1.2, 00:02:45, FastEthernet0/0
```

注：路由器 R3 只属于 Area1，因此，除了直连的 10.0.1.0 和 192.168.3.0 网段外，Area0 和 Area2 中的路由信息对于 R3 都属于区域内路由。因此从 R3 上看到的路由表中大量的路由信息属于区域内路由。

（2）查看 R1 路由器显示 IP 路由协议信息

```
R1#show ip protocols
Routing Protocol is "ospf 1"
  Outgoing update filter list for all interfaces is not set
  Incoming update filter list for all interfaces is not set
  Router ID 192.168.1.254
  Number of areas in this router is 2.2 normal 0 stub 0 nssa
  Maximum path: 4
  Routing for Networks:
    10.0.0.0 0.0.0.3 area 0
    192.168.1.0 0.0.0.255 area 0
    10.0.2.0 0.0.0.3 area 2
  Routing Information Sources:
    Gateway         Distance      Last Update
    10.0.0.2             110      00:13:02
    10.0.2.1             110      00:00:00
  Distance: (default is 110)
```

（3）查看 OSPF 信息

```
R1#show ip ospf
  Routing Process "ospf 1" with ID 192.168.1.254
  Supports only single TOS (TOS0) routes
  …
```

（4）测试 PC 之间的连通性　从 PC2 到 PC1 执行 ping 命令（或是从 PC1 到 PC2 执行 ping 命令）测试能否 ping 通，能够 ping 通，表示设置成功，ping 测试的结果如图 8-12 所示。

```
Packet Tracer PC Command Line 1.0
PC>ping 192.168.3.1

Pinging 192.168.3.1 with 32 bytes of data:

Reply from 192.168.3.1: bytes=32 time=20ms TTL=124
Reply from 192.168.3.1: bytes=32 time=13ms TTL=124
Reply from 192.168.3.1: bytes=32 time=13ms TTL=124
Reply from 192.168.3.1: bytes=32 time=11ms TTL=124

Ping statistics for 192.168.3.1:
    Packets: Sent = 4, Received = 4, Lost = 0 (0% loss),
Approximate round trip times in milli-seconds:
    Minimum = 11ms, Maximum = 20ms, Average = 14ms

PC>
```

图 8-12　ping 命令测试两 PC 之间连通性

本章小结

动态路由协议是互联网中使用最广泛的路由协议，根据其算法不同，可以分为距离矢量路由协议和链路状态路由协议，其中路由信息协议 RIP 是最常用的距离矢量路由协议，它只根据网络中的路由器个数决定链路的可达性而不考虑链路的带宽和延时，其最大跳数为 15，16 跳即认为不可达；IGRP/EIRGP 也是距离矢量路由协议，该协议在度量链路时采用延时＋带宽的综合指标，因此提高了网络数据传输的效率，由于距离矢量路由协议网络中的路由器个数受到限制，因此只适用于中小型网络。OSPF 协议是链路状态路由协议，克服了距离矢量路由协议局限性，可以适用于大型网络，OSPF 协议通过链路状态协议洪泛链路状态信息，并根据收集到的链路状态信息计算出最优的网络拓扑，从而使网络中的每一台路由器都维护一个完整的网络拓扑。

本章习题

一、选择题

1. 内部网关路由协议可以分为________、________两类。
2. RIP 网络中，路由器最多可以有______台。
3. OSPF 协议中，路由器可以分为________、________、________、________四种。

4. IGRP 的全称是__________________。
5. EIGRP 的度量标准包含________、________。

二、简答题

1. 简述动态路由协议的分类。
2. 说明距离矢量路由协议与链路状态路由协议的各自特点。
3. 多区域 OSPF 协议配置时需要注意哪些方面？
4. RIP 有几个版本？各自的特点是什么？
5. OSPF 协议的特征是什么？
6. 指定路由器和备用指定路由器各自的作用是什么？

本章实训——多协议网络配置实训

在大型的企业中，可能在同一网内使用到多种路由协议，为了实现多种路由协议的协同工作，路由器可以使用路由重分发（Route Redistribution）将其学习到的一种路由协议的路由通过另一种路由协议广播出去，这样网络的所有部分都可以连通了。为了实现重分发，路由器必须同时运行多种路由协议，这样，每种路由协议才可以取路由表中的所有或部分其他协议的路由来进行广播。

redistribute 命令可以用来实现路由重分发，它既可以重分发所有路由，又可以根据匹配的条件，选择某些路由进行重分发，此外，该命令还支持某些参数的设置，如设置 metric。

完整的 redistribute 命令格式如下：

redistribute protocol [process - id] [level - 1 | level - 1 - 2 | level - 2] [as - number] [metric metric - value] [metric - type type - value] [match {internal | external 1 | external 2}] [tag tag. - value] [route - map map - tag] [subnets]

redistribute 命令标明了重分发路由的来源，而 router 命令则标明了广播路由的进程。例如，命令 redistribute eigrp 1 表示路由器取来自 EIGRP 进程 1 的路由进行重分发；如果该命令在 router rip 下，则该路由被重分发为 RIP 路由，这样其他运行 RIP 的路由器就可以看到来自 EIGRP 自治系统 AS1 的路由了。

在路由器上配置多路由协议间的重分发，比如将路由协议 A 重分发到路由协议 B 中，要先进入路由协议 B 的路由模式下，然后再执行 redistribute 命令进行重分发的操作，并配置相应的路由选路参数。

一般做多路由协议间的重分发要做双向的，即将路由协议 A 重分发到路由协议 B 后，再执行路由协议 B 到路由协议 A 的重分发，或是配置单向的重分发后，再添加一条指向到对方的默认路由。路由重分发，即将一种路由协议的路由条目转换为另一种路由协议的路由条目，达到多路由环境下的网络互通。

1. 实训任务

图 8-13 所示网络是某企业两个网段的连接情况，基于管理的考虑，两个网段分别使用 RIP 和 OSPF 协议，其中路由器 Router1 处于 RIP 和 OSPF 协议之间，用于实现重分发的功能，要求按要求配置网络，并实现全网连通。

2. 实训网络拓扑

多协议路由网络如图 8-13 所示。

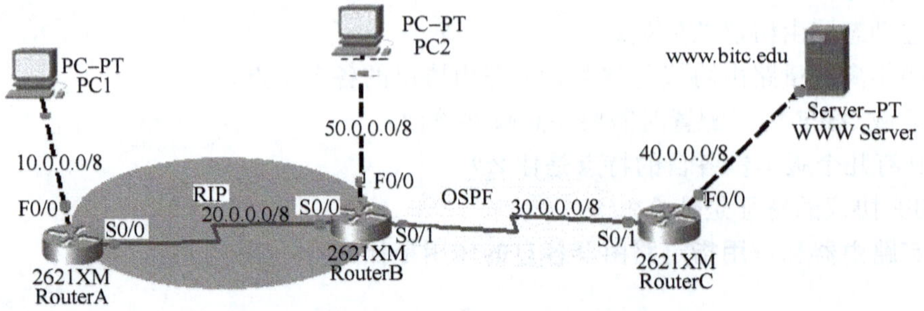

图 8-13 多协议路由网络

3. IP 地址规划

设备名称	设备端口	IP 地址	网关
RouterA	F0/0	10. 0. 0. 1/8	
	S0/0	20. 0. 0. 1/8	
RouterB	F0/0	50. 0. 0. 1/8	
	S0/0	20. 0. 0. 10/8	
	S0/1	30. 0. 0. 10/8	
RouterC	F0/0	40. 0. 0. 1/8	
	S0/0	30. 0. 0. 10/8	
PC1	NIC	10. 0. 0. 10/8	10. 0. 0. 1
PC2	NIC	50. 0. 0. 10/8	50. 0. 0. 1
Server	NIC	40. 0. 0. 10/8	40. 0. 0. 1

4. 配置实施步骤

1）配置终端（计算机、服务器）的网卡的 IP 地址、子网掩码、网关。
2）命名三个路由器，配置端口的 IP 地址、子网掩码，开启端口。
3）启用路由器 RouterA 的 RIP，并通告网络。
4）启用路由器 RouterC 的 OSPF 路由协议，并通告网络。
5）在路由器 RouterB 上启用 RIP 和 OSPF 协议，并通告网络。
6）在路由器 RouterB 的 RIP 中重分发 OSPF 协议，并通告网络。
7）在路由器 RouterB 的 OSPF 协议中重分发 RIP。
8）使用 write 命令保存路由器上的当前配置。

5. 设备配置命令

（1）给所有路由器命名并配置相关端口 IP 信息　按 IP 地址规划表的要求，配置所有路由器相关端口的 IP 地址，其中，路由器 RouterB 的串行端口 S0/0 和 S0/1 为 DEC 端，因此需要配置时钟速率，命令如下：

RouterB（config）#interface s0/0

RouterB（config-if）#clock rate 64000
RouterB（config）#interface s0/1
RouterB（config-if）#clock rate 64000
RouterB（config-if）#end
RouterB#write

（2）路由器 RouterA 的配置

RouterA（config）#router rip
RouterA（config-router）#network 10.0.0.0
RouterA（config-router）#network 20.0.0.0
RouterA（config-router）#end
RouterA#write

（3）路由器 RouterC 的配置

RouterC（config）#router ospf 1
RouterC（config-router）#network 40.0.0.0 0.255.255.255 area 1
RouterC（config-router）#network 30.0.0.0 0.255.255.255 area 1
RouterC（config-router）#end
RouterC#write

（4）路由器 RouterB 的配置

RouterB（config）#router rip
RouterB（config-router）#redistribute ospf 1 metric 2 /OSPF 协议重分发
RouterB（config-router）#network 10.0.0.0
RouterB（config-router）#network 20.0.0.0
RouterB（config-router）#network 30.0.0.0
RouterB（config-router）#network 40.0.0.0
RouterB（config-router）#network 50.0.0.0
RouterB（config）#router ospf 1
log-adjacency-changes
RouterB（config-router）#redistribute rip metric 100 /RIP 重分发
RouterB（config-router）#network 30.0.0.0 0.255.255.255 area 1
RouterB（config-router）#network 10.0.0.0 0.255.255.255 area 1
RouterB（config-router）#network 20.0.0.0 0.255.255.255 area 1
RouterB（config-router）#network 40.0.0.0 0.255.255.255 area 1
RouterB（config-router）#network 50.0.0.0 0.255.255.255 area 1
RouterB（config-router）#end
RouterB#write

（5）配置所有主机/服务器 IP 地址 按 IP 地址规划表给出的 IP 地址、子网、网关配置 PC1、PC2、Server 的 IP 地址信息。

6. 测试配置的正确性

（1）查看路由器的路由表信息 查看 RouterA、RouterB、RouterC 三个路由器的路由表信息，结果如图 8-14、图 8-15、图 8-16 所示。

```
RouterA#sh ip route
Codes: C - connected, S - static, I - IGRP, R - RIP, M - mobile, B - BGP
       D - EIGRP, EX - EIGRP external, O - OSPF, IA - OSPF inter area
       N1 - OSPF NSSA external type 1, N2 - OSPF NSSA external type 2
       E1 - OSPF external type 1, E2 - OSPF external type 2, E - EGP
       i - IS-IS, L1 - IS-IS level-1, L2 - IS-IS level-2, ia - IS-IS inter area
       * - candidate default, U - per-user static route, o - ODR
       P - periodic downloaded static route

Gateway of last resort is not set

C    10.0.0.0/8 is directly connected, FastEthernet0/0
C    20.0.0.0/8 is directly connected, Serial0/0
R    30.0.0.0/8 [120/1] via 20.0.0.10, 00:00:05, Serial0/0
R    40.0.0.0/8 [120/2] via 20.0.0.10, 00:00:05, Serial0/0
R    50.0.0.0/8 [120/1] via 20.0.0.10, 00:00:05, Serial0/0
RouterA#
```

图 8-14 路由器 RouterA 的路由表

```
RouterB>enable
RouterB#sh ip route
Codes: C - connected, S - static, I - IGRP, R - RIP, M - mobile, B - BGP
       D - EIGRP, EX - EIGRP external, O - OSPF, IA - OSPF inter area
       N1 - OSPF NSSA external type 1, N2 - OSPF NSSA external type 2
       E1 - OSPF external type 1, E2 - OSPF external type 2, E - EGP
       i - IS-IS, L1 - IS-IS level-1, L2 - IS-IS level-2, ia - IS-IS inter area
       * - candidate default, U - per-user static route, o - ODR
       P - periodic downloaded static route

Gateway of last resort is not set

R    10.0.0.0/8 [120/1] via 20.0.0.1, 00:00:25, Serial0/0
C    20.0.0.0/8 is directly connected, Serial0/0
C    30.0.0.0/8 is directly connected, Serial0/1
O    40.0.0.0/8 [110/65] via 30.0.0.1, 00:44:24, Serial0/1
C    50.0.0.0/8 is directly connected, FastEthernet0/0
RouterB#
```

图 8-15 路由器 RouterB 的路由表

```
RouterC>en
RouterC#sh ip route
Codes: C - connected, S - static, I - IGRP, R - RIP, M - mobile, B - BGP
       D - EIGRP, EX - EIGRP external, O - OSPF, IA - OSPF inter area
       N1 - OSPF NSSA external type 1, N2 - OSPF NSSA external type 2
       E1 - OSPF external type 1, E2 - OSPF external type 2, E - EGP
       i - IS-IS, L1 - IS-IS level-1, L2 - IS-IS level-2, ia - IS-IS inter area
       * - candidate default, U - per-user static route, o - ODR
       P - periodic downloaded static route

Gateway of last resort is not set

O E2 10.0.0.0/8 [110/100] via 30.0.0.10, 00:48:27, Serial0/1
O    20.0.0.0/8 [110/128] via 30.0.0.10, 00:48:27, Serial0/1
C    30.0.0.0/8 is directly connected, Serial0/1
C    40.0.0.0/8 is directly connected, FastEthernet0/0
O    50.0.0.0/8 [110/65] via 30.0.0.10, 00:48:27, Serial0/1
RouterC#
```

图 8-16 路由器 RouterC 的路由表

从表中显示的信息可以看出：

路由器 RouterA 启用了 RIP，到达非直连网络都是通过 RIP 到达。

路由器 RouterC 启用了 OSPF 协议，到达非直连网络都是通过 OSPF 协议到达。

路由器 RouterB 启用了 RIP 和 OSPF 协议，到达 10.0.0.0 网段时是通过 RIP，而到达 40.0.0.0 网段则是通过 OSPF 协议实现的。

（2）测试全网连通性　通过 ping 命令，从 PC1 主机 ping 网络中的 PC2 主机和 WWW Server，ping 测试的结果如图 8-17 所示。从图中可以看出，发送的 ping 数据包全部通过，表示全网连通。

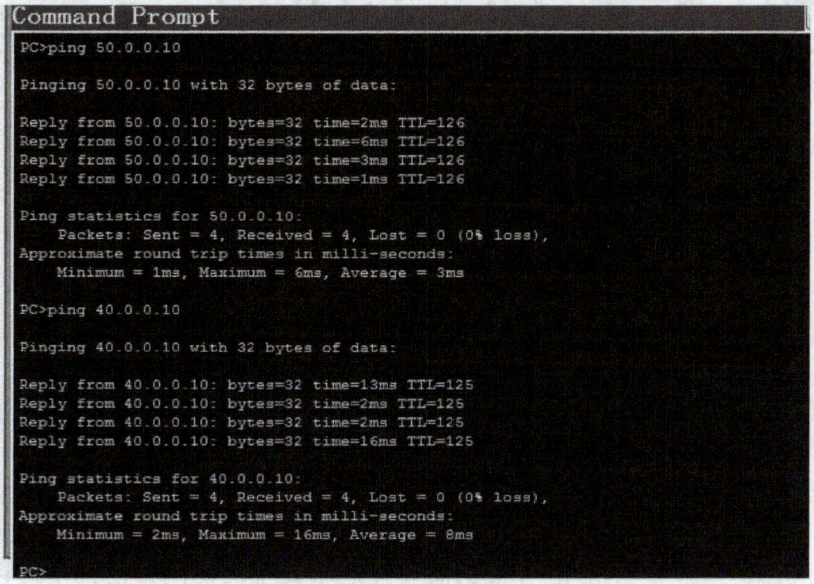

图 8-17　ping 测试结果

第9章

访问控制列表管理IP通信量

9.1 理解访问控制列表

9.1.1 访问控制列表概述

访问控制列表 ACL（Access Control List）是路由器和交换机接口的指令列表，用来控制端口进出的数据包。ACL 是一个应用 IP 地址的允许和禁止条件的有序语句集。它使用包过滤技术，通过读取路由器上的第三层和第四层数据包头中相关信息，如源 IP 地址、目的 IP 地址、源端口号、目的端口号、网络协议等，匹配报文中信息与访问控制列表参数，来允许或拒绝报文通过某个端口。ACL 能够根据需要控制不安全的访问，使其不可以访问敏感数据，同时不影响正常的数据访问。

访问控制列表正如交警执行交通管制，对于正常的车辆能够使其正常通行，但对于受限制的车辆使其不能进入相应的区域，如在北京地区，大货车不能进入五环路内，私家车每周有一天不能进入五环路内等。

1. 什么是 ACL

随着网络规模不断扩大和网络流量不断增加，网络管理员面临一个问题：如何在保证合法访问的同时，拒绝非法访问。这就需要对路由器转发的数据包做出区分，区分出哪些是合法的流量，哪些是非法的流量，通过这种区分来对数据包进行过滤并达到有效控制的目的。这种包过滤技术是在路由器上实现防火墙的一种主要方式，而实现包过滤技术最重要的技术就是使用 ACL。

2. ACL 的作用

（1）限制网络流量、提高网络性能　ACL 可以限制网络流量、提高网络性能，例如 ACL 可以根据数据包的协议，指定数据包的优先级。

（2）通信量控制　ACL 提供对通信量的控制手段，例如 ACL 可以限定或简化路由更新信息的长度，从而限制通过路由器某一网段的通信流量。

（3）网络安全访问　ACL 是提供网络安全访问的基本手段，例如某网络中普通员工不允许访问人力资源网络，而公司管理人员可以访问人力资源网络，则可以通过在路由器上配置 ACL 实现网络的安全访问。

（4）阻塞和转发数据包　ACL 可以在路由器端口处决定哪种类型的数据包被转发或被

阻塞，例如用户可以允许 E-mail 数据包被路由器转发，拒绝所有的 Telnet 数据包，也可以允许所有的 www 访问而拒绝所有外部用户的 FTP 访问。

3. ACL 放置的规则

ACL 通过过滤数据包并且丢弃不希望抵达目的地的数据包来控制通信流量，然而网络能否有效地减少不必要的通信流量，这还要取决于网络管理员把 ACL 放置在什么地方。

ACL 放置基本的规则是：扩展 ACL 应尽可能靠近要拒绝流量的源地址，这样，才能在不需要的流量流经网络之前将其过滤掉。因为标准 ACL 不会指定目的地址，所以其位置应该尽可能靠近目的地址。

9.1.2　ACL 工作原理

ACL 在进行 IP 通信量管理时，根据预先定义好的规则对包进行过滤，每条规则都描述了对匹配一定信息的数据包所采取的动作：允许通过（permit）或拒绝通过（deny），用户可以把这些规则应用到特定网络设备端口的入口或出口方向，从而达到访问控制的目的。

访问控制技术通过控制与检查进出关键服务器中的访问，保护服务器中的关键数据。它是一种主机防护技术，但与传统的主机防火墙、主机防病毒或主机入侵检测等防护技术的功能却不同。如果说安全保护就像保护自己的球门不被攻破一样，则防火墙是中卫、IDS（入侵检测系统）是后卫，则访问控制就是守门员——随时准备扑出任何非法的进入。

由于访问控制列表 ACL 是使用包过滤技术来实现的，过滤的依据又仅仅只是第三层和第四层包头中的部分信息，这种技术具有一些固有的局限性，如无法识别到具体的主机接口，无法识别到网络内部的用户权限级别等。因此，要达到端到端的权限控制目的，需要和系统级及应用级的访问权限控制结合使用。

1. 入站与出站

入站（Inbound）：在一端口应用访问控制列表时，用户指明访问控制列表是应用于流入端口的数据。

出站（Outbound）：在一端口应用访问控制列表时，用户指明访问控制列表是应用于流出端口的数据，默认的设置是应用于流出数据。数据流的流向与路由器的端口有关，如图 9-1 所示，路由器 R1 需要拒绝从 PC1 到 PC2 的数据，那么可以在路由器的两个端口上应用访问控制列表。一个入站访问表可以设置在端口 F0/1，或者一个出站访问控制列表设置在端口 F0/0。最优选择是将访问控制列表应用于离那些被拒绝的数据流最近的地方。

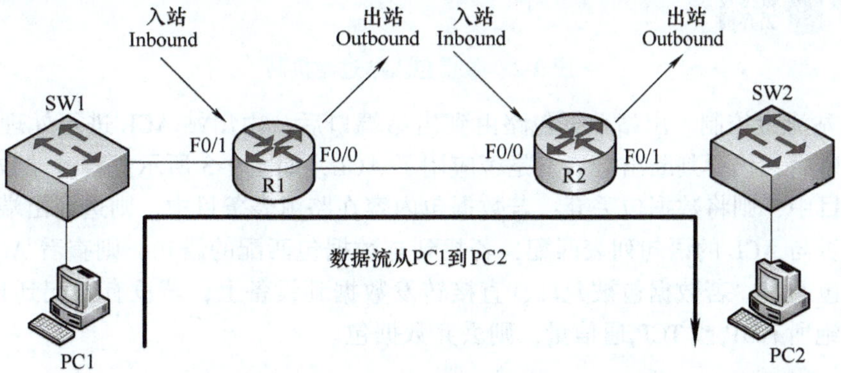

图 9-1　ACL 应用于路由器的入站或出站

在判断 Inbound 和 Outbound 时，需要注意的是判断数据的流向，针对路由器的相应端口，数据是输入到路由器（Inbound），还是从路由器流出（Outbound）。

2. ACL 数据包过滤机制

ACL 要么配置用于入站流量控制，要么用于出站流量控制。

（1）入站流量控制　ACL 是一种路由器的配置脚本，它根据从数据包头中发现的条件来控制路由器应该允许还是拒绝数据包的通过。数据包进入路由器以后，无论是否启用 ACL，都按照图 9-2 所示的数据包入站过滤机制进行处理。当数据包到达路由器后，路由器首先查看数据包的第二层地址（MAC 地址）是否与接收数据包的端口的 MAC 地址相同，若不相同则丢弃数据包，若地址相同，则接收数据包，接着查看端口上是否有 ACL，若没有 ACL 则查看路由表，将数据包路由到相应的出端口。若端口上有 ACL，则判断数据包是否与 ACL 的语句列表匹配，在匹配过程中，会按照 ACL 语句的顺序，逐条匹配，若找到与数据包匹配的语句，则查看 ACL 规则是否允许该数据包通过，若数据包被允许，就查看路由表，将数据包路由到相应的出端口，若没有匹配到相应的语句，思科公司的网络设备 ACL 默认拒绝所有 IP 或 TCP 通信量，则丢弃数据包。

入站 ACL 传入数据包经过处理之后才会被路由到出站端口。入站 ACL 非常高效，如果数据包被丢弃，则节省了执行路由查找的开销。当测试表明应允许该数据包后，路由器才会处理数据包，并按路由表的规则转发数据包。

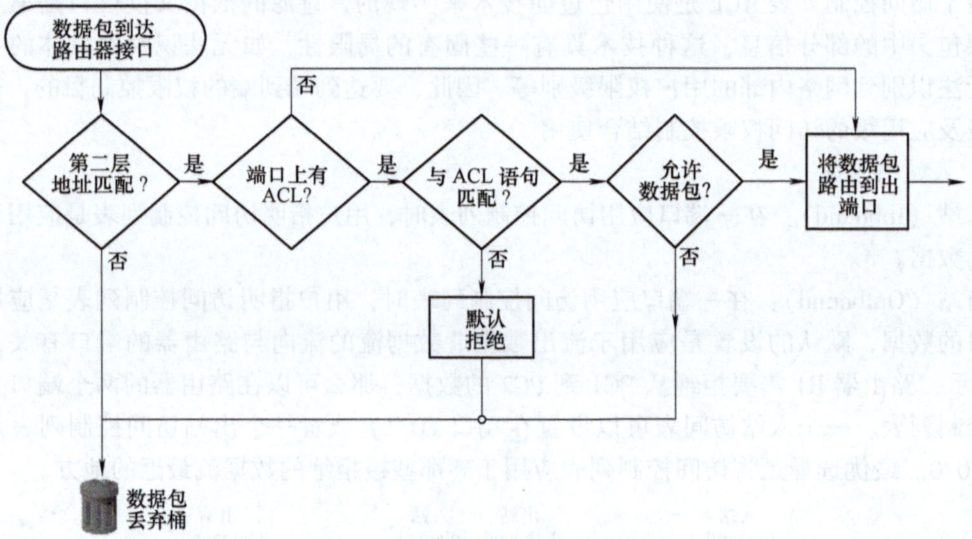

图 9-2　数据包入站过滤机制

（2）出站流量控制　出站数据包路由到出站端口后，由出站 ACL 进行处理。当数据包传送到出端口后，仍要判断出端口上是否应用了 ACL，如图 9-3 所示。若入端数据包内容不在路由表条目中，则将数据包丢弃；若数据包内容在路由表条目中，则选择出端口。然后判断数据包是否与 ACL 的语句列表匹配，若找到与数据包匹配的语句，则查看 ACL 规则是否允许该数据包通过，若数据包被允许，直接转发数据到设备上，若没有匹配到相应的语句，ACL 默认拒绝所有 IP 或 TCP 通信量，则丢弃数据包。

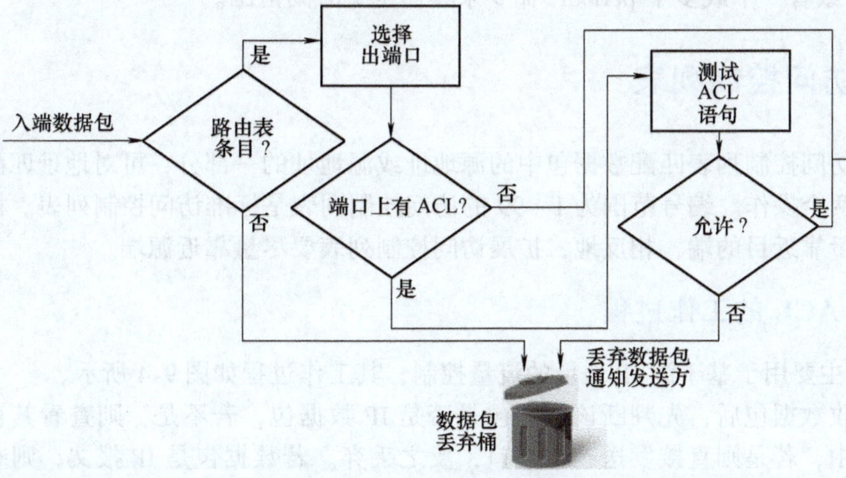

图 9-3　ACL 数据包出站过滤机制

9.1.3　ACL 分类

目前有三种主要的 ACL：标准 ACL、扩展 ACL 及命名 ACL。其他的还有标准 MAC ACL、时间控制 ACL、以太协议 ACL、IPv6 ACL 等。

1. 标准 ACL

标准 ACL 使用 1 ~ 99 以及 1300 ~ 1999 之间的数字作为编号，扩展 ACL 使用 100 ~ 199 以及 2000 ~ 2699 之间的数字作为编号。

标准 ACL 可以阻止来自某一网络的所有通信流量、允许来自某一特定网络的所有通信流量，或者拒绝某一协议簇（比如 IP）的所有通信流量。

2. 扩展 ACL

扩展 ACL 比标准 ACL 提供了更广泛的控制范围，例如网络管理员如果希望做到允许外来的 Web 通信流量通过，拒绝外来的 FTP 和 Telnet 等通信流量，那么，网络管理员可以使用扩展 ACL 来达到目的，标准 ACL 则不能控制这么精确。

3. 命名 ACL

在标准与扩展 ACL 中均要使用编号，而在命名 ACL 中使用一个字母或数字组合的字符串来代替前面所使用的数字。使用命名 ACL 可以用来删除某一条特定的控制条目，便于在使用过程中进行修改。在使用命名 ACL 时，要求路由器的 IOS 为 11.2 以上的版本，并且不能以同一名字命名多个 ACL，不同类型的 ACL 也不能使用相同的名字。

随着网络的发展和用户要求的变化，从 IOS 12.0 版本开始，思科路由器新增加了一种基于时间的访问控制列表。通过它，可以根据一天中的不同时间，或者根据一星期中的不同日期，或二者相结合来控制网络数据包的转发。这种基于时间的访问控制列表，就是在原来的标准访问控制列表和扩展访问控制列表，加入有效的时间范围来更合理有效地控制网络的访问控制列表。在基于时间的访问控制列表中，首先定义一个时间范围，然后在原来的各种访问列表的基础上应用它。

基于时间访问控制列表的设计中，用 time-range 命令来指定时间范围的名称，然后用

absolute 命令，或者一个或多个 periodic 命令来具体定义时间范围。

9.2 标准访问控制列表

一个标准访问控制列表匹配数据包中的源地址或源地址的一部分，可对地址匹配的包采取拒绝或允许两个操作。编号范围为 1 ~ 99 的访问控制列表是标准访问控制列表。标准访问控制列表要尽量靠近目的端，相反地，扩展访问控制列表要尽量靠近源端。

9.2.1 标准 ACL 的工作过程

标准 ACL 主要用于基于源 IP 地址的流量控制，其工作过程如图 9-4 所示。

路由器接收数据包后，先判断该数据包是否是 IP 数据包，若不是，则查看其目的地址是否在路由表中，若是则直接发送到出端口，反之丢弃。若数据包是 IP 报文，则查看接收端口上是否有标准访问控制列表，若没有则直接查看路由表；若端口应用了标准访问控制列表，则判断数据包的源地址是否匹配 ACL 列表的条目，逐句匹配，若找到匹配的语句，则查看 ACL 规则是否允许该数据包通过，若数据包被允许，就查看路由表，将数据包路由到相应的出端口，若没有匹配到相应的语句，思科公司的网络设备 ACL 默认拒绝所有 IP 或 TCP 通信量，则丢弃数据包，并反馈目的地未找到的（Destination Not Found）消息给数据包发送方。

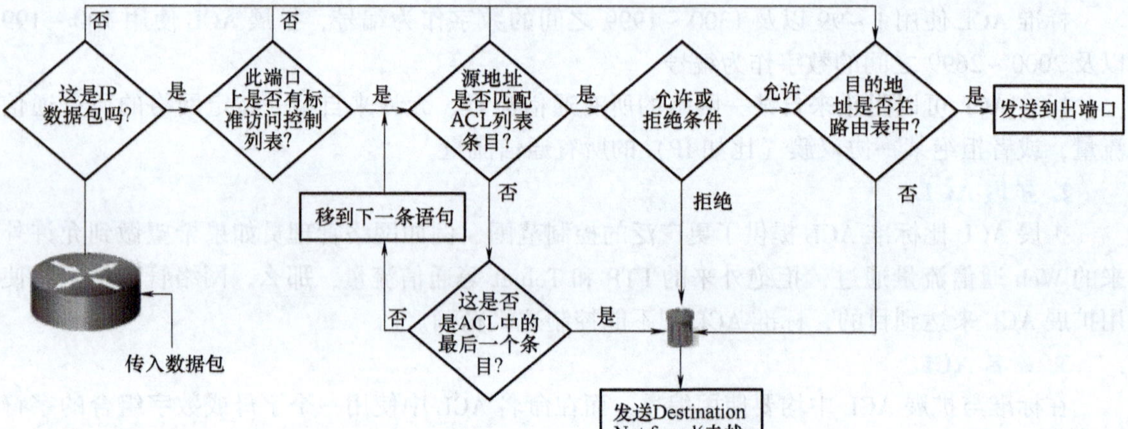

图 9-4 标准访问控制列表工作过程

标准访问控制列表可以阻止或允许来自某个网络的所有通信量，而不能对特定的协议进行管理。标准访问控制列表通过指定访问控制列表编号或名称以及访问条件来创建访问控制列表，将 ACL 应用到端口或终端线路。

9.2.2 配置标准 ACL

1. 创建 ACL 命令

Router（config）#access-list <access-list-number> {permit | deny} <source-

address > < wildcard-mask > [log]

Access-list-number：访问控制列表的编号，如果该数据在 1 ~ 99 之间，则表示它是一条标准访问控制列表。访问控制列表编号有两个功能，即定义了访问控制列表操作的协议，并且告诉了 IOS 将所有标识为同一编号的语句作为一个实体集合。

permit | deny：两个项之间的竖线表示应该选择竖线两边中的某一个项。Permit 表示允许匹配的数据流通过。Deny 表示拒绝匹配的数据流通过。

source-address：发送数据包源地址，由网络号或主机号组成，使用 32 位的点分十进制格式表示，如 192.168.0.0。

wildcard-mask：通配符掩码，用来与 source-address 共同确定 ACL 作用的网络。

源地址若使用关键字 any，表示发送数据包的任何地址，也可用 0.0.0.0 255.255.255.255 表示。例如：

Router (config) # access-list 10 permit 0.0.0.0 255.255.255.255

其中，0.0.0.0 255.255.255.255 表示所有的网络，可以用 any 代替，等同于：

Router (config) # access-list 10 permit any

源地址若使用关键字 host，表示一台主机，此时 wildcard-mask 为 0.0.0.0，例如：

Router (config) # access-list 10 permit 192.168.120.1 0.0.0.0

其中，192.168.120.1 0.0.0.0 表示的是一台具体的主机，可以用 host 关键字与主机 IP 配合，而省略子网掩码，等同于：

Router (config) # access-list 10 permit host 192.168.120.1

Log：日志记录。Log 关键字只在思科公司的 IOS 版本 11.3 中存在。如果该关键字用于访问控制列表中，则对那些能够匹配访问控制列表中的 permit 和 deny 语句的报文进行日志记录。日志信息包含访问控制列表编号、报文的允许或拒绝、源 IP 地址以及在显示了第一个匹配以来每 5min 间隔内的报文数目。

使用 Log 关键字，会使控制台日志提供测试和报警两种功能。系统管理员可以使用日志来观察不同活动下的报文匹配情况，从而可以测试不同访问控制列表的设计情况。当其用于报警时，管理员可以查看显示结果，以定位那些多次尝试活动被拒绝的访问控制列表语句。执行一个访问控制列表语句的多次尝试活动被拒绝，很可能表明有潜在的黑客攻击活动。

2. 将 ACL 应用到端口或终端线路

创建 ACL 后，必须将 ACL 应用到端口上，ACL 才能生效。具体操作时，先进入端口模式，再通过 access-group 命令将 ACL 应用于端口。

Router (config) # interface FastEthernet 0/0

Router (config-if) #ip access-group <access-list-number> {in | out}

access-list-number：是创建的 ACL 的编号。

in | out：表示 ACL 作用在端口上的方向是 inbound（入站）还是 outbound（出站）。

注：在每个端口、协议、方向上只能有一个访问控制列表。

3. 删除 ACL

Router (config) #no access-list <access-list-number>

该命令删除一个已建立的 ACL，如果想修改一个已经分配编号的条件判定语句的访问控制列表，只要先通过删除命令删除该访问控制列表中的所有判定语句，再重新建立新的访问控制列表。

9.2.3 标准 ACL 配置实例

1. 任务描述

图 9-5 所示的两台路由器通过以太网端口连接，并分别通过一台交换机连接到终端计算机，要求在路由器 R1 上配置标准访问控制列表，允许主机 PC1 的数据流通过，但拒绝主机 PC3 的数据流，此外允许其他网段的流量。

2. 任务目的

理解网络访问控制列表的作用。

掌握标准访问控制列表的工作原则。

掌握标准访问控制列表的配置方法。

掌握将标准访问控制列表绑定到路由器端口的方法。

3. 网络拓扑

标准访问控制列表配置拓扑如图 9-5 所示。

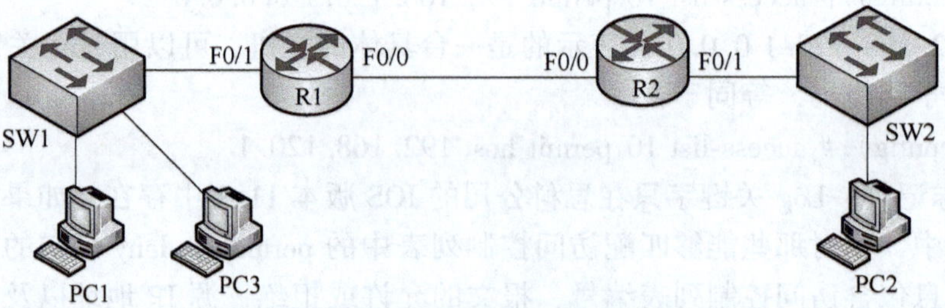

图 9-5 标准访问控制列表配置拓扑

4. IP 地址规划

设备名称	设备端口	IP 地址	网关
R1	F0/0	10.1.0.1/30	
	F0/1	192.168.1.254/24	
R2	F0/0	10.1.0.2/30	
	F0/1	192.168.2.254/24	
PC1	NIC	192.168.1.1/24	192.168.1.254
PC2	NIC	192.168.2.1/24	192.168.2.254
PC3	NIC	192.168.1.10/24	192.168.1.254

5. 项目实施步骤

1）配置终端（计算机）网卡的 IP 地址、子网掩码、网关。

2）配置路由器端口的 IP 地址、子网掩码，开启端口。

3）启用路由器的 RIP。

4）路由器通告 RIP 进程中的网段。

5）创建标准 ACL。

6）选择合适的路由器和端口，应用 ACL。

7）使用 write 命令保存路由器上的当前配置。

6. 具体配置实施

在实施 ACL 之前，首先要保证全网的连通性。因为该实例的拓扑比较简单，因此选择 RIP 动态路由协议实现全网的连通性。

（1）路由器基本配置 R1（路由器命名为 R1）基本配置：

Router > enable
Router#configure terminal
Router（config）#hostname R1 /命名路由器
R1（config）#interface FastEthernet0/1
R1（config-if）#ip address 192. 168. 1. 254 255. 255. 255. 0
/配置端口 IP 地址、子网掩码
R1（config-if）#no shutdown /开启路由器端口
R1（config-if）#exit
R1（config）#interface FastEthernet 0/0
R1（config-if）#ip address 10. 1. 0. 1 255. 255. 255. 252
R1（config-if）#no shutdown
R1（config-if）#exit
R1（config）#router rip /开启 RIP 路由器协议
R1（config-router）#network 10. 0. 0. 0
/在 RIP 进程中通告 10. 0. 0. 0 网段，将其他网段从 10. 0. 0. 0 的网络端口上发布出去
R1（config-router）#network 192. 168. 1. 0
R1（config-router）#^Z
/使用 CRTL + Z 命令退回到授权模式
R1#write
/使用 write 命令将路由器当前的运行配置文件保存到 NVRAM 中

R2（路由器命名为 R2）基本配置：

Router > enable
Router#configure terminal
Router（config）#hostname R2
R2（config）#interface FastEthernet 0/1
R2（config-if）#ip address 192. 168. 2. 254 255. 255. 255. 0
R2（config-if）#no shutdown
R2（config-if）#exit
R2（config）#interface FastEthernet 0/0
R2（config-if）#ip address 10. 1. 0. 2 255. 255. 255. 252
R2（config-if）#no shutdown
R2（config-if）#exit

R2（config）#router rip

R2（config-router）#network 10. 0. 0. 0

R2（config-router）#network 192. 168. 2. 0

R1（config-router）#^Z

/使用 CRTL + Z 命令退回到授权模式

R1#write

/使用 write 命令将路由器当前的运行配置文件保存到 NVRAM 中

（2）测试网络连通性　正确配置路由器的基本信息，并启用 RIP 后，通过 ping 命令测试全网连通性，结果如图 9-6 所示。

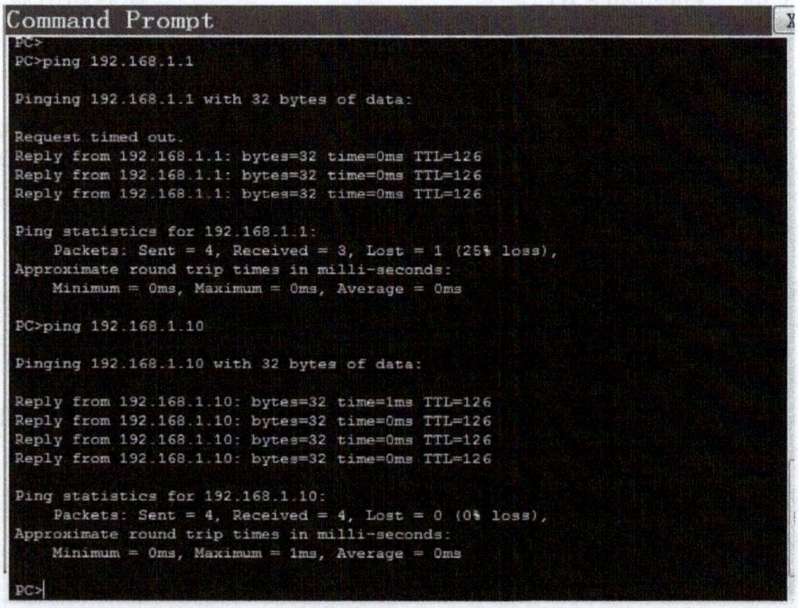

图 9-6　启用 RIP 协议后全网 ping 通

（3）在 R1 上配置标准访问控制列表　R1（config）# access-list 1 permit host 192. 168. 1. 1

/上面的命令为创建标准 ACL，编号为 1，允许主机 PC1（192. 168. 1. 1）通过路由器

R1（config）#access-list 1 deny 192. 168. 1. 10 0. 0. 0. 0

/在 ACL 1 中添加一条语句，拒绝主机 192. 168. 1. 10 网段的数据通过

R1（config）#access-list 1 permit any　　　　/允许其他网段的数据通过

R1（config）#interface FastEthernet 0/1

R1（config-if）#ip access-group 1 in　　　　/将 ACL 1 应用到 F0/1 的输入端口

（4）验证 ACL 配置　查看 ACL 的内容，若能够看到创建好的 ACL，表明 ACL 创建成功，一定要注意顺序。

R1#show access-lists

```
Standard IP access list 1                /访问列表编号为 1
    permit host 192.168.1.1              /允许 192. 68. 1. 1 主机信息通过
```

```
    deny host 192.168.1.10                  /拒绝 192. 68. 1. 10 主机信息通过
    permit any                              /允许其他所有通信量通过
```

查看端口信息，确认 ACL 已经应用到了相应的端口上。

```
R1#show ip interface FastEthernet 0/1
FastEthernet0/1 is up, line protocol is up (connected)
  Internet address is 192.168.1.254/24
  Broadcast address is 255.255.255.255
  Address determined by setup command
  MTU is 1500
  Helper address is not set
  Directed broadcast forwarding is disabled
  Outgoing access list is not set
  Inbound  access list is 1                 /访问控制列表被绑定至 F0/1 端口的入站方向
...
```

启用 ACL 之后，通过 PC2 可以 ping 通 PC1，但已不能 ping 通 PC3，测试结果如图 9-7 所示。

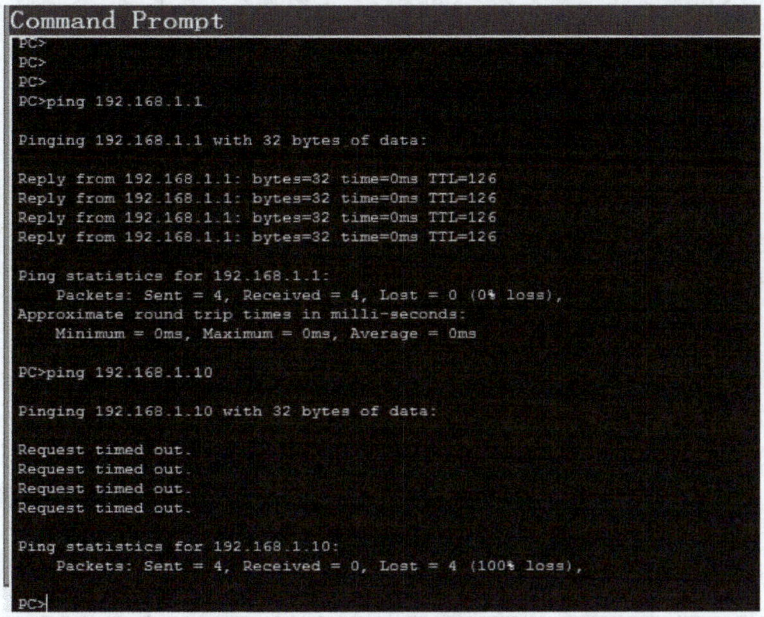

图 9-7　ACL 作用后的测试结果

9.3　扩展访问控制列表

9.3.1　扩展 ACL 的工作过程

扩展访问控制列表比标准访问控制列表功能更强大，具有更多的匹配项，包括协议类型、源地址、目的地址、源端口、目的端口、建立连接的协议等。扩展 ACL 的编号范围为 100 ~ 199。

扩展 ACL 用于更加精确地控制数据流量过滤。一个扩展的 IP 访问控制列表允许用户根据如下内容过滤报文：源地址、目的地址、协议、源端口、目的端口以及在特定报文字段中允许进行特殊位比较的各种选项。

扩展 ACL 的工作流程如图 9-8 所示。路由器收到数据包，查看输入口上是否有扩展访问控制列表，若没有，则查看其目的 IP 地址是否在路由表中，若是则直接发送到传出端口，反之丢弃。若输入端口启用了扩展 ACL，数据包是 IP 报文，则分别判断数据包的源地址、协议和源端口号是否匹配 ACL 的条目，再判断数据包的目的地址、协议和目的端口号是否匹配扩展 ACL 列表的条目，对 ACL 中的条目逐句匹配直到最后一个条目。若找到匹配的语句，则查看 ACL 规则是否允许该数据包通过，若数据包被允许，则查看目的 IP 是否在路由表中，如果在则将数据包从路由器的相应端口转发，否则，将数据包丢弃。

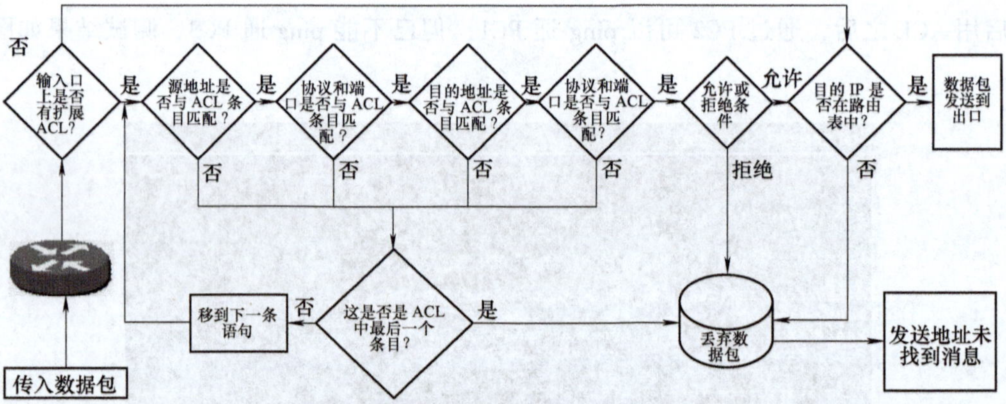

图 9-8 扩展 ACL 的工作流程

9.3.2 标准 ACL 与扩展 ACL 的比较

标准访问控制列表一般只能是基于源地址的通信量过滤，而扩展访问控制列表可以是基于源地址、目的地址、源端口、目的端口、协议的通信量过滤，两者比较如表 9-1 所示。

表 9-1 标准访问控制列表与扩展访问控制列表比较

项目		标准访问控制列表	扩展访问控制列表
过滤形式	地址过滤	基于源地址过滤	基于源地址、目的地址过滤
	协议过滤	允许或拒绝整个协议簇	允许或拒绝特定的 IP 地址或端口、TCP、UDP、ICMP 协议
编号范围		1 ~ 99	100 ~ 199

9.3.3 配置扩展 ACL

1. 定义扩展 ACL

定义扩展 ACL 仍使用 access-list 命令，通过指定访问控制列表编号以及访问条件来创建访问控制列表，语法格式如下：

Router（config）#access-list < access-list-number > {permit | deny} protocol < source-address > < wildcard-mask > < operator operand > [source-port-number | name] < destination-address > < wildcard-mask > < operator operand > [destination-port-number | name] [established]

参数及描述如下：

access-list-number：扩展访问控制列表编号，与标准 ACL 类似，该编号标识一个扩展 ACL。编号范围为 100 ~ 199。

permit | deny：两个项之间的竖线表示应该选择竖线两边中的某一个项。permit 表示允许匹配的数据流通过。deny 表示拒绝匹配的数据流通过。

protocol：协议。协议表项定义了需要被过滤的协议，例如 IP、TCP、UDP、ICMP 等。协议选项是很重要的，此处可以是整个 IP，也可以是 TCP 中的某个特定的协议，例如 FTP 或 HTTP 等。

source-address：发送数据包源地址，该地址包括数据包的网络号或主机号，使用 32 位的点分十进制格式表示，如 192.168.0.0。

wildcard-mask：通配符掩码，用来与 source-address 确定 ACL 作用的网络。

source-port-number：源端口号，可以用几种不同的方法来指定。它可以显式地指定，使用一个数字或者使用一个可识别的助记符，如使用 80 或者 http 指定 Web 的超文本传输协议。对于 TCP 和 UDP，可以使用操作符 <（小于）、>（大于）、=（等于）以及≠（不等于）。

destination-address、wildcard-mask：目的地址、通配符屏蔽码。目的地址和通配符屏蔽码的结构与源地址和通配符屏蔽码的结构相同。同样也可以使用诸如 any 和 host 关键字指定任何目的地址以及一个特定的地址，而不需要指定特定的屏蔽码。

destination-port-number：目的端口号，其指定方法与源端口号的指定方法相同。可以使用数字、助记符或者使用操作符与数字或助记符相结合的格式来指定一个端口范围。

operator：操作符，比较源端口和目的端口，可用的操作符包括 lt（小于）、gt（大于）、eq（等于）、neq（不等于）和 range（包括的范围）。如果操作符位于源地址的通配符之后，则必须匹配源端口；如果操作符位于目的地址的通配符之后，则必须匹配目的端口。range 操作符需要两个端口号，其他操作符只需要一个端口号。

operand：指明 TCP 或 UDP 端口的十进制数字或名字，端口号范围为 1 ~ 65535。

established：该选项只用于 TCP 并且只在 TCP 通信流的一个方向上来响应由另一端发起的会话。为了实现该功能，使用 established 选项的访问控制列表语句检查每个 TCP 报文，以确定报文的 ACK 或 RST 位是否已设置。

几个特殊关键字的使用方法如表 9-2 所示。

表 9-2 扩展访问控制列表中关键字的使用方法

关 键 字	使 用 方 法
any	对 0.0.0.0 255.255.255.255 的地址和通配符屏蔽码的缩写，用于源和目的地址字段
established	用于过滤已建立连接的协议数据包（只用于 TCP）
host	对 0.0.0.0 通配符屏蔽码的缩写，用于源地址和目的地址
icmp-type	用于过滤 ICMP 消息类型，用户也可以指定 ICMP 消息码（0～255）
port	用于定义一个 TCP 或 UDP 端口的十进制号码或者名称
protocol	用于定义要过滤的协议，可以包含如下的关键字之一：EIGRP、GRE、ICMP、IGMP、IGRP、IP、OSPF、TCP 或 UDP，也可以包含 0～255 之间的一个整数，以表示一个 IP
precedence	用于按优先级名称或数字（0～7）来过滤
remark	用于在访问表中添加文本注解
TOS / tos	用于按数字（1～5）或名字指定的服务优先级来过滤

在 OSI 参考模型中，在数据传输层，根据传输数据的不同性质，使用两种传输协议，即面向连接的 TCP 和无连接的 UDP。表 9-3 列出了 TCP 和 UDP 常用的保留端口号和描述。

表 9-3 TCP 和 UDP 常用的保留端口号和描述

端 口 号	关 键 字	描 述
7	ECHO	回显
20	FTP-DATA	文件传输协议（数据）
21	FTP	文件传输协议（控制）
23	TELNET	远程终端连接
25	SMTP	简单邮件传输协议
53	DOMAIN	域名服务协议（DNS）
69	TFTP	简单文件传输协议
80	HTTP	超文本传输协议（WWW）

2. 将 ACL 应用到端口

创建 ACL 后，必须将 ACL 应用到端口上，ACL 才能生效。进入端口模式，用 access-group 命令应用 ACL。

Router（config）# interface fastEthernet 0/0

Router（config-if）#ip access-group <access-list-number> {in | out}

access-list-number：创建的 ACL 的编号。

in | out：表示 ACL 作用在端口上的方向是 inbound 还是 outbound。

注：在每个端口、协议、方向上只能有一个访问控制列表。

9.3.4 扩展 ACL 配置实例

两台路由器通过以太网端口连接，并分别通过一台交换机连接到终端计算机，要求在路由器 R1 上配置扩展访问控制列表，允许主机 PC1 访问 PC2，但拒绝主机 PC3 对 PC2 的访问，允许 PC1 和 PC3 访问 Web 服务器。

1. 任务目的

理解扩展访问控制列表的作用。
掌握扩展访问控制列表的工作原则。
掌握扩展访问控制列表的配置方法。
掌握将扩展访问控制列表绑定到路由器端口的方法。

2. 网络拓扑

扩展访问控制列表配置拓扑如图 9-9 所示。

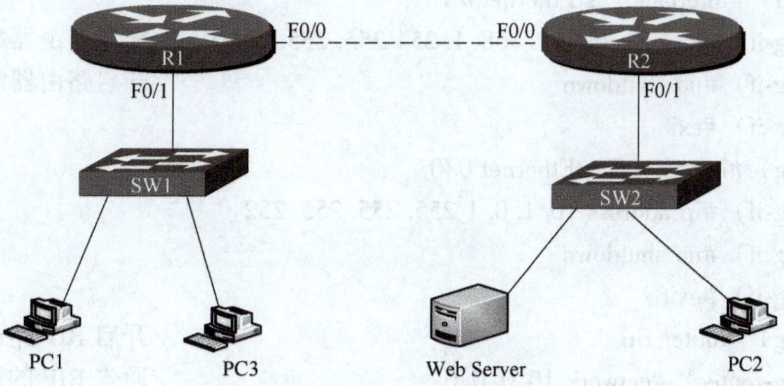

图 9-9　扩展访问控制列表配置拓扑

3. IP 地址规划

设备名称	设备端口	IP 地址	网　关
R1	F0/0	10.1.0.1/30	
	F0/1	192.168.1.254/24	
R2	F0/0	10.1.0.2/30	
	F0/1	192.168.2.254/24	
PC1	NIC	192.168.1.1/24	192.168.1.254
PC2	NIC	192.168.2.1/24	192.168.2.254
PC3	NIC	192.168.1.10/24	192.168.1.254
Web Server	NIC	192.168.2.100/24	192.168.2.254

4. 项目实施步骤

1）配置终端（计算机）网卡的 IP 地址、子网掩码、网关。
2）配置路由器端口的 IP 地址、子网掩码，开启端口。
3）启用路由器的 RIP。
4）路由器通告 RIP 进程中的网段。
5）创建扩展 ACL。
6）选择合适的路由器和端口，应用 ACL。
7）使用 write 命令保存路由器上的当前配置。

5. 项目实施

在实施ACL之前，首先要保证全网的连通性。因为该实例的拓扑比较简单，因此选择RIP动态路由协议实现全网的连通性。

（1）配置路由器基本信息　R1路由器的配置（路由器命名为R1）：

```
Router>enable
Router#configure terminal
Router（config）#hostname R1                              /配置路由器名称
R1（config）#interface FastEthernet0/1
R1（config-if）#ip address 192.168.1.254 255.255.255.0    /配置路由器端口IP地址
R1（config-if）#no shutdown                               /开启路由器端口
R1（config-if）#exit
R1（config）#interface FastEthernet 0/0
R1（config-if）#ip address 10.1.0.1 255.255.255.252
R1（config-if）#no shutdown
R1（config-if）#exit
R1（config）#router rip                                   /开启RIP路由器协议
R1（config-router）#network 10.0.0.0                      /通告RIP的网络
R1（config-router）#network 192.168.1.0
R1（config-router）#end
R1#write                                                 /保存配置文件
```

R2路由器的配置（路由器命名为R2）：

```
Router>enable
Router#configure terminal
Router（config）#hostname R2
R2（config）#interface FastEthernet 0/1
R2（config-if）#ip address 192.168.2.254 255.255.255.0
R2（config-if）#no shutdown
R2（config-if）#exit
R2（config）#interface FastEthernet 0/0
R2（config-if）#ip address 10.1.0.2 255.255.255.252
R2（config-if）#no shutdown
R2（config-if）#exit
R2（config）#router rip
R2（config-router）#network 10.0.0.0
R2（config-router）#network 192.168.2.0
R2（config-router）#end
R2#write
```

（2）测试网络连通性　所有的路由器基本信息及PC和Web Server的IP地址配置后，全网RIP连接，此时，从网络中的PC1主机ping网络中的任何一台主机、服务器或路由器端口都应该是连通的，图9-10显示从PC1主机ping网络中的PC2主机和Web Server的测试结果。

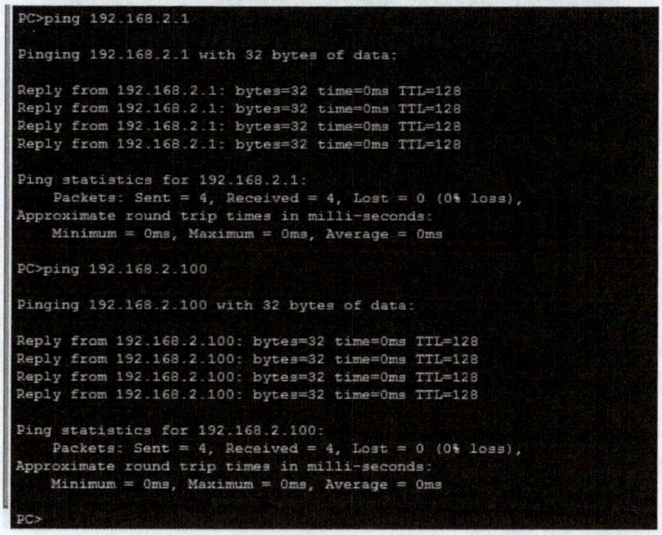

```
PC>ping 192.168.2.1

Pinging 192.168.2.1 with 32 bytes of data:

Reply from 192.168.2.1: bytes=32 time=0ms TTL=128
Reply from 192.168.2.1: bytes=32 time=0ms TTL=128
Reply from 192.168.2.1: bytes=32 time=0ms TTL=128
Reply from 192.168.2.1: bytes=32 time=0ms TTL=128

Ping statistics for 192.168.2.1:
    Packets: Sent = 4, Received = 4, Lost = 0 (0% loss),
Approximate round trip times in milli-seconds:
    Minimum = 0ms, Maximum = 0ms, Average = 0ms

PC>ping 192.168.2.100

Pinging 192.168.2.100 with 32 bytes of data:

Reply from 192.168.2.100: bytes=32 time=0ms TTL=128
Reply from 192.168.2.100: bytes=32 time=0ms TTL=128
Reply from 192.168.2.100: bytes=32 time=0ms TTL=128
Reply from 192.168.2.100: bytes=32 time=0ms TTL=128

Ping statistics for 192.168.2.100:
    Packets: Sent = 4, Received = 4, Lost = 0 (0% loss),
Approximate round trip times in milli-seconds:
    Minimum = 0ms, Maximum = 0ms, Average = 0ms

PC>
```

图9-10　PC1全网ping通

（3）配置扩展访问控制列表　R1（config）#access-list 100 permit ip host 192. 168. 1. 1 host 192. 168. 2. 1

/创建编号为100的扩展ACL，允许主机PC1（192. 168. 1. 1）访问PC2（192. 168. 2. 1）

R1（config）#access-list 100 deny ip host 192. 168. 1. 10 host 192. 168. 2. 1

/在ACL100中添加一条语句，拒绝主机PC3（192. 168. 1. 10）访问PC2（192. 168. 2. 1）

R1（config）#access-list 100 permit tcp 192. 168. 1. 0 0. 0. 0. 255 host 192. 168. 2. 100 eq www

/在ACL100中添加一条语句，允许192. 168. 1. 0/24网段访问Web服务器

R1（config）#interface FastEthernet 0/1

R1（config-if）#ip access-group 100 in　　　/将ACL100应用到F0/1端口的入站

（4）验证扩展ACL配置的正确性　访问控制列表配置并应用到端口后，PC1能访问PC2和Web Server，PC2拒绝PC3的访问，此时，从网络中的PC1去ping网络中的任何一台主机、服务器或路由器端口都应用是连接的，PC3可以访问Web Server服务器，但无法访问PC2主机，此时PC2主机ping PC3主机（192. 168. 1. 10）不通，而ping PC1（192. 168. 1. 1）主机连通，测试结果如图9-11所示。

也可以使用show相关的命令查看ACL的内容，若能够看到创建好的ACL，表明ACL创建成功，一定要注意顺序。

R1#show ip access-lists　　　/可看路由器R1的访问控制列表

Extended IP access list 100

permit ip host 192. 168. 1. 1 host 192. 168. 2. 1（8 match（es））

deny ip host 192. 168. 1. 10 host 192. 168. 2. 1（4 match（es））

permit tcp 192. 168. 1. 0 0. 0. 0. 255 host 192. 168. 2. 100 eq www（26 match（es））

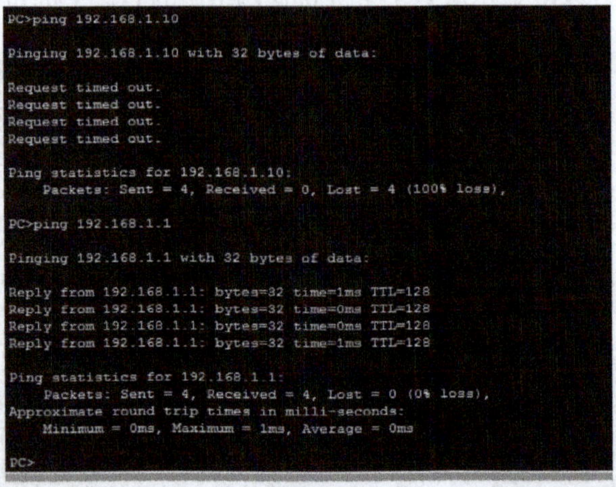

图 9-11 使用访问控制列表后的测试结果

9.4 命名访问控制列表

在企业路由器上使用编号的访问控制列表时，有可能出现编号不好记或含义不明确的问题。使用编号的访问控制列表的另一个限制在于尽管编号可以给出访问控制列表的类型，但即使用户从列表语句中读出编号也很难区分各个列表的功能。思科在 IOS 版本 11.2 以后引入了命名访问控制列表来解决这些问题。

对于命名访问控制列表，它是通过一个名称而不是一个编号来引用的。命名访问控制列表可用于标准的和扩展的访问控制列表中。名称的使用是区分大小写的，并且必须以字母开头。在名称的中间可以包含任何字母、数字混合使用的字符，也可以在其中包含［、］、｛、｝、_ 、−、+、/、\、.、&、$、#、@、! 以及？等。一般情况下，使用 20 ~ 25 个字母表示所创建的访问控制列表的含义。

命名 ACL 还有一个优势在于允许管理员删除指定 ACL 中的具体条目，并可以使用序列号将语句插入命名 ACL 中的任何位置。

9.4.1 配置命名 ACL

1. 创建命名 ACL 的命令

进入全局配置模式，使用 ip access-list 命令创建命名 ACL。

Router（config）# ip access-list｛standard | extended｝ <name>

使用关键字 standard 表示创建的 ACL 是标准 ACL，使用关键字 extended 表示创建的 ACL 是扩展 ACL。name 为 ACL 的名称，其可以是字母、数字，必须唯一而且不能以数字开头。

2. 配置命名 ACL

在命名 ACL 配置模式下，使用 permit 或 deny 语句指定一个或多个条件，以确定数据包应该转发还是丢弃。

1）配置标准的命名 ACL，如下：

Router（config）#ip access-list standard acl std

Router（config-std-nacl）#｛permit | deny｝ < source-address > < wildcard-mask >

2）对于扩展的命名 ACL，如下：

Router（config）#ip access-list extended acl ext

Router（config-ext-nacl）#｛permit | deny｝protocol < source-address > < wildcard-mask > < operator operand > [source-port-number | name] < destination-address > < wildcard-mask > < operator operand > [destination-port-number | name] [established]

将 ACL 应用到路由器的入站或出站。

Router（config）# interface fastEthernet 0/0

Router（config-if）#ip access-group < name > ｛in | out｝

9.4.2 命名 ACL 配置实例

两台路由器通过以太网端口连接，并分别通过一台交换机连接到终端计算机，要求在路由器 R1 上配置标准的命名 ACL，允许主机 PC1 的数据流通过，但拒绝主机 PC3 对 PC2 的访问，允许 PC1 和 PC3 访问 Web 服务器，以命名 ACL 的方式实现。

1. 任务目的

理解访问控制列表的作用。

掌握命名访问控制列表的工作原则。

掌握命名访问控制列表的配置方法。

掌握将命名访问控制列表应用到路由器端口的方法。

2. 网络拓扑

标准的命名 ACL 配置拓扑如图 9-12 所示。

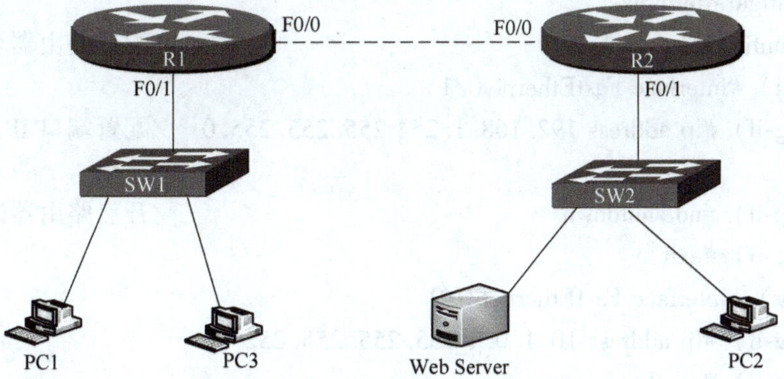

图 9-12 标准的命名 ACL 配置拓扑

3. IP 地址规划

设备名称	设备端口	IP 地址	网关
R1	F0/0	10.1.0.1/30	
	F0/1	192.168.1.254/24	
R2	F0/0	10.1.0.2/30	
	F0/1	192.168.2.254/24	

（续）

设备名称	设备端口	IP地址	网 关
PC1	NIC	192.168.1.1/24	192.168.1.254
PC2	NIC	192.168.2.1/24	192.168.2.254
PC3	NIC	192.168.1.10/24	192.168.1.254
Web Server	NIC	192.168.2.100/24	192.168.2.254

4. 项目实施步骤

配置标准命名 ACL 的操作步骤与配置标准 ACL 的步骤相同，首先创建并命名标准 ACL，然后将命名 ACL 应用到端口上，具体步骤如下：

1）配置终端（计算机）的网卡的 IP 地址、子网掩码、网关。

2）配置路由器端口的 IP 地址、子网掩码，开启端口。

3）启用路由器的 RIP。

4）路由器通告 RIP 进程中的网段。

5）创建命名的 ACL。

6）选择合适的路由器和端口，应用 ACL。

7）使用 write 命令保存路由器上的当前配置。

5. 项目实施

在实施 ACL 之前，首先要保证全网的连通性。因为该实例的拓扑比较简单，因此选择 RIP 动态路由协议实现全网的连通性。

（1）路由器基本配置　R1 路由器的配置（路由器命名为 R1）：

```
Router>enable
Router#configure terminal
Router(config)#hostname R1                          /配置路由器名称
R1(config)#interface FastEthernet0/1
R1(config-if)#ip address 192.168.1.254 255.255.255.0 /配置端口 IP 地址、子网掩码
R1(config-if)#no shutdown                           /开启路由器端口
R1(config-if)#exit
R1(config)#interface FastEthernet 0/0
R1(config-if)#ip address 10.1.0.1 255.255.255.252
R1(config-if)#no shutdown
R1(config-if)#exit
R1(config)#router rip                               /开启 RIP 路由器协议
R1(config-router)#network 10.0.0.0                  /路由器直接用 RIP 直连的网段
R1(config-router)#network 192.168.1.0
R1(config-router)#end
R1#write
```

R2 路由器的配置（路由器命名为 R2）：

```
Router > enable
Router#configure terminal
Router (config) #hostname R2
R2 (config) #interface FastEthernet 0/1
R2 (config-if) #ip address 192.168.2.254 255.255.255.0
R2 (config-if) #no shutdown
R2 (config-if) #exit
R2 (config) #interface FastEthernet 0/0
R2 (config-if) #ip address 10.1.0.2 255.255.255.252
R2 (config-if) #no shutdown
R2 (config-if) #exit
R2 (config) #router rip
R2 (config-router) #network 10.0.0.0
R2 (config-router) #network 192.168.2.0
R2 (config-router) #end
R2#write
```

（2）配置命名访问控制列表

```
R1 (config) #ip access-list standard PC1            /创建标准的命名 ACL，命名为 PC1
R1 (config-std-nacl) #permit host 192.168.1.1       /允许主机 PC1 的信息通过路由器
R1 (config-std-nacl) #permit any
/允许任何其他网段信息通过，注意：如果没有配置 permit any，则默认拒绝所有数据流
R1 (config) #ip access-list extended PC2 - WWW      /创建命名 PC2 - WWW 的扩展 ACL
R1 (config-ext-nacl) #deny ip host 192.168.1.10 host 192.168.2.1
/拒绝 PC3 (192.168.1.10) 访问 PC2 (192.168.2.1)
R1 (config-ext-nacl) #permit tcp 192.168.1.0 0.0.0.255 host 192.168.2.100 eq www
/允许 192.168.1.0 网段的主机访问 WWW 服务器
R1 (config-ext-nacl) #permit ip any any             /允许所有 IP 报文通过
R1 (config-ext-nacl) #exit
R1 (config) #interface FastEthernet 0/1
R1 (config-if) #ip access-group PC1 in
R1 (config-if) #ip access-group PC2 - WWW in        /将命名的 ACL 应用到 F0/1 入口
R1 (config-if) #end
R1#write                                            /保存配置文件
```

注意：在每个端口的同一方向上只能应用一条 ACL，因此上面两条语句不能同时应用。

（3）删除和新增 ACL　对于命名 ACL 可以删除任意指定的语句，而标准 ACL 和扩展

ACL 删除语句时，只能将整个 ACL 删除，如 no access-list 10。命名 ACL 新增的语句只能加到 ACL 的末尾，如删除 deny ip host 192. 168. 1. 10 host 192. 168. 2. 1 语句的方式如下：

R1（config）#ip access-list extended PC2 – WWW

R1（config-ext-nacl）#no deny ip host 192. 168. 1. 10 host 192. 168. 2. 1

命名访问控制列表的验证方法与标准 ACL 和扩展 ACL 相同。

本章小结

访问控制列表 ACL 在进行 IP 通信量管理时，根据预先定义好的规则对数据包进行过滤，用户可以把这些规则应用到特定网络设备端口的入口或出口方向，从而达到访问控制的目的。ACL 依据对数据包的过滤原则可以分为标准访问控制列表和扩展访问控制列表，ACL 使用包过滤技术，路由器读取第三层或第四层的数据包头中的信息（数据包源 IP 地址、目的 IP 地址、协议、端口号等），并根据预先定义的规则即访问控制列表中的条件项，决定哪些数据包可以通过，哪些不能通过，并将可以通过的数据从指定的端口转发出去，从而实现数据包过滤的目的。访问控制列表是一系列判定条件语句的集合，这些条件判定语句通过对数据包的源地址、目的地址、源端口、目的端口、上层协议等进行筛选，从而通过控制通信流量，来对网络安全起到非常重要的保护作用。

本章习题

一、填空题

1. 依据对数据包的过滤原则，访问控制列表 ACL 可以分为________、________两种类型。
2. 标准访问控制列表的编号数值范围是______。
3. 默认的情况下访问控制列表隐含的允许或拒绝原则是______。
4. 访问控制列表中，如果对全网进行访问控制时，可以使用的关键字是______。
5. 访问控制列表中，如果对某一台主机进行访问控制时，可以使用的关键字是______。

二、选择题

1. ACL 可使用哪三种参数来过滤流量？（　　）

A. 数据包大小　　B. 协议簇　　C. 源地址

D. 目的地址　　E. 源路由器端口　　F. 目的路由器端口

2. 下列关于扩展 ACL 的说法中哪两项正确？（　　）

A. 扩展 ACL 使用 1 ~ 99 的编号范围

B. 扩展 ACL 以隐含 permit 语句结尾

C. 扩展 ACL 会检查源地址和目的地址

D. 可通过添加对端口号的检查进一步定义 ACL

E. 可将多个相同方向的 ACL 放置到同一个端口上

3. 标准访问控制列表应该放置在哪里？（　　）

A. 靠近源地址　　B. 靠近目的地址

C. 在以太网端口上　　D. 在串行端口上

4. 下列关于访问控制列表通配符掩码 0.0.0.7 的意义的说法中哪两项正确？(　　)

A. 会忽略给定 IP 地址的前 29 位

B. 会忽略给定 IP 地址的后 3 位

C. 会检查给定 IP 地址的前 32 位

D. 会检查给定 IP 地址的前 29 位

E. 会检查给定 IP 地址的后 3 位

5. 端口 s0/0/0 的入站方向上已经应用了一个 ACL，当管理员尝试再应用一个入站 ACL 时会发生什么情况？(　　)

A. 第二个 ACL 会取代第一个 ACL 并应用到该端口上

B. 两个 ACL 都会应用到该端口上

C. 网络管理员会收到错误消息

D. 只有第一个 ACL 会保持应用到该端口上

6. 下列关于命名 ACL 的说法，哪两项是正确的？(　　)

A. 只有命名 ACL 才允许注释

B. 名称可用于标识 ACL

C. 命名 ACL 可提供比编号 ACL 更多的具体过滤选项

D. 某些复杂 ACL（例如自反 ACL）必须在命名 ACL 中定义

E. 每个路由器端口的每个方向上可应用多个命名 ACL

7. 下列有关标准 ACL 的说法中哪项正确？(　　)

A. 标准 ACL 只能编号，不能被命名

B. 标准 ACL 的放置位置应尽可能接近目的地

C. 标准 ACL 可以根据源地址与目的地址过滤，也可以根据源端口和目的端口过滤

D. 当标准 ACL 应用于出站端口时，传入的数据包将在路由至出站端口前被处理

8. 扩展 ACL 与标准 ACL 相比有何优点？(　　)

A. 扩展 ACL 可命名，但标准 ACL 不能命名

B. 扩展 ACL 可应用于入站或出站方向，而标准 ACL 不能

C. 扩展 ACL 可根据负载内容过滤数据包，如包含在电子邮件或即时信息内的信息

D. 扩展 ACL 不但可以过滤源地址，也可对目的地址、目的端口以及源端口进行过滤

9. 下列哪种功能要求使用命名 ACL，而非编号 ACL？(　　)

A. 根据指定协议过滤流量

B. 根据整个协议簇以及目的地址过滤流量

C. 确定流量时指定要使用的源地址和目的地址

D. 无需删除或重新创建列表，便可编辑 ACL 和在列表中添加其他语句

10. 在路由器上输入了下列命令：

Router（config）# access-list 2 deny 172.16.5.24

Router（config）# access-list 2 permit any

ACL 已正确应用至端口，则通过该组命令，可得出什么结论？(　　)

A. 通配符掩码设为 0.0.0.0

B. 访问控制列表语句配置错误

C. 网络 172. 16. 0. 0 上所有节点均无法访问其他网络

D. 不允许任何流量访问网络 172. 16. 0. 0 上的任何节点或服务

三、简答题

1. 简述标准和扩展访问控制列表的工作过程。
2. 标准访问控制列表和扩展访问控制列表有哪些区别？各自的特点是什么？
3. 命名访问控制列表有什么优点？在什么情况下使用？

本章实训——访问控制列表配置实训

1. 实训目的

理解 ACL 的工作原理，掌握在网络中进行访问控制列表的设计原则。

掌握配置标准访问控制列表的命令和访问。

掌握配置扩展访问控制列表的命令和访问。

能正确测试加载访问控制列表后的结果。

2. 实训内容

按图 9-13 给出的网络拓扑，配置 OSPF 协议实现全网连通后，配置访问控制列表，控制不同主机的访问权限，具体实训内容如下：

1）根据实验拓扑图连接网络环境。

2）使用 OSPF 协议达到全网连通。

3）安装一台服务器，提供 FTP 和 WWW 服务。

4）制作一个与自己小组信息有关的网页，作为 WWW 服务器的主页，并将此主页发布于创建的网络。

5）使用扩展访问控制列表，限制网络通信，具体要求如下：

PC_C 不能访问网络中的 WWW 服务器，但可以访问其他服务。

PC_D 不能访问网络中的 FTP 有服务器，但可以访问其他服务。

3. 实训网络拓扑

ACL 综合实训网络拓扑如图 9-13 所示。

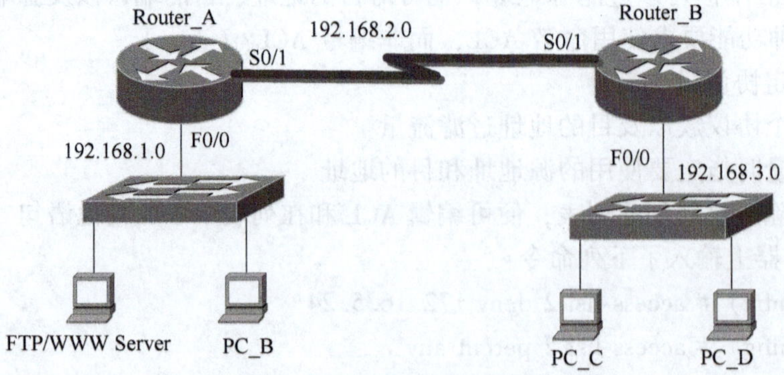

图 9-13 ACL 综合实训网络拓扑

4. IP 地址规划

设备名称	设备端口	IP 地址	网关
R1	F0/0	192.168.1.254/24	
	S0/1	192.168.2.1/24	
R2	F0/0	192.168.3.254/24	
	S0/1	192.168.2.1/24	
FTP/WWW Server	NIC	192.168.1.10/24	192.168.1.254
PC_ B	NIC	192.168.1.11/24	192.168.1.254
PC_ C	NIC	192.168.3.10/24	192.168.3.254
PC_ D	NIC	192.168.3.11/24	192.168.3.254

注意事项：

1）在制定访问控制列表之前，保证按给定的网络拓扑进行网络设备基本信息的配置，包括串口线路的封装（PPP 或 HDLC）和时钟速率的配置。

2）给路由器配置网络协议，使全网连接通。

3）扩展访问控制列表的编号在 100 ~ 199 之间。

4）访问控制列表确定之后，必须绑定到相应的路由器端口的入口或出口上才能起作用。

5）应用访问控制列表之前，必须测试全网的连通性，所有的客户机都可以访问 WWW/FTP 服务器。

6）应用访问控制列表之后，PC_ C 不能访问网络中的 WWW 服务器，但可以访问其他服务器。PC_ D 不能访问网络中的 FTP 服务器，但可以访问其他服务器。

5. 路由器配置

（1）Router_ A 的配置（Router_ A 命名为 RA）

Router > en

Router#configure terminal

Enter configuration commands, one per line. End with CNTL/Z.

Router（config）#hostname RA

● 为 F0/0 配置 IP 地址

RA（config）#interface FastEthernet 0/0

RA（config-if）#ip address 192.168.1.254 255.255.255.0

RA（config-if）#no shutdown

● 为 S0/1 配置 IP 地址

RA（config）#interface serial 0/1

RA（config-if）#encapsulation ppp

RA（config-if）#ip address 192.168.2.1 255.255.255.0

RA（config-if）#no shutdown

RA (config-if) #exit

● 配置 OSPF 动态路由协议

RA (config) #router ospf 1

RA (config-router) #network 192. 168. 1. 0 0. 0. 0. 255 area 0

RA (config-router) #network 192. 168. 2. 0 0. 0. 0. 255 area 0

(2) Router_B 的配置 (Router_B 命名为 RB)

Router > en

Router#conf t

Enter configuration commands, one per line. End with CNTL/Z.

Router (config) #hostname RB

● 为 F0/0 配置 IP 地址

RB (config) #interface fastEthernet 0/0

RB (config-if) #ip address 192. 168. 3. 254 255. 255. 255. 0

RB (config-if) #no shutdown

● 为 S0/1 配置 IP 地址，并在 DCE 端配置时钟速率

RB (config) #interface serial 0/1

RB (config-if) #encapsulation ppp

RB (config-if) #clock rate 64000

RB (config-if) #ip address 192. 168. 2. 2 255. 255. 255. 0

RB (config-if) #no shutdown

RB (config-if) #exit

● 配置 OSPF 动态路由协议

RB (config) #router ospf 1

RB (config-router) #network 192. 168. 2. 0 0. 0. 0. 255 area 0

RB (config-router) #network 192. 168. 3. 0 0. 0. 0. 255 area 0

6. 其他配置与测试

1）按 IP 地址规划表的内容，完成 PC 和服务器的 IP 地址、子网掩码、默认网关的配置。

2）测试访问控制列表配置的正确性。

3）查看路由器的配置信息及访问控制列表信息。

7. 思考

1）标准访问控制列表与扩展访问控制列表的配置与灵活应用。

2）访问控制列表在数据流的控制和网络安全方面的作用。

第10章

广域网接入及安全实现技术

10.1 广域网概述

广域网（Wide Area Network，WAN）是一种把比局域网更广的区域的计算机设备连接起来的网络。WAN 常跨接很大的物理范围，所覆盖的范围从几十千米到几千千米，它能连接多个城市或国家，或横跨几个洲并能提供远距离通信，形成国际性的远程网络。

广域网一般分为资源子网和通信子网两个部分，如图 10-1 所示，主要是由一些节点交换机和连接这些交换机的链路组成。节点交换机执行分组存储转发的功能。广域网的链路一般分为传输主干和末端用户线路，根据末端用户线路和广域网类型的不同，有多种接入广域网的技术。一般广域网的通信子网由公共网络充当，它由传输线路和交换节点组成。

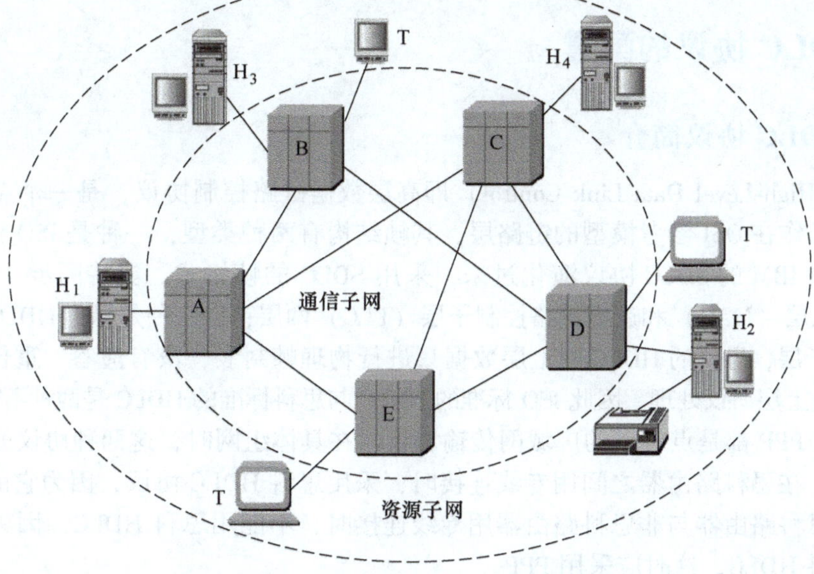

图 10-1　广域网由资源子网与通信子网组成

10.1.1 广域网串行线路标准

广域网涉及的技术位于 OSI 参考模型的物理层和数据链路层。广域网物理层协议描述了广域网连接设备的电器、机械的规程和功能特性，还描述了 DCE 和 DTE 之间的端口情况。DTE 和 DCE 端口使用不同的物理层标准，包括：

EIA/TIA－232——此标准使用 25 针 D 形连接器，允许以 64kbit/s 的速率短距离传输信号，曾称为 RS－232。ITU－TV. 24 标准与 RS－232 相同。

EIA/TIA－449/530——此标准是 EIA/TIA－232 的提速版本（最高可达 2Mbit/s）。它使用 36 针 D 形连接器，能够传输更远的距离。此标准也称为 RS－422 和 RS－423。

EIA/TIA－612/613——此标准描述高速串行端口（HSSI）协议，该协议使用 60 针 D 形连接器，接入速率最高可达 52Mbit/s。

V. 35——此标准是用于规范网络接入设备和数据包网络之间同步通信的 ITU-T 标准。最初版本支持的数据传输速率为 48kbit/s，现在则支持使用 34 针矩形连接器实现高达 2. 048Mbit/s 的速率。

X. 21——此标准是用于规范同步数字通信的 ITU-T 标准。它使用 15 针 D 形连接器。

这些标准制定了设备之间相互通信所必须遵循的标准和电气参数。标准的选择主要取决于服务提供商的电信服务方案。

10. 1. 2 广域网的第二层封装

广域网数据链路层定义了数据如何封装以传输到远程站点，广域网数据链路层协议描述了帧在系统之间建立的单一数据路径上传输。数据链路层协议包括帧中继、点到点（PPP）、HDLC、ISDN 等。广域网常见的封装协议有 HDLC 和 PPP 等。

为了使路由器可以向指定的数据链路上转发数据，必须在路由器上进行数据链路协议的配置。本章将以思科设备为例介绍这些数据链路协议的配置，包括 HDLC 配置、PPP 配置等。

10. 2 HDLC 协议的配置

10. 2. 1 HDLC 协议简介

HDLC（High-Level Data Link Control）即高层数据链路控制协议，是一个点对点的数据传输协议，工作在 OSI 参考模型的链路层，其帧结构有两种类型，一种是 ISO 标准的 HDLC 帧结构，它由 IBM 的 SDLC 协议演化过来，采用 SDLC 的帧格式，支持同步、全双工操作，分为媒体接入层（MAC）和逻辑链路控制子层（LLC）两层；另一种是思科 HDLC 帧结构，该结构无 LLC 子层，思科的 HDLC 对上层数据只进行物理帧封装，没有应答、重传机制，所有的纠错处理由上层协议处理。因此 ISO 标准的 HDLC 与思科标准的 HDLC 是两种不兼容的协议。

HDLC 和 PPP 都是点对点的广域网传输协议，在具体组网时，这两种协议的选择主要基于以下原则：在思科路由器之间用专线连接时，采用思科 HDLC 协议，因为它的效率比 PPP 高得多；在思科路由器与非思科路由器用专线连接时，不能用思科 HDLC，因为非思科路由器不支持思科 HDLC，这时应采用 PPP。

面向比特的协议中最有代表性的是 IBM 的同步数据链路控制规程 SDLC（Synchronous Data Link Control）、国际标准化组织的高级数据链路控制规程 HDLC（High Level Data Link Control）、美国国家标准协会的先进数据通信规程 ADCCP（Advanced Data Communications Control Procedure）。这些协议的特点是所传输的一帧数据可以是任意位，每个数据帧通过特定位表示帧的开始和结束，而不是靠特定字符来表示帧的开始和结束，故称“面向比特”的协议。

高层数据链路控制协议着重于对分段成物理块或包的数据的逻辑传输，块或包由起始标识引导并由终止标识结束，也称为帧。所有面向比特的高层数据链路控制协议均采用统一的帧格式，不论是数据还是单独的控制信息均以帧为单位传送。

1. 零比特插入法

每个帧前、后均有一标识码 01111110，用作帧的起始、终止指示及帧的同步。标识码不允许在帧的内部出现，以免引起歧义。为保证标识码的唯一性但又兼顾帧内数据的透明性，可以采用零比特插入法来解决。

该法在发送端监视除标识码以外的所有字段，当发现有连续 5 个“1”出现时，便在其后添插一个“0”，然后继续发后继的比特流。在接收端，同样监视除起始标识码以外的所有字段。当连续发现 5 个“1”出现后，若其后一个比特为“0”则自动删除，以恢复原来的比特流；若发现连续 6 个“1”，则可能是插入的“0”发生差错变成的“1”，也可能是收到了帧的终止标识码。后两种情况，可以进一步通过帧中的帧检验序列来加以区分。零比特插入法原理简单，适合硬件实现。

2. HDLC 协议的帧结构

如图 10-2 所示，完整 HDLC 的帧由帧标识序列（F）、地址字段（A）、控制字段（C）、数据字段（D）、帧校验序列字段（FCS）等组成。

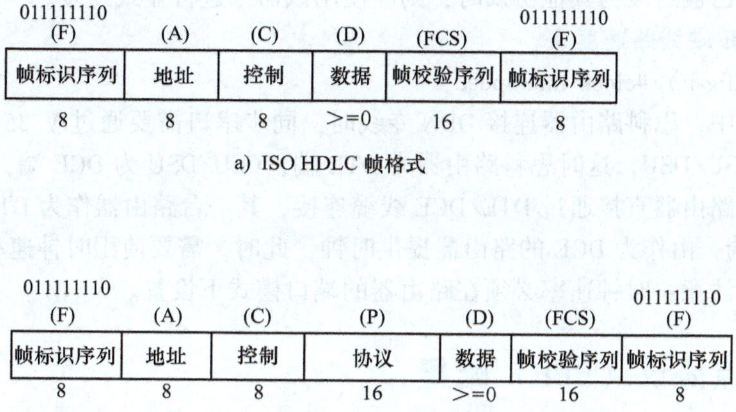

b) CISCO HDLC 帧格式

图 10-2　HDLC 帧结构

1）帧标识序列（F）：帧标识序列为 01111110 的比特模式，用以标识帧的起始和前一帧的终止。帧标识序列也可以作为帧与帧之间的填充字符。采用零比特插入法可以实现数据的透明传输。

2）地址字段（A）：地址字段的内容取决于所采用的操作方式。在操作方式中，有主站、从站、组合站之分。命令帧中的地址字段携带的是对方站的地址，而响应帧中的地址字段所携带的地址是本站的地址。

3）控制字段（C）：控制字段用于构成各种命令和响应，以便对链路进行监视和控制。

4）数据字段（D）：数据字段可以是任意的二进制比特串。

5）帧校验序列字段（FCS）：帧校验序列字段可以使用16位CRC，对两个标识字段之间的整个帧的内容进行校验。

3. HDLC协议的帧类型

1）信息帧（I帧）：信息帧用于传送有效信息或数据，通常简称I帧。I帧以控制字第一位为“0”来标识。

2）监控帧（S帧）：监控帧用于差错控制和流量控制，通常简称S帧。S帧以控制字段第一、二位为“10”来标识。

3）无编号帧（U帧）：无编号帧用于提供对链路的建立、拆除以及多种控制功能。

4. HDLC协议的配置命令

HDLC是思科路由器使用的默认协议，一台新路由器在未指定封装协议时默认使用HDLC封装。与HDLC相关的常用命令如下：

encapsulation hdlc /设置HDLC封装

clock rate speed /设置DCE端线路速度

10.2.2 配置HDLC协议

1. 封装HDLC协议

Router（config-if）#encapsulation hdlc

默认情况下HDLC协议是激活的，是思科路由器的默认封装协议，不需要进行显式封装。但如果端口已被封装为其他协议时，则应使用该命令进行显式封装。

2. 设置DCE端线路速度

Router（config-if）#clock rate speed

在实际应用中，思科路由器连接DDN专线时，同步串口需要通过V.35或V.24标准的DTE线缆连接CSU/DSU，这时思科路由器为DTE端，CSU/DSU为DCE端，由CSU/DSU提供时钟。如两台路由器直接通过DTE/DCE线缆连接，其一台路由器作为DTE端，另一台路由器作为DCE端，由作为DCE的路由器提供时钟，此时，需要使用时钟速率命令设置DCE端的时钟频率。注意：时钟速率必须在路由器的端口模式下设置。

10.3 点对点协议（PPP）配置

10.3.1 点对点协议与封装

PPP（Point-to-Point Protocol）即点对点协议，是在点对点链路上承载网络层数据包的一种链路层协议。该协议提供了链路层的全双工操作，并按照顺序传递数据包。目前，它已经成为各种主机、网桥和路由器之间通过拨号或专线方式建立点对点连接的首选方案。

由于PPP具有协议简单、动态分配IP地址、可对传输数据进行压缩和上网用户认证等优点，因而成为广域网上使用非常广泛的协议之一。其主要用于家庭拨号上网、ADSL上网、局域网的点对点连接等。

PPP是为了解决以前互联网所采用的SLIP的缺点而开发的，它能够解决动态分配IP地址的需要，并提供对上层网络层的多种协议的支持。

利用 PPP 的优点，结合以太网的优势，将 PPP 和以太网结合，就诞生了 PPPoE 协议，可实现多台客户机同时接入互联网。这种方式具有性价比高，无需或尽可能少地让用户进行网络配置，同时还保持了接入设备费用低等特点。

10.3.2　PPP 组件

PPP 有三个组成部分：

1）一个将 IP 数据报封到串行链路的方法。PPP 既支持异步链路，也支持面向比特的同步链路。

2）一个用来建立、配置和测试数据链路的链路控制协议 LCP（Link Control Protocol），通信的双方可协商一些选项。在 RFC1661 中定义了 11 种类型的 LCP 分组。

3）一套网络控制协议 NCP（Network Control Protocol），支持不同的网络层协议，如 IP、DECnet、AppleTalk 等。

10.3.3　PPP 帧格式

PPP 的帧格式与 HDLC 的帧格式相似，如图 10-3 所示。两者主要区别在于 PPP 协议是面向字符的，而 HDLC 是面向位的，所有 PPP 帧的长度都是整数字节。

F 字段（即 Flag 标识字段）：指示帧的开始或结束，为十六进制的 7E（用二进制表示是 01111110）。

A 字段（即 Address 地址字段）：设置为 0xFF。地址字段实际上并不起作用。

C 字段（即 Control 字段）：通常置为 0x03。

协议字段：表示封装在帧中的数据字段的协议类型，与 HDLC 不同的是 PPP 协议多了 2 个字节的协议字段，协议字段不同，后面的信息部分类型就不同。

信息部分（IP 数据报）：封装的数据，信息部分的类型由协议字段决定，在帧中的数据字段中封装的不同数值代表不同的协议类型，详细描述如下：

0x0021——信息字段是 IP 数据报。

0xC021——信息字段是链路控制数据 LCP。

0x8021——信息字段是网络控制数据 NCP。

0xC023——信息字段是安全性认证 PAP。

0xC025——信息字段是 LQR。

0xC223——信息字段是安全性认证 CHAP。

FCS 字段（帧校验和字段）：进行差错控制。

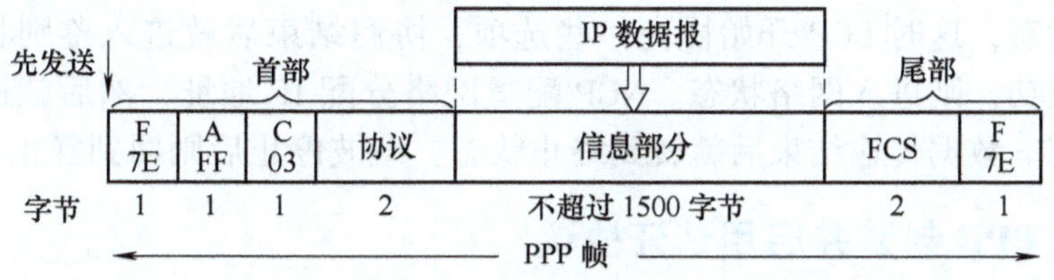

图 10-3　PPP 的帧格式

当信息字段中出现和标识字段一样的比特 0x7E 时，就必须采取一些措施。因 PPP 是面向字符型的，所以它不能采用 HDLC 所使用的零比特插入法，而是使用一种特殊的字符填充。具体的做法是将信息字段中出现的每一个 0x7E 字节转变成 2 字节序列（0x7D、0x5E）；将信息字段中出现一个 0x7D 的字节转变成 2 字节序列（0x7D、0x5D）；将信息字段中出现 ASCII 码的控制字符前面要加入一个 0x7D 字节，这样做的目的是防止这些表面上的 ASCII 码控制字符被错误地解释为控制字符。

10.3.4 建立一个 PPP 连接

当用户拨号接入 ISP 时，路由器的调制解调器对拨号做出应答，并建立一条物理连接，这时 PC 向路由器发送一系列的 LCP 分组（封装成多个 PPP 帧）。这些分组及其响应选择了将要使用的一些 PPP 参数，接着就进行网络层配置，网络控制协议（NCP）给新接入的 PC 分配一个临时的 IP 地址，这样 PC 就成为 Internet 上一个主机了。当用户通信完毕时，NCP 释放网络层连接，收回原来分配出去的 IP 地址。接着 LCP 释放数据链路层连接，最后释放的是物理层的连接。

一个典型的链路建立过程分为三个阶段：创建阶段、认证阶段和网络协商阶段。

1. 阶段 1：创建阶段

LCP 负责创建链路。在这个阶段，将对基本的通信方式进行选择。链路两端设备通过 LCP 向对方发送配置信息报文（Configure Packets）。一旦一个配置成功信息包（Configure Ack Packet）被发送且被接收，就完成了交换，进入了 LCP 开启状态。应当注意，在链路创建阶段，只是对验证协议进行选择，用户验证将在第 2 阶段实现。

2. 阶段 2：认证阶段

在这个阶段，客户端会将自己的身份发送给远端的接入服务器。该阶段使用一种安全验证方式避免第三方窃取数据或冒充远程客户接管与客户端的连接。在认证完成之前，禁止从认证阶段前进到网络层协议阶段。如果认证失败，则链路终止。

在这一阶段里，只有链路控制协议、认证协议和链路质量监视协议的 packets 是被允许的，在该阶段里接收到的其他 packets 被丢弃。

3. 阶段 3：网络协商

认证阶段完成之后，PPP 将调用在链路创建阶段（阶段 1）选定的各种网络控制协议（NCP），解决 PPP 链路之上的高层协议问题，例如，在该阶段 IP 控制协议（IPCP）可以向拨入用户分配动态地址。

这样，经过三个阶段以后，一条完整的 PPP 链路就建立起来了。

当链路处于静止状态时，如果检测到调制解调器的载波信号，并建立物理层连接后，链路就进入建立状态，这时 LCP 开始协商一些选项，协商结束后就进入鉴别状态。若通信的双方鉴别身份成功，则进入网络状态。NCP 配置网络分配 IP 地址，然后就进入可进行数据通信的打开状态。数据传输结束后就转到终止状态，载波停止后则回到静止状态。

10.3.5 配置 PPP 封装并启用认证协议

PPP 链路的认证协议是可选的，通信双方在建立起链路连接后，进行认证协议选择，然后再进行认证。一旦通过认证，双方将建立网络层的连接，否则将断开连接。最常用的认证协议有口令认证协议 PAP（Password Authentication Protocol）和挑战握手认证协议 CHAP（Challenge-Handshake Authentication Protocol）。

1. 口令认证协议 PAP

PAP 是一种简单的明文验证方式。网络接入服务器（Network Access Server，NAS）要求用户提供用户名和口令，用户反复在链路上发送用户名和密码，直至认证通过，否则连接终止。由于用户名和密码以明文形式传输，很容易被非法用户截取，因而这种协议的安全性很差。

2. 挑战握手认证协议 CHAP

CHAP 是一种加密的验证方式，能够避免建立连接时传送用户的真实密码。NAS 向远程用户发送一个挑战口令，其中包括会话 ID 和一个任意生成的挑战字符串（Arbitrary Challenge String）。远程客户必须使用 MD5 单向哈希算法返回用户名和加密的挑战口令、会话 ID 及用户口令，其中用户名以非哈希算法发送。由于 CHAP 以密文方式传送口令，因而具有较大的安全性。

10.3.6 启用 PPP 封装和 PAP 或 CHAP 认证

1. 封装 PPP

Router（config-if）#encapsulation PPP

2. 设置对端拨号的用户名和口令

Router（config）**#username** *username* **password** *password*

其中，黑体为命令，斜体表示参数，参数 username 为对端的用户名，参数 password 为对端用户名对应的口令。

3. 配置认证方式

Router（config-if）#ppp authentication {chap | pap}

两端路由器必须使用相同的用户认证协议。如果两端路由器分别先后启用了 PAP 和 CHAP 两种不同的认证方式，则网络协商期间将请求首先被启用的认证方式。如果对端路由器建议使用后被启用的认证方式或简单地拒绝首先启用的认证方式，则使用后被启用的认证方式。

4. 向对端路由器发送认证信息

Router（config-if）#ppp pap sent-username *username* password *password*

在本地路由器上配置远程路由器登录用的用户名和密码。

10.3.7 PAP 或 CHAP 配置实例

如图 10-4 所示，分别采用 PAP 和 CHAP 认证的方式完成 PPP 的配置。

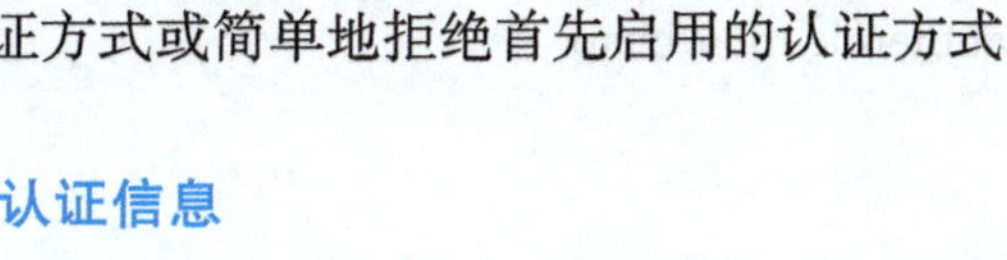

图 10-4 PPP 链路的 PAP 和 CHAP 认证

配置命令：

1. PAP 认证的配置实例

```
R1 (config) #user R2 password cisco123                              /在本地路由器上记录对端路由器的用户名和密码
R1 (config) #interface s0/0/0                                       /进入 S0/0/0 接口
R1 (config-if) #encapsulation ppp                                   /将路由器 R1 的接口 S0/0/0 封装 PPP
R1 (config-if) #ppp authentication pap                              /配置认证方式为 PAP
R1 (config-if) #ppp pap sent-username R1 password cisco123          /向对端路由器发送本地路由器的登录用户名和密码
R2 (config) #user R1 password cisco123                              /在本地路由器上记录对端路由器的用户名和密码
R2 (config) #int s0/0/0                                             /进入 S0/0/0 接口
R2 (config-if) #encapsulation ppp                                   /配置 PPP 封装
R2 (config-if) #ppp authentication pap                              /配置 PAP 认证
R2 (config-if) #ppp pap sent-username R2 password cisco123          /向对端路由器发送本地路由器的登录用户名和密码
```

2. CHAP 验证方式的 PPP 配置

```
R1 (config) #username R2 password cisco123
R1 (config) #int s0/0/0
R1 (config-if) #encapsulation ppp
R1 (config-if) #ppp authentication chap                             /配置认证方式为 chap
R2 (config) #user R1 password cisco123
R2 (config) #int s0/0/0
R2 (config-if) #encapsulation ppp
R2 (config-if) #ppp authentication chap
```

10.4 NAT 技术

10.4.1 NAT 概述

NAT（Network Address Translation）是网络地址转换的英文缩写，是将 IP 数据包头中的 IP 地址转换为另一个 IP 地址的过程。在实际应用中，NAT 主要用于实现私有网络访问公共网络的功能。这种通过使用少量的公有 IP 地址代表较多的私有 IP 地址的方式，节省了 IP 地址，完美地解决了 IP 地址不足的问题，并在一定程度上增加了网络的私密性和安全性，有效地避免来自网络外部的攻击，隐藏并保护网络内部的计算机。

NAT 技术应用的可行性是因为 IP 地址分为公有 IP 地址和私有 IP 地址，公有 IP 地址是指在 Internet 上全球唯一的 IP 地址，任何两台在互联网上使用的主机不能有相同的公有 IP

地址。私有 IP 地址是给内部网络或主机分配的 IP 地址，私有 IP 地址不会在 Internet 上被分配，因此，可以不必向 ISP 或注册中心申请即可在公司或企业内部自由使用，各企业的内部 IP 地址可以使用 RFC1918 为私有网络预留出的三个 IP 地址块。

A 类：10. 0. 0. 0 ~ 10. 255. 255. 255

B 类：172. 16. 0. 0 ~ 172. 31. 255. 255

C 类：192. 168. 0. 0 ~ 192. 168. 255. 255

随着接入 Internet 的计算机数量的不断猛增，IP 地址资源也就越加显得捉襟见肘。事实上，除了中国教育和科研计算机网（CERNET）外，一般用户几乎申请不到整段的 C 类 IP 地址。在其他 ISP 那里，即使是拥有几百台计算机的大型局域网用户，当他们申请 IP 地址时，所分配的地址也不过只有几个或十几个 IP 地址。显然，这样少的 IP 地址根本无法满足网络用户的需求，于是产生了 NAT 技术。

虽然 NAT 可以借助于某些代理服务器来实现，但考虑到运算成本和网络性能，很多时候都是在路由器上来实现的。

1. NAT 功能

NAT 不仅解决了 IPv4 地址不足的问题，而且还能够有效地避免来自网络外部的攻击，隐藏并保护网络内部的计算机。NAT 主要功能包括：

宽带分享：这是 NAT 主机的最大功能。

安全防护：通过 NAT 接入互联网时，内部网络的主机所显示的 IP 地址是 NAT 主机的公共 IP 地址，因此，内部网络的主机就具有一定程度的安全性，外界在进行端口扫描时，就无法侦测到真正的源主机 IP。

2. NAT 穿透方法

目前常用的针对 UDP 的 NAT 穿透（NAT Traversal）方法主要有：STUN、TURN、ICE、uPnP 等。其中 ICE 方式由于其结合了 STUN 和 TURN 的特点，使用最为广泛。针对 TCP 的 NAT 穿透技术目前仍为难点。

10. 4. 2 NAT 工作原理

借助于 NAT，私有（保留）地址的内部网络通过路由器发送数据包时，私有地址被转换成合法的 IP 地址，一个局域网只需使用少量公网 IP 地址（甚至是 1 个）即可实现私有地址网络内所有计算机与 Internet 的通信需求，如图 10-5 所示，通过创建地址池，启用 NAT 进行内网与外网地址转换。

NAT 将自动修改 IP 报文的源 IP 地址和目的 IP 地址，IP 地址校验则在 NAT 处理过程中自动完成。有些应用程序将源 IP 地址嵌入到 IP 报文的数据部分，所以还需要同时对报文的数据部分进行修改，以匹配 IP 头中已经修改过的源 IP 地址。否则，在报文数据部分嵌入 IP 地址的应用程序就不能正常工作，NAT 的工作流程如图 10-6 所示。

1）图 10-6 中，Client 主机的网关设定为 NAT 主机，所以当主机要接入 Internet 时，Client 要传输的数据包就会被送到 NAT 主机（NAT 主机多数情况下使用路由器实现），这个时候数据包的包头源 IP 为 192. 168. 1. 100。

2）Client 的数据包通过 NAT 主机时，会将源 IP（192. 168. 1. 100）伪装成 PPP0（假设为拨接情况）端口具有的公网 IP，封装了公网 IP 的数据包就可以在互联网上传输了，同

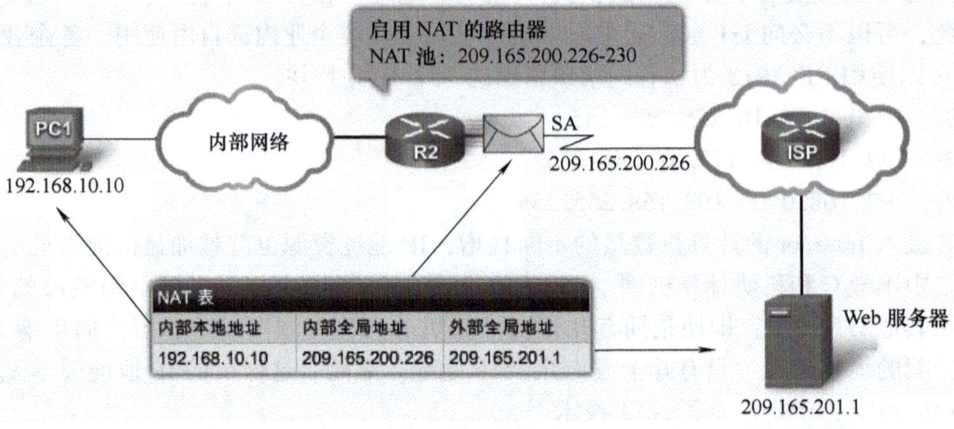

图 10-5　NAT 实施

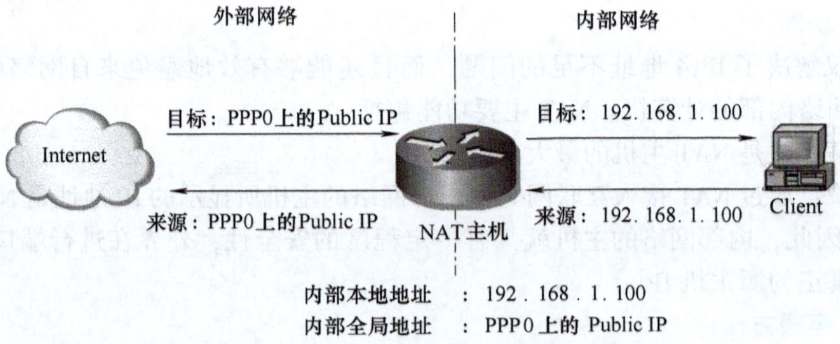

图 10-6　NAT 工作流程

时，NAT 主机会记忆这个联机的封包是由哪一个主机端传送来的。

3）由 Internet 传送回来的数据包，当由 NAT 主机来接收时，NAT 主机会去查询原本记录的路由信息，并将目标 IP 由 PPP0 上面的公网 IP 改回原来的 192. 168. 1. 100。

4）最后由 NAT 主机将该数据包传送给原先发送数据包的 Client 主机。

10. 4. 3　NAT 术语

在使用 NAT 时，对应于 NAT 的应用有如下术语：

1. 内部本地地址

内部本地地址（Inside local address）是指在一个网络内部分配给某台主机的 IP 地址。这些地址一般为私有地址，它们不能直接在 Internet 上路由，因此，配置了私有地址的主机也不能直接用于访问 Internet，必须通过网络地址转换，以合法的公有 IP 地址的身份来访问 Internet。如图 10-6 中 Client 主机的 IP 地址为 192. 168. 1. 100。

2. 内部全局地址

内部全局地址（Inside global address）是指内部网络使用的公有 IP 地址，该地址用来代替一个或者多个本地地址。当配置了私有 IP 地址的内部主机要与 Internet 通信时，NAT 转换需要使用该内部全局地址，将内部主机的私有 IP 转换为公有 IP 地址。

3. 外部全局地址

外部全局地址（Outside global address）是指分配给 Internet 上主机的公有 IP 地址，这个地址是公有可路由的 IP 地址。

4. 外部本地地址

外部本地地址（Outside local address）是分配给外部网络上主机的本地 IP 地址。大多数情况下，此地址与外部设备的外部全局地址相同。

NAT 技术把内网的不可见的本地地址转换为内网的可见的全局地址。

10.4.4　NAT 分类

NAT 有三种类型，即静态 NAT（Static NAT）、动态 NAT（Pooled NAT）和网络地址端口转换 NAPT（Network Address Port Translation）。

1. 静态 NAT

静态 NAT 是一种最简单的和最容易实现的 NAT，这种方式使用本地地址与全局地址的一对一映射，即内部网络中的每台主机都被永久地映射为外部网络中的某个合法的 IP 地址。静态 NAT 在 NAT 表中为每一个需要转换的内部地址创建了固定的转换条目，映射了唯一的全局地址。内部地址与外部地址全都是一一对应的，每当内部主机与外部通信时，内部地址就会转换为对应的全局地址。通常情况下企业对外提供服务的 WWW、FTP、email 等服务器需要使用静态 NAT，图 10-7 所示为静态 NAT 工作流程图。

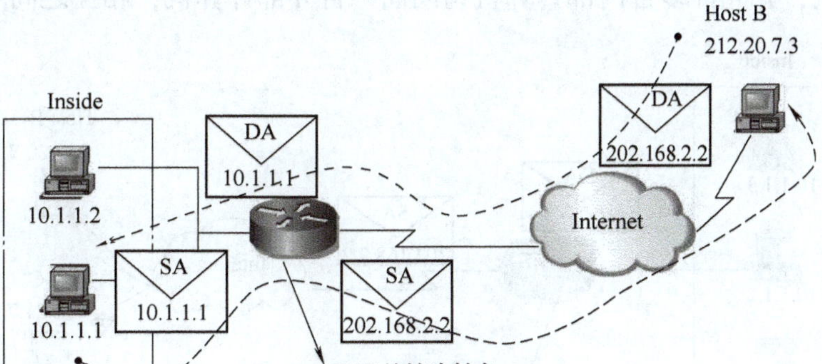

内部本地地址	内部全局地址
10.1.1.2	202.168.2.3
10.1.1.1	202.168.2.2
…	…

图 10-7　静态 NAT 工作流程图

2. 动态 NAT

动态 NAT 是将可用的全局地址的地址集定义为 NAT 池（NAT Pool），对于要与外界进行通信的内部节点，如果还没有建立转换映射，边缘路由器或者防火墙将会动态地从 NAT 池中选择全局地址对内部地址进行转换。每个转换条目在连接建立时动态建立，而在连接终止时会被回收。这样，大大增强了网络的灵活性，所需要的全局地址进一步地减少。值得注意的是，当 NAT 池中的全局地址被全部占用时，以后的地址转换的申请会被拒绝，这样会造成网络连通性的问题，所以应该使用超时操作选项来回收 NAT 池的全局地址。另外，由于每次的地址转换是动态的，所以同一个节点在不同的连接中全局地址是不同的，这会使 SNMP 的操作复杂化。

3. 网络地址端口转换 NAPT

NAPT（Network Address Port Translation）即网络地址端口转换，可将多个内部地址映射为一个合法公网地址，但不同的协议端口号与不同的内部地址相对应，也就是 <内部地址 + 内部端口>与<外部地址 + 外部端口>之间的转换。NAPT 普遍用于接入设备中，它可以将中小型网络中的多个内部地址隐藏在一个合法的 IP 地址后面。NAPT 也被称为“多对一”的 NAT，或者称为端口地址转换（Port Address Translations，PAT）、地址超载（Address Overloading）。

NAPT 与动态地址 NAT 不同，它将多个内部连接映射到外部网络中的一个单独的 IP 地址上，同时在该地址上加上一个由 NAT 设备选定的 TCP 端口号。图 10-8 所示为 NAPT 地址映射表及工作示意图。假设两个内部节点 10.1.1.2 和 10.1.1.3 都使用同一个源 TCP 端口 1723 向外发送数据包，经过 NAPT 路由器时，将这两个内部地址都转换为全局地址 202.168.2.2，而将两个内部地址的端口分别转换为 1723 和 1492。当 NAPT 路由器收到源端口号为 1492 的数据包时，则在返回数据包时，将目的地址和端口转换为 10.1.1.3:1723，而收到源端口为 1723 的数据包时，将目的地址和端口转换为 10.1.1.2:1723。

NAPT 的主要优势在于，能够使用一个全球有效 IP 地址获得通用性。主要缺点在于其通信仅限于 TCP 或 UDP。当所有通信都采用 TCP 或 UDP 时，NAPT 允许一台内部计算机访问多台外部计算机，并允许多台内部计算机访问同一台外部计算机，相互之间不会发生冲突。

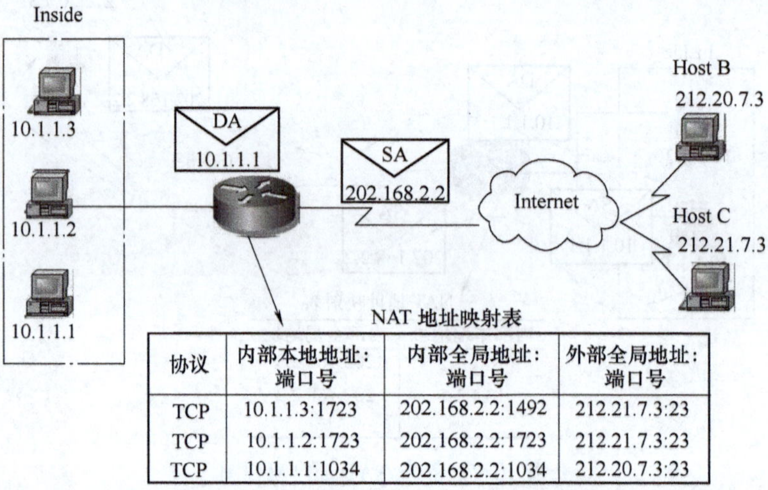

NAT 地址映射表

协议	内部本地地址：端口号	内部全局地址：端口号	外部全局地址：端口号
TCP	10.1.1.3:1723	202.168.2.2:1492	212.21.7.3:23
TCP	10.1.1.2:1723	202.168.2.2:1723	212.21.7.3:23
TCP	10.1.1.1:1034	202.168.2.2:1034	212.20.7.3:23

图 10-8 NAPT 地址映射表及工作示意图

以上所有的地址转换功能都是由防火墙或边界路由器完成的，该功能对通信的所有主机（无论是内部主机或外部主机）都是透明的，即主机只需要传输数据，至于如何实现内网与外网地址的转换不需要使用主机的用户操作。

10.4.5 配置静态 NAT

在配置网络地址转换的过程之前，首先必须搞清楚内部端口和外部端口，以及在哪个外部端口上启用 NAT。通常情况下，连接到用户内部网络的端口是 NAT 内部端口，而连接到外部网络（如 Internet）的端口是 NAT 外部端口。

假设内部局域网使用的 IP 地址段为 192.168.0.1~192.168.0.254，路由器局域网端（即默认网关）的 IP 地址为 192.168.0.1，子网掩码为 255.255.255.0。网络分配的合法 IP 地址范围为 61.159.62.128~61.159.62.135，路由器在广域网中的 IP 地址为 61.159.62.129，子网掩码为 255.255.255.248，可用于转换的 IP 地址范围为 61.159.62.130~61.159.62.134。要求将内部网址 192.168.0.2~192.168.0.6 分别转换为合法 IP 地址 61.159.62.130~61.159.62.134。

在路由器上配置静态 NAT 需要如下几个步骤：

1. 建立内部本地地址与内部全局地址之间的静态转换关系

Router (config) #ip nat {inside | outside} source static <local-ip> <global-ip>

参数注释：

inside | outside：两个项之间的竖线表示应该选择竖线两边中的某一个项。

inside：表示对内部源地址应用 NAT。

outside：表示对外部源地址应用 NAT。

static：表示静态 NAT，即一对一的 NAT。

local-ip：内部本地地址，指内网主机的地址，一般是没有注册的私网地址。

global-ip：内部全局地址，指内部主机在外网表现出的地址，一般是注册的公网地址。

注：通过在全局模式下输入 no ip nat inside source static，可以删除静态 NAT。

2. 指定内部端口，将该端口标记为内部连接

Router (config) #interface FastEthernet 0/0

Router (config-if) #ip nat inside

注：对于局域网内部，负责 NAT 转换的路由器与内网主机相接的端口为内部端口。

3. 指定外部端口，将该端口标记为外部连接

Router (config) #interface FastEthernet 0/1

Router (config-if) #ip nat outside

注：与 Internet 相接的端口为外部端口。

4. 查看 NAT 配置命令

（1）显示生效的 NAT 设置　Router# show ip nat translations

（2）显示 NAT 的统计信息　Router#show ip nat statistics

10.4.6 静态 NAT 配置实例

用以下一个实例来说明静态 NAT 的配置方法，网络拓扑如图 10-9 所示，两台路由器通过串口连接，模拟 Internet。两台路由器分别通过以太网端口连接到终端计算机。要求在路由器 R1 上配置静态 NAT，将源 IP 地址 192.168.1.1 转换为全局的唯一的外部 IP 地址。

1. 任务目的

理解 NAT 技术的作用。

掌握静态 NAT 的工作原则。

掌握静态 NAT 的配置方法。

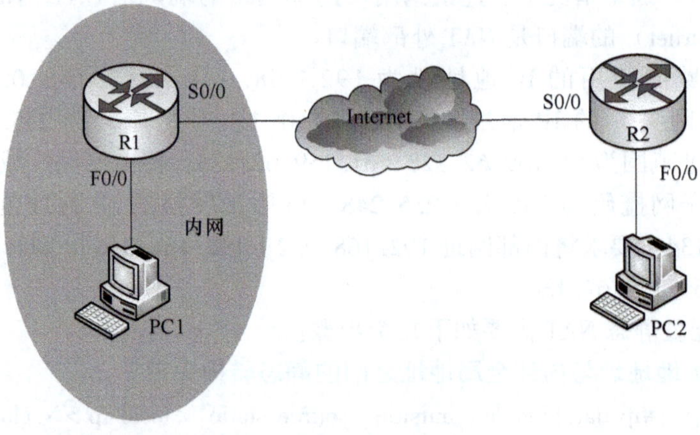

图 10-9 静态 NAT 网络拓扑

掌握静态 NAT 的应用范围。

2. 网络拓扑

静态 NAT 网络拓扑如图 10-9 所示。

3. IP 地址规划

设备名称	设备端口	IP 地址	网关
R1	S0/0	200.1.1.1/30	
	F0/0	192.168.1.254/24	
R2	S0/0	200.1.1.2/30	
	F0/0	151.1.1.254/24	
PC1	NIC	192.168.1.1/24	192.168.1.254
PC2	NIC	151.1.1.1/24	151.1.1.254

4. 项目实施步骤

1）配置终端（计算机）的网卡的 IP 地址、子网掩码、网关。

2）配置路由器端口的 IP 地址、子网掩码，开启端口。

3）配置路由器的静态路由。

4）创建静态 NAT 的对应关系。

5）设置内网口、外网口。

6）使用 write 命令保存路由器上的当前配置。

5. 项目实施——静态 NAT 配置

由于 R2 模拟的是 Internet 公网上的路由器，因此在 R1 和 R2 之间不能使用动态路由协议，而是需要在 R1 上配置默认路由，将所有访问 Internet 的数据发送到 R2 上。

（1）R1 路由器的配置（路由器命名为 R1）

```
Router > enable
Router#configure terminal
Router （config）#hostname R1
R1 （config）#interface FastEthernet0/0
```

R1（config-if）#ip address 192.168.1.254 255.255.255.0 /配置端口 IP 地址

R1（config-if）#no shutdown /开启路由器端口

R1（config-if）#exit

R1（config）#interface serial 0/0

R1（config-if）#encapsulation ppp /配置串口的链路层协议为 PPP，不用认证

R1（config-if）#ip add 200.1.1.1 255.255.255.252

R1（config-if）#clock rate 64000 /在 DCE 端配置时钟速率

R1（config-if）#no shutdown

R1（config-if）#exit

R1（config）#ip route 0.0.0.0 0.0.0.0 200.1.1.2

/配置默认路由，将路由器 R1 上所有访问 Internet 的数据发送到路由器 R2 上

R1（config）#ip nat inside source static 192.168.1.1 200.1.1.1

/在全局模式下配置静态 NAT，将内部本地地址 192.168.1.1 转换为内部全局地址 200.1.1.1

R1（config）# interface FastEthernet 0/0

R1（config-if）#ip nat inside /配置 F0/0 为内部端口

R1（config-if）#exit

R1（config）#interface serial 0/0

R1（config-if）#ip nat outside /配置 S0/0 为外部端口

R1（config-if）#end

R1#write

（2）R2 路由器的配置（路由器命名为 R2）

Router > enable

Router#configure terminal

Router（config）#hostname R2

R2（config）#interface FastEthernet 0/0

R2（config-if）#ip address 151.1.1.1 255.255.255.0

R2（config-if）#no shutdown

R2（config-if）#exit

R2（config）# interface serial 0/0

R2（config-if）#encapsulation ppp

R2（config-if）#ip address 200.1.1.2 255.255.255.252

R2（config-if）#no shutdown

R2（config-if）#end

R2#write

（3）验证静态 NAT 的配置　查看 NAT 转换表的内容，若能够看到 192.168.1.1 与 200.1.1.1 的对应关系，证明静态 NAT 配置成功。

R1#show ip nat translations

Pro	Inside global	Inside local	Outside local	Outside global
---	200.1.1.1	192.168.1.1	---	---

从 PC1 主机 ping 网络中的 PC2 主机，测试能否 ping 通，能够 ping 通，表示静态 NAT 配置成功，测试结果如图 10-10 所示。

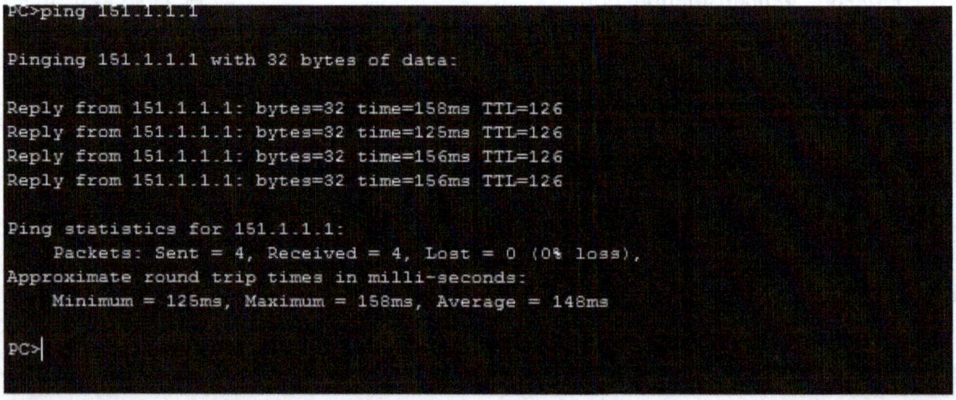

```
PC>ping 151.1.1.1

Pinging 151.1.1.1 with 32 bytes of data:

Reply from 151.1.1.1: bytes=32 time=158ms TTL=126
Reply from 151.1.1.1: bytes=32 time=125ms TTL=126
Reply from 151.1.1.1: bytes=32 time=156ms TTL=126
Reply from 151.1.1.1: bytes=32 time=156ms TTL=126

Ping statistics for 151.1.1.1:
    Packets: Sent = 4, Received = 4, Lost = 0 (0% loss),
Approximate round trip times in milli-seconds:
    Minimum = 125ms, Maximum = 158ms, Average = 148ms

PC>
```

图 10-10 静态 NAT 配置测试结果

再查看 NAT 转换表的内容，能够看到使用 ICMP 的 4 个 ping 包均通过静态 NAT 转换成功，访问到了外部网络地址 151. 1. 1. 1。注意：IP 地址冒号后的 1、2、3、4 表示端口号。

R1#show ip nat statistics　　　　　　　　　/查看 NAT 统计信息

Pro	Inside global	Inside local	Outside local	Outside global
icmp	200.1.1.1: 1	192.168.1.1: 1	151.1.1.1: 1	151.1.1.1: 1
icmp	200.1.1.1: 2	192.168.1.1: 2	151.1.1.1: 2	151.1.1.1: 2
icmp	200.1.1.1: 3	192.168.1.1: 3	151.1.1.1: 3	151.1.1.1: 3
icmp	200.1.1.1: 4	192.168.1.1: 4	151.1.1.1: 4	151.1.1.1: 4
---	200.1.1.1	192.168.1.1	---	---

10. 4. 7 配置动态 NAT

在配置 NAT 过程中，当外出的数据包到达边界路由器时，首先查看 NAT 表，看是否已经建立映射，如果没有，则动态从 NAT 映射一个全局地址，建立转换条目并替换源地址，当连接终止时，转换条目被删除，全局地址被 NAT 池回收。动态 NAT 配置的具体过程如下：

1. 定义动态 NAT 的内部全局地址池

根据需要定义待分配的全局地址池，使用 no 选项可删除地址池。

Router（config）#ip nat pool < name > < start-ip-address > < end-ip-address > {netmask subnet-mask | prefix-length prefix-length}

name：地址池名字，在动态 NAT 配置命令中用这个名字引用地址池。

start-ip-address：地址块起始 IP 地址。

end-ip-address：地址块结束 IP 地址。

netmask：地址块的子网掩码。

prefix-length：使用长度表示的掩码，是掩码的简化写法，如：

Router（config）#ip nat pool np2 200. 10. 10. 1 200. 10. 10. 9 prefix-length 24

注：起始 IP 地址和结束 IP 地址最好在同一个子网范围内。

如下述命令：1. 1. 1. 1 和 1. 1. 2. 2 的掩码都为 255. 255. 255. 0，并非同一个子网，路由器会给出提示“地址池 1 的掩码 255. 255. 255. 0 的值太小，至少应该为 255. 255. 254. 0；起始 IP 地址和结束 IP 地址在不同子网”。虽然有提示，但是该命令仍会生效。

R1（config）#ip nat pool 1 1. 1. 1. 1 1. 1. 2. 2 netmask 255. 255. 255. 0

%Pool 1 mask 255. 255. 255. 0 too small；should be at least 255. 255. 254. 0

%Start and end addresses on different subnets

2. 定义一个标准访问控制列表，以允许待转换的地址通过

定义一个标准访问列表 ACL，以匹配该 ACL 的内部本地地址使其可以动态转换。

Router（config）#access-list < access-list-number > {permit | deny} < source-address > < wildcard-mask >

3. 配置内部本地地址与内部全局地址间的转换关系

建立动态地址转换，创建内部本地地址（标准 ACL 中允许的地址）与内部全局地址（定义的地址池）之间的转换关系。

Router（config）#ip nat {inside | outside} source list < access-list-number > pool name

参数注释：

inside | outside：两个项之间的竖线表示应该选择竖线两边中的某一个项。

inside：表示对内部网络应用 NAT。

outside：表示对外部网络应用 NAT。

access-list-number：访问控制列表的表号，它指定由哪个访问控制列表来定义源地址的规则。

pool-name：IP 地址池名字，该地址池定义了用于 NAT 转换的外部本地地址。

注：通过在全局模式下输入 no ip nat inside source list < access-list-number >，可以删除动态 NAT。

4. 指定内部端口，将该端口标记为内部连接

Router（config）#interface FastEthernet 0/0

Router（config-if）#ip nat inside

注：在局域网内部负责 NAT 转换的路由器中，与内网主机相接的端口为内部端口。

5. 指定外部端口，将该端口标记为外部连接

Router（config）#interface FastEthernet 0/1

Router（config-if）#ip nat outside

注：与 Internet 相接的端口为外部端口。

10. 4. 8 动态 NAT 配置实例

下面通过一个实例具体说明动态 NAT 的配置方法，图 10-11 所示网络拓扑中，两台路由器通过串口连接，模拟 Internet。路由器 R1 通过交换机连接至两台 PC，路由器 R2 通过以太网端口连接到终端计算机 PC3。要求在路由器 R1 上配置动态 NAT，让内网的两台主机都

能够访问外网资源。通过动态 NAT 将多个没注册的内部 IP 地址转换为全局的外部地址。路由器 R1 将把内部源地址 192.168.1.0/24 转换为全局地址 200.1.1.0/28 网段的地址。

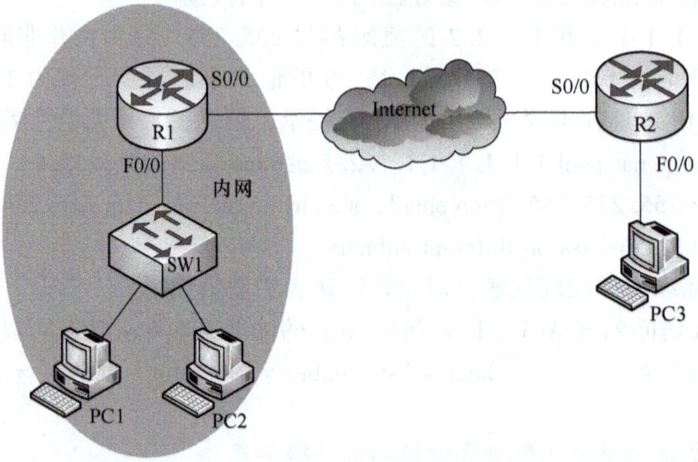

图 10-11 动态 NAT 配置网络拓扑

1. 任务目的

理解 NAT 技术的作用。

掌握动态 NAT 的工作原则。

掌握动态 NAT 的配置方法。

掌握动态 NAT 的应用范围。

2. 网络拓扑

动态 NAT 配置网络拓扑如图 10-11 所示。

3. IP 地址规划

设备名称	设备端口	IP 地址	网关
R1	S0/0	200.1.1.1/28	
	F0/0	192.168.1.254/24	
R2	S0/0	200.1.1.2/28	
	F0/0	151.1.1.254/24	
PC1	NIC	192.168.1.1/24	192.168.1.254
PC2	NIC	192.168.1.2/24	192.168.1.254
PC3	NIC	151.1.1.1/24	151.1.1.254

4. 项目实施步骤

1）配置终端（计算机）的网卡的 IP 地址、子网掩码、网关。

2）配置路由器端口的 IP 地址、子网掩码，开启端口。

3）配置路由器的静态路由。

4）创建 NAT 的地址池。

5）创建标准 ACL，允许内网的两台主机进行 NAT 转换。

6）创建动态 NAT 的对应关系。

7）设置内网口、外网口。

8）使用 write 命令保存路由器上的当前配置。

5. 项目实施——配置命令

由于 R2 模拟的是 Internet 公网上的路由器，因此在 R1 和 R2 之间不能使用动态路由协议，而是需要在 R1 上配置默认路由，将所有访问 Internet 的数据发送到 R2 上。

（1）R1 路由器的配置（路由器命名为 R1）

Router > enable

Router#configure terminal

Router（config）#hostname R1　　/配置路由器名称

R1（config）#interface FastEthernet0/0

R1（config-if）#ip address 192. 168. 1. 254 255. 255. 255. 0　　/配置路由器端口 IP 地址

R1（config-if）#no shutdown　　/开启路由器端口

R1（config-if）#exit

R1（config）#interface serial 0/0

R1（config-if）#encapsulation ppp　　/配置串口的链路层协议为 PPP

R1（config-if）#ip add 200. 1. 1. 1 255. 255. 255. 240

R1（config-if）#clock rate 64000　　/在 DCE 端配置时钟速率

R1（config-if）#no shutdown

R1（config-if）#exit

R1（config）#ip route 0. 0. 0. 0 0. 0. 0. 0 200. 1. 1. 2

/配置默认路由，将路由器 R1 上所有访问 Internet 的数据发送到路由器 R2 上

R1（config）#ip nat pool global-pool 200. 1. 1. 3 200. 1. 1. 10 netmask 255. 255. 255. 240

/创建地址池 global-pool，地址池的地址为 200. 1. 1. 3 ~200. 1. 1. 10，掩码为 255. 255. 255. 240

R1（config）#access-list 1 permit 192. 168. 1. 0 0. 0. 0. 255

/创建标准 ACL，允许内部本地 IP 地址 192. 168. 1. 0/24 的网段进行 NAT 转换

R1（config）#ip nat inside source list 1 pool global-pool

/在全局模式下配置动态 NAT，将内部本地地址 192. 168. 1. 0/24 转换为内部全局地址 200. 1. 1. 3 ~200. 1. 1. 10

R1（config）# interface FastEthernet 0/0

R1（config-if）#ip nat inside　　/配置 F0/0 为内部端口

R1（config-if）#exit

R1（config）#interface serial 0/0

R1（config-if）#ip nat outside　　/配置 S0/0 为外部端口

R1（config-if）#end

R1#write

（2）R2 路由器的配置（路由器命名为 R2）

Router > enable

Router#configure terminal

```
Router（config）#hostname R2
R2（config）#interface FastEthernet 0/0
R2（config-if）#ip address 151. 1. 1. 254 255. 255. 255. 0
R2（config-if）#no shutdown
R2（config-if）#exit
R2（config）# interface serial 0/0
R2（config-if）#encapsulation ppp
R2（config-if）#ip address 200. 1. 1. 2 255. 255. 255. 240
R2（config-if）#no shutdown
R2（config-if）#end
R2#write
```

（3）验证动态 NAT 的配置　查看 NAT 转换表的内容，在没有数据包转换时不能看到任何数据转换情况。因为设置的是动态 NAT 转换，只有在有数据通过时才能看到转换表。

从 PC1 去 ping 网络中的 PC3，测试能否 ping 通，从 PC2 去 ping 网络中的 PC3，能够 ping 通表示动态 NAT 配置成功，结果如图 10-12和图 10-13 所示。

再查看 NAT 转换表的内容，能够看到使用 ICMP 的 8 个 ping 包均通过动态 NAT 转换成功，访问到了外部网络地址 151. 1. 1. 1。注意：IP 地址冒号后的数字表示端口号。

```
R1#show ip nat translations
Pro  Inside global    Inside local      Outside local    Outside global
icmp 200.1.1.3: 13    192.168.1.1: 13   151.1.1.1: 13    151.1.1.1: 13
icmp 200.1.1.3: 14    192.168.1.1: 14   151.1.1.1: 14    151.1.1.1: 14
icmp 200.1.1.3: 15    192.168.1.1: 15   151.1.1.1: 15    151.1.1.1: 15
icmp 200.1.1.3: 16    192.168.1.1: 16   151.1.1.1: 16    151.1.1.1: 16
icmp 200.1.1.4: 5     192.168.1.2: 5    151.1.1.1: 5     151.1.1.1: 5
icmp 200.1.1.4: 6     192.168.1.2: 6    151.1.1.1: 6     151.1.1.1: 6
icmp 200.1.1.4: 7     192.168.1.2: 7    151.1.1.1: 7     151.1.1.1: 7
icmp 200.1.1.4: 8     192.168.1.2: 8    151.1.1.1: 8     151.1.1.1: 8
```

```
PC>ping 151.1.1.1

Pinging 151.1.1.1 with 32 bytes of data:

Reply from 151.1.1.1: bytes=32 time=156ms TTL=126
Reply from 151.1.1.1: bytes=32 time=156ms TTL=126
Reply from 151.1.1.1: bytes=32 time=156ms TTL=126
Reply from 151.1.1.1: bytes=32 time=156ms TTL=126

Ping statistics for 151.1.1.1:
    Packets: Sent = 4, Received = 4, Lost = 0 (0% loss),
Approximate round trip times in milli-seconds:
    Minimum = 156ms, Maximum = 156ms, Average = 156ms
```

图 10-12　动态 NAT 配置测试结果 1——PC1 与 PC3 连通

```
PC>ping 151.1.1.1

Pinging 151.1.1.1 with 32 bytes of data:

Reply from 151.1.1.1: bytes=32 time=218ms TTL=126
Reply from 151.1.1.1: bytes=32 time=156ms TTL=126
Reply from 151.1.1.1: bytes=32 time=156ms TTL=126
Reply from 151.1.1.1: bytes=32 time=141ms TTL=126

Ping statistics for 151.1.1.1:
    Packets: Sent = 4, Received = 4, Lost = 0 (0% loss),
Approximate round trip times in milli-seconds:
    Minimum = 141ms, Maximum = 218ms, Average = 167ms

PC>
```

图 10-13　动态 NAT 配置测试结果 2——PC2 与 PC3 连通

10.4.9　配置 NAPT

传统的 NAT 一般是指一对一的地址映射，不能同时满足所有的内部网络主机与外部网络通信的需要。使用 NAPT（网络地址端口转换）可以将多个内部本地地址映射到一个内部全局地址。

NAPT 分为静态 NAPT 和动态 NAPT。静态 NAPT 一般应用在将内网指定主机的指定端口映射到内部全局地址的指定端口上。而前面提及的静态 NAT，是将内部主机地址映射成全局地址。

1. 定义一个标准访问控制列表，以允许待转换的地址通过

Router（config）#access-list <access-list-number> {permit | deny} <source-address>< wild-card-mask>

建立端口地址转换，创建内部本地地址（标准 ACL 中允许的地址）与内部全局地址（端口地址）之间的转换关系。

Router（config）#ip nat inside source list <access-list-number>interface <interface-id>overload

参数注释：

access-list-number：访问控制列表的表号，它指定由哪个访问控制列表来定义源地址的规则。

Interface-id：端口号，指定用该端口的 IP 地址作为内部全局地址。

overload：启用端口复用，使每个内部全局地址可以和多个本地地址建立映射（内部全局地址 + 端口号）。

2. 指定内部端口，将该端口标记为内部连接

Router（config）#interface FastEthernet 0/0

Router（config-if）#ip nat inside

注：在局域网内部负责 NAT 转换的路由器中，与内网主机相接的端口为内部端口。

3. 指定外部端口，将该端口标记为外部连接

Router（config）#interface FastEthernet 0/1

Router（config-if）#ip nat outside

注：与 Internet 相接的端口为外部端口。

NAPT 可以使用地址池中的 IP 地址，也可以直接使用端口的 IP 地址。一般来说一个地址就可以满足一个网络的地址转换需要，一个地址最多可以提供 64512 个端口的 NAT 地址转换。如果地址不够，地址池可以多定义几个地址。

10.4.10 NAPT 配置实例

两台路由器通过串口连接，模拟 Internet，如图 10-4 所示，路由器 R1 通过交换机连接至两台 PC（PC1 和 PC2），路由器 R2 通过以太网端口连接到终端计算机 PC3。要求在路由器 R1 上配置 NAPT，让内网的两台主机都能够通过一个内部全局地址 200.1.1.1 访问外网资源。通过 NAPT 将多个内部私有 IP 地址转换为全局唯一的外部地址（外网端口地址）。路由器 R1 将把内部源地址 192.168.1.0/24 转换为内部全局地址 200.1.1.1/30 网段的地址。

1. 任务目的

理解 NAPT 技术的作用。

掌握 NAPT 的工作原则。

掌握 NAPT 的配置方法。

掌握 NAPT 的应用范围。

2. 网络拓扑

NAPT 配置网络拓扑如图 10-14 所示。

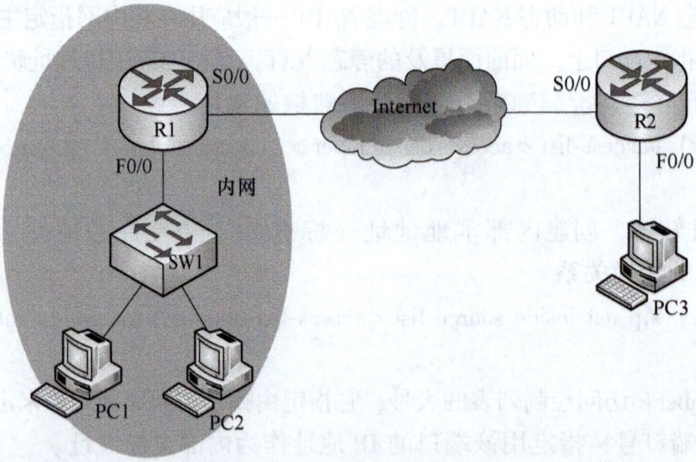

图 10-14 NAPT 配置网络拓扑

3. IP 地址规划

设备名称	设备端口	IP 地址	网 关
R1	S0/0	200.1.1.1/30	
	F0/0	192.168.1.254/24	
R2	S0/0	200.1.1.2/30	
	F0/0	151.1.1.254/24	
PC1	NIC	192.168.1.1/24	192.168.1.254
PC2	NIC	192.168.1.2/24	192.168.1.254
PC3	NIC	151.1.1.1/24	151.1.1.254

4. 项目实施步骤

1）配置终端（计算机）的网卡的 IP 地址、子网掩码、网关。

2）配置路由器端口的 IP 地址、子网掩码，开启端口。

3）配置路由器的静态路由。

4）创建标准 ACL，允许内网的两台主机进行 NAT 转换。

5）创建 NAPT 的对应关系。

6）设置内网口、外网口。

7）使用 write 命令保存路由器上的当前配置。

5. 项目实施——配置步骤

由于 R2 模拟的是 Internet 公网上的路由器，因此在 R1 和 R2 之间不能使用动态路由协议，而是需要在 R1 上配置默认路由，将所有访问 Internet 的数据发送到 R2 上。

（1）R1 路由器的配置（路由器命名为 R1）

Router > enable

Router#configure terminal

Router（config）#hostname R1　　/为路由器命名

R1（config）#interface FastEthernet0/0

R1（config-if）#ip address 192. 168. 1. 254 255. 255. 255. 0　　/配置路由器端口 IP 地址

R1（config-if）#no shutdown　　/开启路由器端口

R1（config-if）#exit

R1（config）#interface serial 0/0

R1（config-if）#encapsulation ppp　　/配置串口的链路层协议为 PPP

R1（config-if）#ip add 200. 1. 1. 1 255. 255. 255. 252

R1（config-if）#clock rate 64000　　/在 DCE 端配置时钟速率

R1（config-if）#no shutdown

R1（config-if）#exit

R1（config）#ip route 0. 0. 0. 0 0. 0. 0. 0 200. 1. 1. 2

/配置默认路由，将路由器 R1 上的所有访问 Internet 的数据发送到路由器 R2 上

R1（config）#access-list 1 permit 192. 168. 1. 0 0. 0. 0. 255

/创建标准 ACL，允许内部本地 IP 地址 192. 168. 1. 0/24 的网段进行 NAPT 转换

R1（config）#ip nat inside source list 1 interface serial 0/0

/在全局模式下配置 NAPT，将内部本地地址 192. 168. 1. 0/24 转换为外网端口 S0/0 的地址 200. 1. 1. 1

R1（config）# interface FastEthernet 0/0

R1（config-if）#ip nat inside　　/配置 F0/0 为内部端口

R1（config-if）#exit

R1（config）#interface serial 0/0

R1（config-if）#ip nat outside　　/配置 S0/0 为外部端口

R1（config-if）#end

R1#write

（2）R2 路由器的配置（路由器命名为 R2）

Router > enable

Router#configure terminal

Router (config) #hostname R2

R2 (config) #interface FastEthernet 0/0

R2 (config-if) #ip address 151. 1. 1. 254 255. 255. 255. 0

R2 (config-if) #no shutdown

R2 (config-if) #exit

R2 (config) # interface serial 0/0

R2 (config-if) #encapsulation ppp

R2 (config-if) #ip address 200. 1. 1. 2 255. 255. 255. 252

R2 (config-if) #no shutdown

R2 (config-if) #end

R2#write

(3) 验证 NAPT 的配置 从 PC1 去 ping 网络中 PC3，从 PC2 去 ping 网络中的 PC3，测试能否 ping 通，能够 ping 通表示 NAPT 配置成功，结果如图 10-15 和图 10-16 所示。

```
PC>ping 151.1.1.1

Pinging 151.1.1.1 with 32 bytes of data:

Reply from 151.1.1.1: bytes=32 time=156ms TTL=126
Reply from 151.1.1.1: bytes=32 time=156ms TTL=126
Reply from 151.1.1.1: bytes=32 time=156ms TTL=126
Reply from 151.1.1.1: bytes=32 time=156ms TTL=126

Ping statistics for 151.1.1.1:
    Packets: Sent = 4, Received = 4, Lost = 0 (0% loss),
Approximate round trip times in milli-seconds:
    Minimum = 156ms, Maximum = 156ms, Average = 156ms
```

图 10-15 PC1 与 PC3 之间通信测试结果

```
PC>ping 151.1.1.1

Pinging 151.1.1.1 with 32 bytes of data:

Reply from 151.1.1.1: bytes=32 time=218ms TTL=126
Reply from 151.1.1.1: bytes=32 time=156ms TTL=126
Reply from 151.1.1.1: bytes=32 time=156ms TTL=126
Reply from 151.1.1.1: bytes=32 time=141ms TTL=126

Ping statistics for 151.1.1.1:
    Packets: Sent = 4, Received = 4, Lost = 0 (0% loss),
Approximate round trip times in milli-seconds:
    Minimum = 141ms, Maximum = 218ms, Average = 167ms

PC>
```

图 10-16 PC2 与 PC3 之间通信测试结果

再查看 NAPT 转换表的内容，能够看到使用 ICMP 的 8 个 ping 包均通过 NAPT 转换成功，访问到了外部网络地址 151. 1. 1. 1。从 NAPT 转换表可看出内部全局地址均为 200. 1. 1. 1，但是其端口号不相同。复用 NAPT 起到了将不同内部本地地址转换为同一内部全局地址，使用端口号区分不同源地址的作用。

```
R1#show ip nat translations
Pro  Inside global      Inside local     Outside local    Outside global
icmp 200.1.1.1: 1       192.168.1.1: 1   151.1.1.1: 1     151.1.1.1: 1
icmp 200.1.1.1: 2       192.168.1.1: 2   151.1.1.1: 2     151.1.1.1: 2
icmp 200.1.1.1: 3       192.168.1.1: 3   151.1.1.1: 3     151.1.1.1: 3
icmp 200.1.1.1: 4       192.168.1.1: 4   151.1.1.1: 4     151.1.1.1: 4
icmp 200.1.1.1: 1024    192.168.1.2: 1   151.1.1.1: 1     151.1.1.1: 1024
icmp 200.1.1.1: 1025    192.168.1.2: 2   151.1.1.1: 2     151.1.1.1: 1025
icmp 200.1.1.1: 1026    192.168.1.2: 3   151.1.1.1: 3     151.1.1.1: 1026
icmp 200.1.1.1: 1027    192.168.1.2: 4   151.1.1.1: 4     151.1.1.1: 1027
```

本章小结

广域网技术主要体现在物理层和数据链路层。物理层主要表示物理链路的特性，数据链路层则是描述帧如何在系统之间的路径上进行传输，并确定帧的封装类型。广域网中最常用的封装类型是 HDLC 和 PPP，HDLC 常用于点对点的专线租用链路，PPP 是在点对点链路上承载网络层数据包的一种链路层协议，链路中采用 PPP 和 PAP 封装进行用户身份验证。

由于 IPv4 的地址已经分配完了，所以多数情况下，企业通过私有 IP 将企业内部所有的主机互联为企业局域网，并通过地址转换技术 NAT 和虚拟子网技术使企业内部主机可以访问互联网。NAT 技术是通过内部与外网地址的转换实现内部主机对互联网的访问，NAT 有三种类型：静态 NAT、动态 NAT、网络端口地址转换 NAPT。

本章习题

一、填空题

1. PPP 有__________、__________两种认证方式。
2. 广域网技术主要涉及 OSI 参考模型的__________、__________两层。
3. 在 HDLC 规程中，监控帧主要用于__________和__________。
4. NAT 的主要功能为__________、__________。
5. NAT 的实现方式有__________、__________、__________三种。
6. NAPT 的全称是__________。

二、简答题

1. 在广域网链路层数据常用的封装协议有哪几种？各有什么特点？
2. HDLC 协议的全称是什么？它常用在什么链路中？
3. 在应用 PPP 的网络中，常用的用户身份验证方式有哪几种？各有什么特点？
4. 简要说明什么是 NAT，并说明 NAT 的工作原理。
5. NAT 分几类？各种 NAT 的特点与应用是什么？
6. 与静态 NAT 相比较，NAPT 的主要优势是什么？

本章实训

实训项目 1 PPP 的 PAP 与 CHAP 认证配置实训

1. 实训目的

分别采用 PAP 和 CHAP 认证的方式完成 PPP 的配置。

2. 实训内容

封装 PPP、PAP 认证配置、CHAP 认证配置。

3. 实训网络拓扑

实训项目 1 网络拓扑图 10-17 所示。

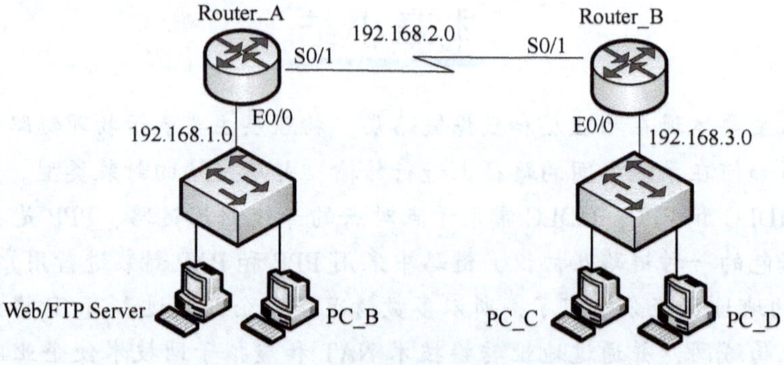

图 10-17 实训项目 1 网络拓扑

4. IP 地址规划

设 备	端 口	IP 地址	子网掩码	默认网关
Web/FTP Server	网卡	192. 168. 1. 10	255. 255. 255. 0	192. 168. 1. 254
PC_C	网卡	192. 168. 3. 10	255. 255. 255. 0	192. 168. 3. 254
PC_B	网卡	192. 168. 1. 11	255. 255. 255. 0	192. 168. 1. 254
PC_D	网卡	192. 168. 3. 11	255. 255. 255. 0	192. 168. 3. 254
Router_A	E0/0	192. 168. 1. 254	255. 255. 255. 0	
	S0/1	192. 168. 2. 1	255. 255. 255. 0	
Router_B	E0/0	192. 168. 3. 254	255. 255. 255. 0	
	S0/1	192. 168. 2. 2	255. 255. 255. 0	

5. 配置步骤

(1) Router_A 的配置（Router_A 命名为 RA）

Router > en

Router#configure terminal

Enter configuration commands, one perline. End with CNTL/Z. /输入上面命令后的提示信息

Router（config）#hostname RA

RA（config）#interface E0/0

RA（config-if）#ip address 192. 168. 1. 254 255. 255. 255. 0 /配置 E0/0 端口 IP 地址

RA（config-if）#no shutdown

RA （config）#interface serial 0/1

RA （config-if）#encapsulation ppp

RA （config-if）#ip address 192. 168. 2. 1 255. 255. 255. 0 /配置 S0/1 端口 IP 地址

RA （config-if）#no shutdown

RA （config-if）#exit

RA （config）#router rip /启用动态路由 RIP

RA （config-router）#network 192. 168. 1. 0

RA （config-router）#network 192. 168. 2. 0

（2）Router_B 的配置（Router_B 命名为 RB）

Router > en

Router#conf t

Enter configuration commands，one perline. End with CNTL/Z.

Router （config）#hostname RB

RB （config）#interface E0/0

RB （config-if）#ip address 192. 168. 3. 254 255. 255. 255. 0

RB （config-if）#no shutdown

RB （config）#interface serial 0/1

RB （config-if）#encapsulation ppp

RB （config-if）#clock rate 64000 /DCE 端配置时钟速率

RB （config-if）#ip address 192. 168. 2. 2 255. 255. 255. 0

RB （config-if）#no shutdown

RB （config-if）#exit

RB （config）#router rip

RB （config-router）#network 192. 168. 2. 0

RB （config-router）#network 192. 168. 3. 0

（3）配置主机 IP 地址

Web/FTP Server 的 IP 地址和网关的配置，如图 10-18 所示，PC_B、PC_C 与 PC_D 上的 IP 地址和网关的配置参照 Web/FTP Server 的配置。

（4）在路由器上配置 PAP 认证

RA （config）#username RB password 123

RA （config）#interface serial 0/1

RA （config-if）#ppp authentication pap /配置 S0/1 串口的 PAP 验证

RB （config-if）#ppp pap sent-username RB password 123

测试配置的正确性，步骤如下：

打开 debug 信息，察看 PPP 认证的协商信息。

RA#debug ppp authentication

PPP authentication debugging is on

RA#terminal monitor

% Console already y monitors

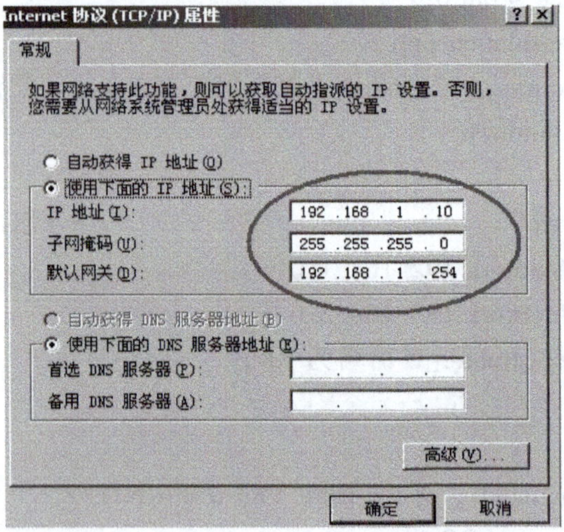

图 10-18 配置 Web/FTP Server 的 IP 地址、子网掩码和网关

*Mar102: 09: 01.341:%LINK-3-UPDOWN: InterfaceSerial0/1, changed state to down

...

Changed state to up

从 RA 上 ping 网络中的 RB，能够 ping 通，说明链路已经建立起来。

```
RA#ping 192.168.2.2
Type escapesequence to abort.
Sending 5, 100-byte ICMPE chos to 192.168.2.2, timeout is 2seconds:
!!!!!
Successrate is 100 percent (5/5), round-tripmin/avg/max =28/28/28ms
```

(5) 查看端口信息

```
RA#show ip interface brief
InterfaceIP-AddressOK? Method Status Protocol
 F0/0192.168.1.254 YES manual up up
 Serial0/0 unassigned YES unset administrativel y down down
 F0/1 unassigned YES unset administrativel y down down
 Serial0/1 192.168.2.1 YES manual up up
```

(6) 在路由器上配置 CHAP 认证 在 RA 上配置 CHAP 认证：

```
RA (config) #username RB password 123
RA (config) #interface serial0/1
RA (config-if) #ppp authentication chap
```

在 RB 上配置 CHAP 认证：

```
RB (config) #username RA password 123
RB (config) #interface serial0/1
RB (config-if) #ppp authentication chap
```

测试步骤：

打开 debug 信息，察看 PPP 认证的协商信息。

RA#debug ppp authentication

PPP authentication debugging is on

RA#terminal monitor

% Consolealreadymonitors

开启和关闭端口。

RA（config）#interface serial0/1

RA（config-if）#shutdown

RA（config-if）#no shutdown

当执行端口开启和关闭操作时，路由器 RA 上显示如下的信息：

*Mar101：10：22.152：% LINK-3-UPDOWN：Interface Serial0/1，changed state to up

*Mar101：10：22.152：Se0/1PPP：Using default call direction

*Mar101：10：22.152：Se0/1PPP：Treating connection as adedicated line

…

*Mar101：10：23.182：% LINEPROTO-5-UPDOWN：LineprotocolonInterfac-eSerial0/1，

changed state to up

从 RA 上 ping 网络中 RB，能够 ping 通，说明链路已经建立起来。

RA#ping 192. 168. 2. 2

Type escapesequence to abort.

Sending5，100-byte ICMPE chosto 192.168.2.2，timeout is 2seconds：

!!!!!

Success rateis 100 percent （5/5），round-tripmin/avg/max =28/28/28ms

PC_A 能够 ping 通 PC_B，结果如图 10-19 所示。

图 10-19　PPP 认证配置结果

实训项目 2　互联网接入综合实训

企业在进行互联网接入时，不仅需要考虑物理连接，更多地需要考虑的是链路的质量、接入方式、带宽需求、用户身份认证需求、对外服务的形式等，图 10-20 所示是一个企业互联网接入的实例。

1. 实训目的

掌握使用 PPP 封装的 CHAP 认证的配置方法。

会配置动态路由和默认路由。

使用 Easy IP 配置路由器。

检验 PC 是否自动配置了编址信息。

利用 DNS 条目配置 DNS 服务器。

配置 ACL 以规定可以进行 NAT 的地址。

掌握静态 NAT、动态 NAT 的配置方法。

利用静态路由配置 ISP 路由器。

2. 实训网络拓扑

企业网络建立与互联网接入网络拓扑如图 10-20 所示。

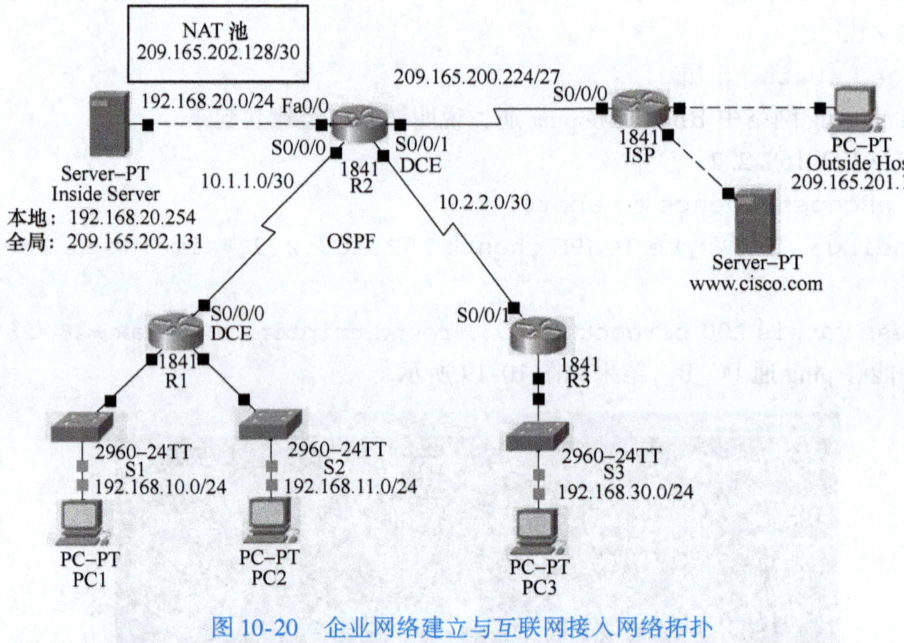

图 10-20　企业网络建立与互联网接入网络拓扑

3. IP 地址规划

设　备	端　口	IP 地址	子 网 掩 码
R1	F0/0	192. 168. 10. 1	255. 255. 255. 0
	F0/1	192. 168. 11. 1	255. 255. 255. 0
	S0/0/0	10. 1. 1. 1	255. 255. 255. 252

（续）

设　备	端　口	IP 地址	子 网 掩 码
R2	F0/0	192.168.20.1	255.255.255.0
	S0/0/0	10.1.1.2	255.255.255.252
	S0/0/1	10.2.2.1	255.255.255.252
	S0/1/0	209.165.200.225	255.255.255.224
R3	F0/1	192.168.30.1	255.255.255.0
	S0/0/1	10.2.2.2	255.255.255.252
Inside Server	NIC	本地：192.168.20.254	255.255.255.0
	NIC	全局：209.165.202.131	255.255.255.252
Outside Host	NIC	209.165.201.14	255.255.255.240

4. 配置任务

按给定的网络拓扑，请自主完成如下的配置任务，需要完成的配置包括 PPP 及 CHAP 认证的配置、OSPF 动态路由协议的配置、DHCP 服务器的配置、NAT 配置和配置到 ISP 的默认路由。完成所有的配置后，请测试配置的正确性。如果没有物理设备，可以使用模拟器 Packet Tracer 完成所有的配置。具体的配置任务要求如下。

任务 1　应用基本配置

步骤 1：使用全局配置命令配置 R1、R2 和 R3 路由器。

路由器的名称如 IP 地址规划表和网络拓扑图所示。

控制台线路登录口令：cisco123。

vty 0 ~4 登录口令：cisco123。

加密口令：class123。

只有加密口令会被评分。

步骤 2：在 R1、R2 和 R3 路由器上配置端口。

使用 IP 地址规划表确定端口地址，使用拓扑图确定哪些端口是 DCE 端口，并配置 DCE 端口的时钟频率为 64000。

任务 2　使用 CHAP 配置 PPP 封装

步骤 1：将 R1 与 R2 路由器之间的链路配置为使用带有 CHAP 身份验证的 PPP 封装。

CHAP 身份验证的口令是 cisco123。

步骤 2：将 R2 与 R3 之间的链路配置为使用带有 CHAP 身份验证的 PPP 封装。

CHAP 身份验证的口令是 cisco123。

步骤 3：检查路由器之间是否已恢复连通性。

R2 应能 ping 通 R1 和 R3。端口恢复可能需要几分钟，在 Packet Tracer 的 Realtime（实时）模式和 Simulation（模拟）模式之间来回切换可加快此过程。另一种方法是对端口使用 shutdown 和 no shutdown 命令。

注：用 Packet Tracer 模拟器配置时，端口可能会在练习期间的任何时候随机关闭。如果出现这种情况请等待几秒钟，通常端口会自行重新打开。

任务 3 配置动态路由和默认路由

步骤 1：配置 R1、R2 和 R3 使用 OSPF 路由协议。

在路由器上配置 OSPF 时，使用进程 ID1。

通告与 R1 和 R3 相连的所有网络，但请勿将路由更新送出 LAN 端口以外。

在 R2 上，请勿通告 209.165.200.224 网络，并请勿将路由更新送出 F0/0 或 S0/1/0 端口以外。

步骤 2：在 R2 上配置默认路由。

配置到 ISP 的静态路由，将 R2 上的送出端口指定为下一跳地址。

步骤 3：配置 OSPF 通告默认路由。

在 R2 上，输入命令以通过 OSPF 向 R1 和 R3 通告默认路由。

任务 4 使用 Easy IP 配置路由器

步骤 1：配置 R1 充当 192.168.10.0 和 192.68.11.0 网络的 DHCP 服务器。

将用于 192.168.10.0 网络的 DHCP 池命名为 R1LAN1，将用于 192.168.11.0 网络的 DHCP 池命名为 R1LAN2。

将各网络上的前九个地址排除出去，不用于动态分配。

除分配 IP 地址和子网掩码外，还应分配默认网关和 DNS 服务器地址。

步骤 2：配置 R3 充当 192.168.30.0 网络的 DHCP 服务器。

将用于 192.168.30.0 网络的 DHCP 池命名为 R3LAN。

将各网络上的前九个地址排除出去，不用于动态分配。

除分配 IP 地址和子网掩码外，还应分配默认网关和 DNS 服务器地址。

任务 5 检验所有 PC 的 IP 地址的详细信息

步骤 1：配置 PC1、PC2 和 PC3，使其可以通过 DHCP 自动配置 IP 信息。

步骤 2：检验各台 PC 是否自动从正确的 DHCP 池获得了地址。

任务 6 利用 DNS 条目配置 DNS 服务器

要在 Inside Server 上配置 DNS，进入到 Inside Server 的窗口，单击 Config（配置）选项卡上的 DNS 按钮。

确保 DNS 已启动，输入以下 DNS 条目：

www.cisco.com 209.165.201.30

目前无法通过域名 ping 通 WWW.cisco.com 服务器，需要在任务 10 中配置完静态路由后才能 ping 通。

任务 7 配置 ACL 以实现 NAT 地址转换

步骤 1：创建标准的命名 ACL。

创建标准的命名 ACL，命名为 R2NAT，使其允许所有内部网络均可通过 NAT 建立映射。

注：为了让 Packet Tracer 给此任务正确评分，必须按下列顺序输入允许进行 NAT 的网络：

192. 168. 10. 0

192. 168. 20. 0

192. 168. 30. 0

192. 168. 11. 0

步骤 2：检查结果。

任务 8　配置静态 NAT

为内部 Web 服务器配置静态 NAT，配置静态 NAT 将 Inside Server 的本地 IP 地址与全局 IP 地址建立映射。请使用 IP 地址表中列出的地址。

任务 9　配置带过载的动态 NAT

步骤 1：配置动态 NAT 池。

使用拓扑图中指定的 NAT 池配置动态 NAT 地址池，将该地址池命名为 R2POOL。

步骤 2：配置动态 NAT 映射。

将 R2POOL 中的地址映射到以上定义的 R2NAT 中的网络。

步骤 3：将 NAT 应用到 R2 的内部端口和外部端口。

任务 10　利用静态路由配置 ISP 路由器

配置 R2 的静态路由。

网络地址为 209. 165. 202. 128/27 网络，使用 ISP 的串行端口作为下一跳地址。

任务 11　测试连通性

内部主机应能 ping 通 Outside Host。

内部主机应能 ping 通 WWW. cisco. com。

Outside Host 应能 ping 通 Inside Server 的全局 IP 地址。

参 考 文 献

[1] 王达．深入理解计算机网络 [M]．北京：机械工业出版社，2017.
[2] 陈敏．广域网架构与路由技术项目教程 [M]．北京：电子工业出版社，2013.
[3] 何绍华．构建中小型企业网 [M]．北京：电子工业出版社，2012.
[4] 汪双顶．网络互联技术与实践教程 [M]．北京：清华大学出版社，2009.
[5] 蒋英华．网络互联与实现项目教程 [M]．北京：北京师范大学出版社，2010.